# CHAMPAGNE

# CHAMPAGNE

## 샴페인 수업

### 샹파뉴의 별을 마시는 시간

톰 브루스 가딘 지음 | 서정아 옮김

• 코트 데 블랑의 그랑 크뤼 마을인 르 메닐 쉬르 오제의 벨렘나이트 백악토에서 자라나는 샤르도네. 백악토는 물을 충분히 머금고 열을 적절히 반사할 뿐 아니라 샴페인에 정밀한 미네랄감을 더한다.

니들북

# CONTENTS

PART 4

## 세계 여러 나라의 발포성 와인



PART 5

## 문화와 전통 그리고 샴페인

# 들어가면서

**“쾌락과 파티 그리고 축제를 생각하면 샴페인이 떠오른다.” 수 세기에 걸쳐 가장 매력적인 음료로 군림해온 샴페인을 잘 표현하는 문구다. 얼음처럼 차가운 샴페인 병을 냉장고에서 꺼내 뚜껑의 은박지를 뜯어내고 코르크를 감싼 철사를 벗겨내는 장면을 상상해보라. 코르크가 서서히 솟아오르다가 잠시 멈추면 기대하는 마음이 샘솟는다. 이윽고 울리는 경쾌한 ‘펑’ 소리는 파티가 정말로 시작되었음을 알린다.**

한 연구에 따르면, 압력이 풀려 병 안의 에너지가 배출되면서 유리잔마다 100만 개 정도의 거품을 만들어낸다고 한다. 빠져나온 이산화탄소는 혀를 자극할 뿐 아니라 우리 몸 안의 판막을 건드려 혈관 속으로 알코올을 몰아넣고 뇌까지 도달한다. 비발포성 와인으로 동일한 효과를 내려면 훨씬 더 오랜 시간이 걸리거나 격렬한 춤이 필요하다. 그러나 샴페인을 마시면 샴페인 거품이 대신 춤을 춰준다.

다른 발포성 와인도 같은 효과를 내지만 샴페인에는 특별한 점이 있다. 샴페인이라는 단어에는 관능, 화려함, 퇴폐미 같은 상징성이 깃들어 있다. 특히, 샴페인은 고가일 때 더 의미가 있다. 2007년, 울워스가 홍보 전략의 일환으로 샴페인에 “소중한 술(Worth It)!”이라는 레이블을 붙여 5파운드도 안 되는 가격에 판매했던 적이 있다. 그때 그 샴페인 병을 받아 든 사람은 로레알 화장품의 그 케케묵은 광고 문구(“난 소중하니까요Because I'm Worth It”—옮긴이)와는 정반대로 “난 소중하지 않으니까”라고 생각했을지도 모른다. 그러나 수많은 샴페인 브랜드는 당연히도 샴페인이 안심될 정도로 값비싼 술이며, 유명인들이 즐겨 마시는 술이라는 인식을 활용할 줄 안다. 마케팅이라는 거품을 걷어내더라도 샴페인에는 흥미로운 이야기가 숨어 있다. 무엇보다 어떻게 해서 샴페인에 거품이 끼게 되었는지부터가 그렇다.

이 책은 샴페인과 관련된 배경지식을 제공하기 위해 와인 생산 과정과 샴페인의 간략한 역사로 시작한다. 어떤 이유로 샴페인이 비교적 기온이 낮고 지구상의 와인 산지 중 끄트머리에 위치한 프랑스 북동부에서 빛을 보게 되었는지는 오랜 세월 동안 풀리지 않는 수수께끼였다. 그 지역 토양이나 별자리에 특별한 점이 있었을까? 고대의 저주 때문에 수많은 술병이 압력에 못 이겨 깨졌던 걸까? 결과적으로 샹파뉴 지역 사람들은 그 골치 아픈 거품이 최고의 재산임을 깨달았다.

현대에 들어 대규모 샴페인 양조장이 출현했다. 이 책의 중반부에는 그 이야기들이 펼쳐진다. 친숙한 대형 브랜드 외에도 거대한 협동조합들은 꽤 큰 규모의 자체 브랜드를 보유하고 있다. 그들 뒤에는 포도나무를 가꾸는 수천 명의 재배자가 존재하는데, 이들 역시 자체 와인 생산을 꿈꿀지도 모른다. 실제로 적합한 지역에 땅을 지녔으며 자신감과 열정이 충만한 이들이 수많은 재배자 샴페인을 생산하고 있다. 이 같은 재배자 샴페인은 해당 포도원의 테루아르를 잘 표현한다.

또한 샴페인의 영향을 받아 무수하게 탄생한 발포성 와인 중 뉴질랜드산에서 캘리포니아 나파 밸리산에 이르는 다양한 발포성 와인을 탐험할 예정이다. 그동안 이탈리아의 프로세코는 경이로운 성공을 거두었고, 영국산 발포성 와인도 등장했다. 언젠가는 이 두 가지 종류가 샴페인의 가장 강력한 경쟁 상대가 될지도 모른다. 이 책의 마지막에서는 샴페인 문화를 알아보고 샴페인이 영화, 미술, 문학을 통해 어떻게 굴절되었는지를 살펴본다. 지금부터 샹파뉴 지역의 풍부한 자료를 통해 샴페인이라는 특별한 술에 담긴 생생한 이야기를 만나보자.

톰 브루스 가딘

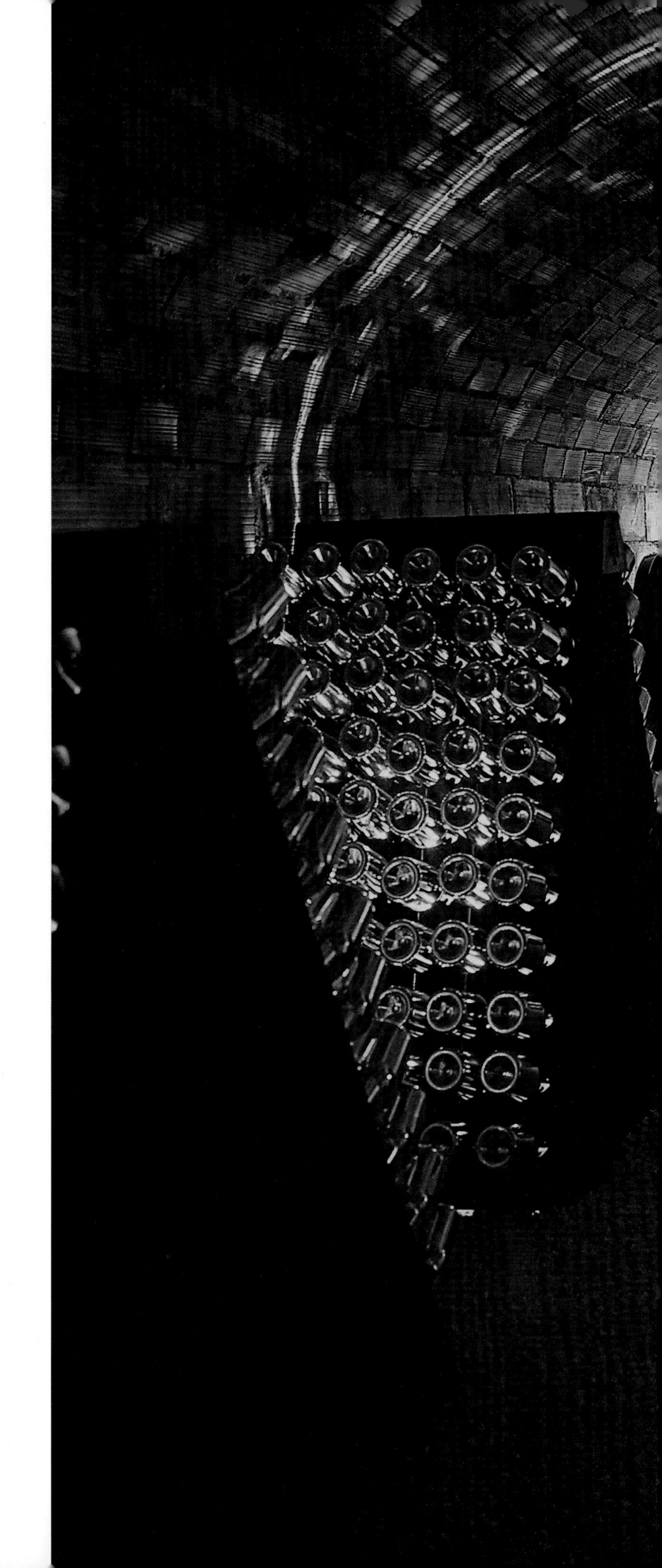

새벽녘에 해가 떠오르기 시작한
몽타뉴 드 랭스 포도원

갓 수확해 싱싱한 샤르도네와 피노 누아 포도송이. 전통적인 샴페인 포도 품종 세 가지 중 두 가지가 샤르도네와 피노 누아다. 샴페인은 대부분 블렌드(몇 가지를 배합한 결과물—옮긴이)지만, 샤르도네 품종만으로 만든 블랑 드 블랑은 예외다.

# PART 1

# 샴페인을 시작하기 전에

샹파뉴 지역의 포도원은 수 세기에 걸쳐 느린 속도로 발전했다. 그러면서 세 가지 품종의 포도를 집중적으로 사용하기에 이르렀다. 와인 생산 공정 역시 서서히 진화했다. 오늘날 샹파뉴 지역은 전 세계 와인 산지 중 가장 값비싸며, 철저한 보호를 받는 곳이다. 한편 빅토리아 시대 후기만 해도 당도가 높은 샴페인이 주류였으나 대세는 당도가 매우 낮은 샴페인으로 바뀌었다.

# 샹파뉴 지역

**영국인들은 샹파뉴(Champagne, 샴페인의 프랑스어 발음—옮긴이) 지역의 굴곡이 심한 경사지와 그 유명한 백악질 토양을 보면 영국 서식스와 켄트의 사우스다운스를 떠올린다. 지질학적 관점에서 볼 때 사우스다운스는 영불해협으로 분리되었을 뿐 샹파뉴의 연장선상에 있는 곳이기 때문에 영국인들이 그 같은 인상을 받는 것도 당연하다.**

로마인들은 이 지역에 이탈리아 남부 지방을 따라서 캄파니아라는 이름을 붙였고, 그 이름은 샴페인으로 변화했다. 샹파뉴는 파리에서 동쪽으로 약 56킬로미터 떨어진 마른강 골짜기에서 시작해, 랭스 북부를 지나 한참 남쪽이며 부르고뉴 최북단 바로 위에 있는 외딴 지역 오브까지 이어진다. (마른, 엔, 오브, 오트마른, 센에마른 등의) 다섯 개 데파르트망(département, 우리나라의 도나 광역시에 해당하는 프랑스 행정구역—옮긴이)을 아우르는 이 광활한 지역 안에는 샴페인 생산권을 향유하는 마을 319곳이 있다.

이러한 시골 마을은 최대한도의 일조량을 받기 위한 각도로 깔끔하게 다듬어진 채 줄지어 선 포도나무 외에는 아무것도 없어서 단일 작물 재배 지역처럼 보이기도 한다. 마을들이 정확한 구획으로 세분화된 덕분에 3만 4,500헥타르 면적에 이르는 포도 생산 마을의 모든 가용 토지에는 포도나무가 자란다. 그러나 마을 사이에는 큰 숲과 넓은 농지도 존재하며, 여기에서 재배되는 작물은 세심한 보살핌을 받으며 엄청난 수익을 내는 샹파뉴 포도원의 포도나무를 마냥 부러워할지도 모른다.

'샴페인'이라는 말을 특정 유형의 발포성 와인일 뿐 아니라, 고유한 지리학적 지역으로 홍보한 것은 샴페인의 성공에 결정적인 역할을 해왔다. 샹파뉴 사람들이 아펠라시옹(appellation, 특정 품종의 포도 재배와 특정 유형의 와인을 만들도록 법으로 정한 경계나 원산지 표시를 뜻함—옮긴이)을 규정하고 이를 세계 곳곳에서 적극적으로 방어하지 못했더라면 사치의 상징인 샴페인은 '요크셔푸딩'처럼 흔한 일반명사로 사용되었을 가능성이 크다. 대규모 샴페인 양조장 여러 곳이 보여주었듯 동일한 공정과 똑같은 품종의 포도만 있으면 다른 지역에서도 훌륭한 모조품을 만들 수는 있다. 그러나 샴페인을 만들고자 한다면 그 이름이 붙은 지역에서만이 가능하다.

이것이 프랑스인들이 오랫동안 주장해온 내용이며, 오늘날에도 대다수 사람이 이 주장에 동의한다. 유일한 예외는 자국 시장만을 대상으로 내수용 '샴페인'을 지속적으로 생산하고 있는 소수의 완고한 미국인들이다. 샹파뉴에는 북쪽에서 남쪽에 이르기까지 다음의 다섯 개 주요 지역이 있다.

### 몽타뉴 드 랭스

프랑스인들이 이곳의 이름에 고산지대를 뜻하는 '몽타뉴'를 붙인 것은 반어법이었을지도 모른다. 어쨌든 랭스와 에페르네 사이에 있으며 숲이 울창한 국립공원이 위치한 몽타뉴 드 랭스 고원의 275미터 높이 정상에 올라가기 위해서는 아이젠이나 산소통이 필요하지 않다. 이곳은 피노 누아(Pinot Noir) 품종으로 유명하다. 피노 뫼니에(pinot meunier)와 샤르도네(chardonnay)가

▼ 에페르네는 프랑스뿐만 아니라 전 세계에서 가장 많은 샴페인을 생산하는 곳으로, 샴페인의 원산지다. 이곳은 저장고로 쓰이는 백악토 동굴 위에 자리해 있으며, 동굴 안에서는 샴페인 수백만 병이 어둠 속에서 숙성되기를 기다린다.

각각 재배 품종의 36%와 24%를 차지하는 데 비해 피노 누아는 40%를 차지한다. 숲 아래의 북쪽 경사지는 베르제네, 베르지, 실르리 같은 그랑 크뤼(Grand Cru, 최고 등급 포도원을 뜻하는 용어—옮긴이) 마을에서 북동쪽에 이르기까지 포도나무로 빼곡하다. 남쪽에는 역시나 그랑 크뤼 마을인 앙보네, 루부아, 부지 등이 있으며 이곳에서는 북쪽의 단단하고 선명한 스타일에 비해 좀 더 풍부한 스타일의 피노 누아를 생산한다.

**코트 데 블랑**

'흰색 구릉'을 뜻하는 이름에서 알 수 있듯이 코트 데 블랑(Côte des Blancs)에서는 청포도 품종 샤르도네가 가장 많이 생산된다. 에페르네 남쪽의 경사지 5분의 4에서 샤르도네가 재배될 정도다. 그랑 크뤼 마을인 크라망에서 가장 비탈진 포도밭의 맨 윗부분은 백악토가 표토를 뚫고 들어가 있어, 화려한 풍미, 생생한 산미, 강렬한 미네랄 질감이 두드러지며 수십 년 동안 숙성이 가능한 와인을 생산하는 데 도움을 준다. 크라망의 남쪽에 인접한 마을(아비즈, 오제, 르 메닐 쉬르 오제)과 북쪽의 슈이 역시 모두 그랑 크뤼다. 프르미에 크뤼(Premier Cru, 1등급 포도원—옮긴이)이며 코트 데 블랑 최남단에 있는 베르튀는 홀로 뛰어난 피노 누아를 생산하는 외딴 마을이다.

▼ 샹파뉴 지역을 자세하게 보여주는 지도. 위의 지도는 몽타뉴 드 랭스와 에프롱 드 부지의 마을, 포도원, 샴페인 양조장을 보여주며, 아래 지도는 발레 드 라 마른의 마을, 포도원, 샴페인 양조장을 중점적으로 보여준다.

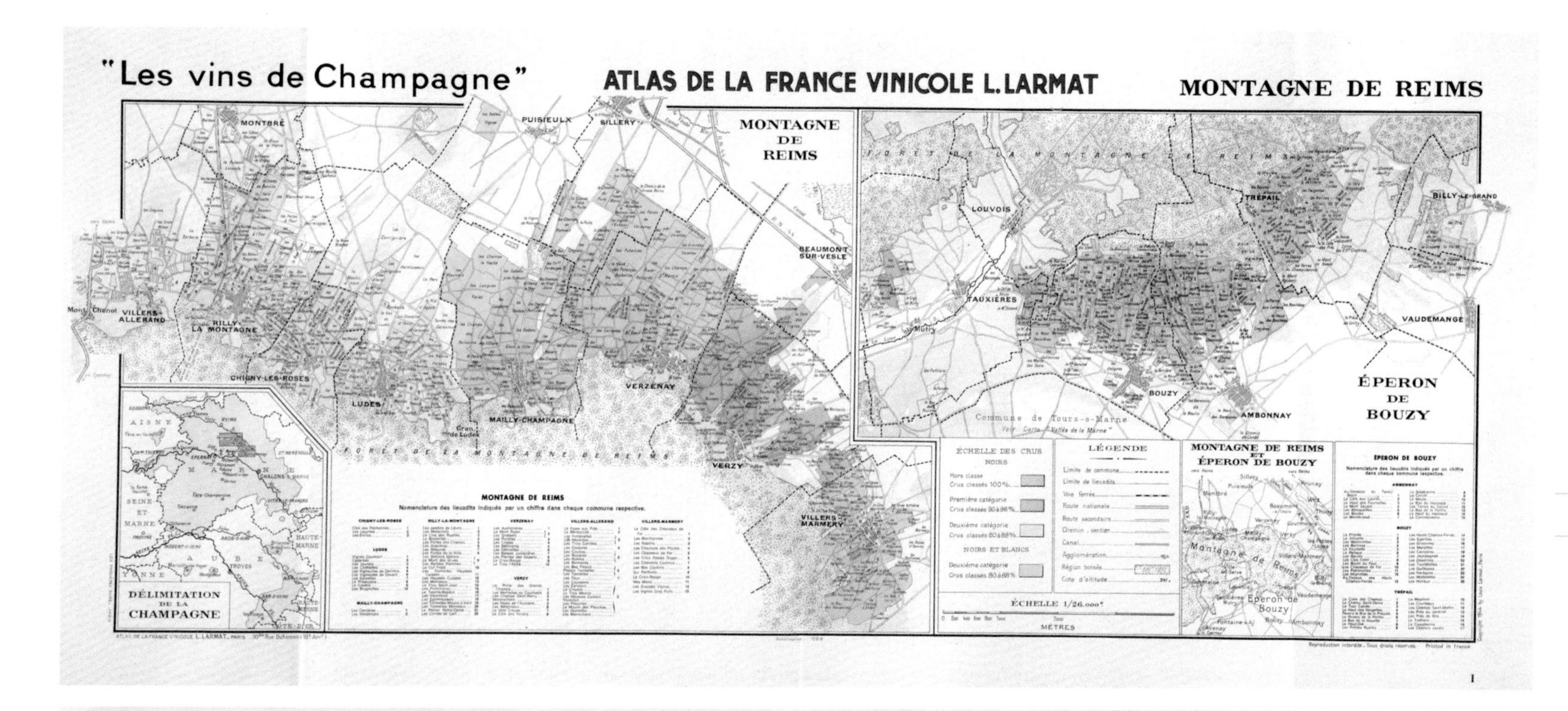


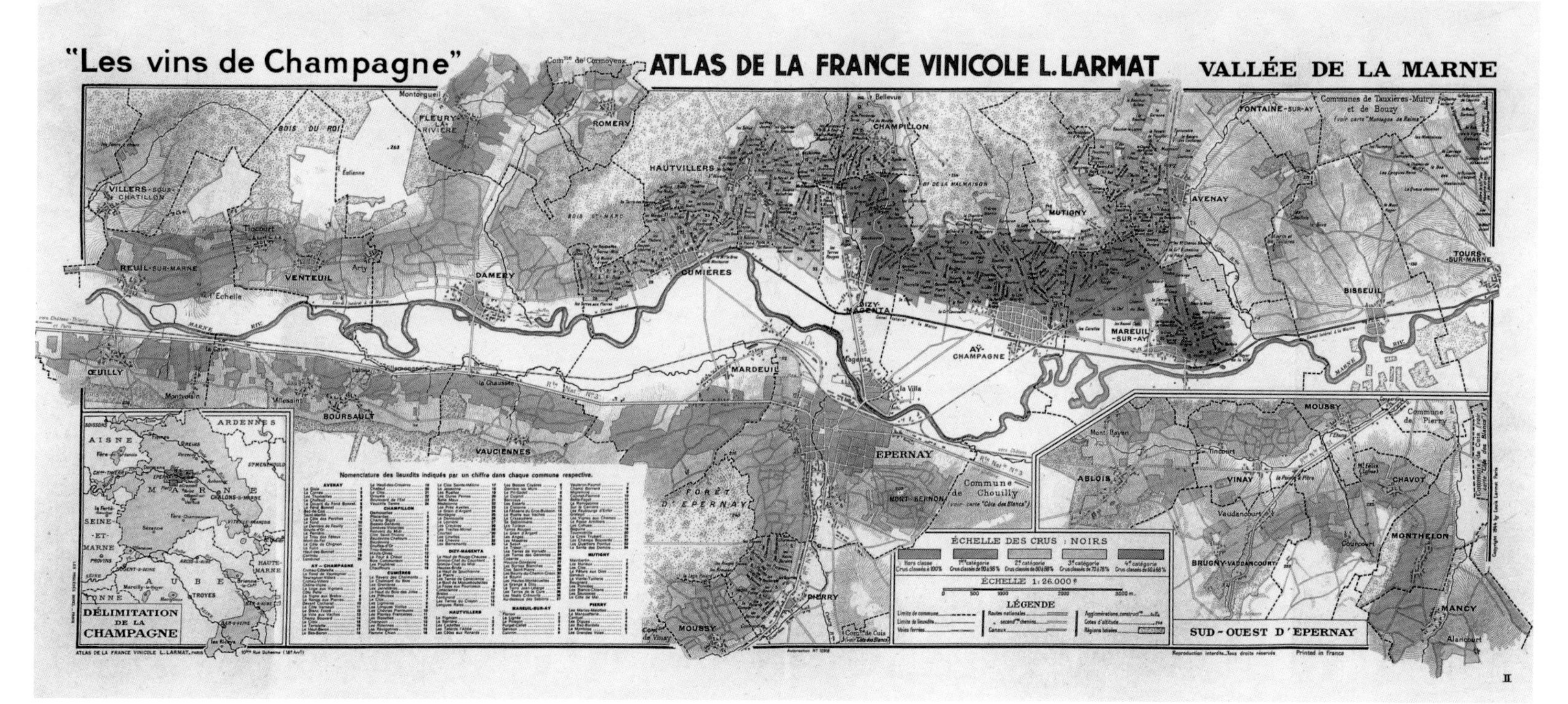

▲ 16세기에 지어진 이 색색의 목조 건물들은 오래된 도시 트루아의 상징이다. 트루아는 랭스와 달리 훼손되지 않고 1차 세계대전을 넘겼다. 트루아는 샴페인업계에서 코트 데 바르로 잘 알려진 오브의 주요 도시기도 하다.

**발레 드 라 마른**

세 번째 주요 지역은 마른강을 따라 하류로 뻗어 있으며, 한때 뱅 드 리비에르(vins de la rivière, 하천의 와인—옮긴이)로 불리던 와인을 생산한다. 발레 드 라 마른(Vallée de la Marne)은 에페르네 바로 동쪽에 있는 아이에서 시작하는 지역이다. 아이는 샹파뉴 지역 전체에서 역사적으로 가장 중요한 샴페인 산지 자리를 두고 실르리와 경쟁하는 곳이다. 15세기에 프랑수아 1세는 자신이 프랑스의 국왕일 뿐 아니라 아이의 국왕임을 선언한 한편, 동시대의 교황 레오 10세는 이 유명한 아이 마을에서 나온 와인만 마시려고 했다. 위풍당당한 그랑 크뤼 포도원이 경사지를 따라 내려와 마른까지 이어진 아이 마을은 샹파뉴 지역에서 가장 우수한 피노 누아 몇 종류의 산지이며, 아얄라(Ayala), 볼랑제, 되츠(Deutz, 국내에는 도츠로 알려짐—옮긴이) 등의 이름난 샴페인 양조장의 본거지기도 하다.

에페르네 주위에는 디지, 오트빌레, 퀴미에르 마을이 있으며 여기에서 계곡을 따라 이동하면 샤토 티에리 마을과 샹파뉴 지역의 서쪽 경계가 나온다. 아이 주변은 표토와 맞닿아 있는 백악토가 서쪽으로 갈수록 지하로 더 깊숙이 뚫고 들어가 있으며, 특히 왼쪽 제방의 북쪽 방향 경사지를 중심으로 토양의 질도 다소 떨어진다. 그럼에도 우수한 피노 뫼니에 일부가 생산되며, 해당 품종은 발레 드 라 마른의 재배 품종 중 3분의 2 가까이를 차지한다.

### 코트 드 세잔과 코트 데 바르

코트 드 세잔(Côte de Sézanne)은 생 공 습지로 분리되어 있을 뿐 사실상 코트 데 블랑과 이어진 곳이며, 마찬가지로 샤르도네 선호도가 높아서 재배 품종의 3분의 2가 샤르도네다. 그러나 이곳의 와인은 일류로 평가되지 않으며, 대부분은 NV(non-vintage, 수확 연도를 표시하지 않은 샴페인—옮긴이) 블렌드 샴페인에 사용된다. 훨씬 더 면적이 큰 오브는 현재 코트 데 바르(Côte des Bar)로 불리며, 과거에는 가메(gamay) 품종 위주였으나 지금은 재배 품종의 90% 가까이가 피노 누아다. 몽타뉴 드 랭스에서는 그랑 크뤼와 프르미에 크뤼 포도원을 비롯한 포도원에 여분의 피노 누아가 거의 없는지라 이름난 샴페인 양조장들은 하나같이 오브에서 피노 누아를 조달해 간다. 오브는 샹파뉴 지역에서 가장 아름다운 전원지대에 속할 뿐 아니라 최상급 샤르도네의 산지로 떠오른 인기 지역 중 하나를 품고 있다. 실제로 트루아 서쪽의 몽그외 언덕 경사면에는 순수한 백악토 위에서 최상급 샤르도네가 재배된다.

▲ 코트 데 블랑의 그랑 크뤼 마을 크라망에는 완벽하게 손질된 샤르도네 포도밭이 앞으로 뻗어 있다.

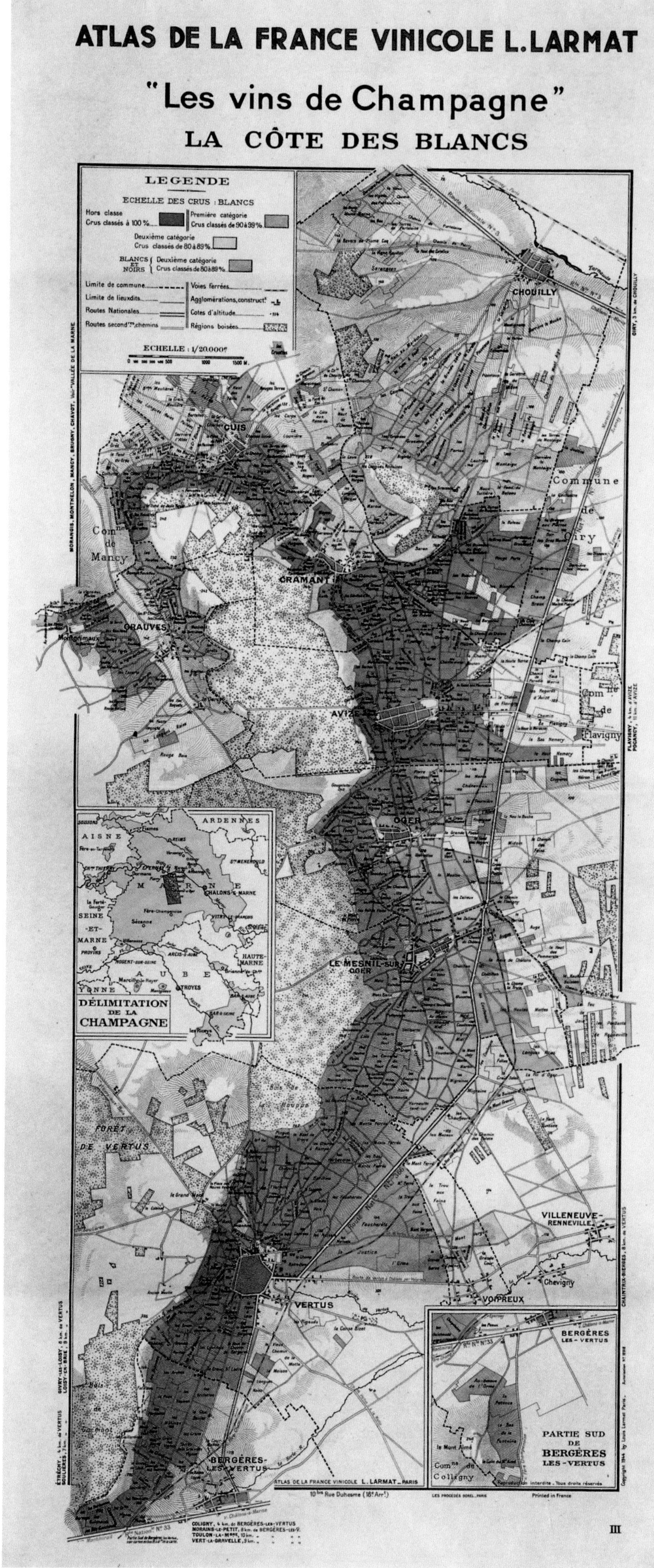



▶ 코트 데 블랑의 유명한 마을과 그곳의 그랑 크뤼와 프르미에 크뤼 포도원이 모여 있는 위치를 자세히 보여 주는 지도.

# 천혜의 자연조건, 테루아르

**샹파뉴 지역 서부에서 동부까지 횡단하거나 북부에서 남부까지 종단하려면 자동차로 족히 2시간은 걸린다. 그처럼 넓은 지역에 걸쳐 있다 보니 '테루아르'라는 멋지고도 두루뭉술한 용어의 구성 요소가 매우 다양해진다. 테루아르는 포도 생산에 영향을 주는 높은 고도, 토양, 햇빛과 같은 천혜의 자연조건을 말한다.**

다른 와인 산지와 마찬가지로, 샹파뉴 지역에서도 최고의 포도원은 대체로 경사면의 중간에 자리하며 동쪽이나 동남쪽을 향해 있어 이른 아침의 햇살을 최대한 많이 쬘 수 있다. 샹파뉴 지역의 중심부인 랭스와 에페르네 주위는 해양성 기후의 영향도 받아 기후가 온화하다. 해양성 기후의 영향은 오브를 향해 남쪽으로 갈수록 줄어들며, 오브에서는 대륙성 기후의 영향이 더 강하게 나타난다.

그럼에도 이 모든 조건은 인간이라는 변수를 피할 수 없다. 포도원에서는 재배자가 어떤 품종의 어떤 클론(유전적 변종을 뜻하며 특정 품종 안에서 변이가 일어나 다소 다른 유전적 조성을 공유하게 된 자손—옮긴이)을, 어떤 대목(접붙이기를 할 때 바탕이 되는 나무—옮긴이)에 접붙일지 결정한다. 그뿐 아니라 재배자는 헥타르당 몇 그루를 심을지, 어떤 트레이닝 시스템(포도나무의 형태를 필요에 맞게 변형하는 작업—옮긴이)을 적용할지, 가지치기는 어떻게 할지, 어떤 농약을 살포할지, 무엇보다도 언제 수확할지 등도 결정하게 된다. 지하 저장고에서는 무게추가 자연에서 인간에 유리한 쪽으로 확실하게 기울어진다. 톰 스티븐슨은 저서《샴페인과 발포성 와인 세계대백과(World Encyclopedia of Champagne & Sparkling Wine)》에서 샴페인을 포트나 셰리와 비교하며 다음과 같이 말한다. "방임주의적인 접근법으로는 그 같은 와인들을 생산할 수 없다. 이 와인들은 인간의 간섭, 개입, 교양이 빚어낸 산물이며 그중 샴페인이야말로 가장 기술적이며 가장 까다롭고 가장 인공적인 와인이다."

샴페인 하우스의 철학은 자사를 대표하는 논빈티지 샴페인을 생산할 때 해가 바뀌어도 차이가 나지 않도록 하는 것이다. 샹파뉴 지역의 네 개 주요 산지에서 포도를 조달하고 샴페인 하우스 특유의 스타일을 일관되게 창출하기 위해 비축해둔 예전 빈티지를 사용하다 보면, 변화무쌍한 기후 요소는 물론 테루아르의 핵심적인 특징마저 어느 정도까지는 흐릿해지게 마련이다. 대형 스카치위스키 브랜드와 마찬가지로 샴페인의 비결은 블렌딩이 좌우한다.

그러나 오늘날에는 크루그(Krug)의 클로 뒤 메닐(Clos du Mesnil)이나, 필리포나(Philipponnat)가 1935년에 선구적으로 첫선을 보인 클로 데 구아스(Clos des Goisses)처럼 값비싸고 단일 포도원의 포도로만 만든 샴페인이 상당수 존재한다. 게다가 네고시앙(négociant, 포도를 매입해 와인을 양조하거나 양조된 와인에 자기 브랜드를 붙여 판매하는 샴페인 사업자—옮긴이)의 블렌드 샴페인과 차별화하기 위해 자기 포도원만의 고유한 특징을 표현해내는 것에 주력하는 재배자 샴페인은 한층 더 다양하다.

▼ 필리포나가 마뢰이 쉬르 아이에 소유한 그 유명한 클로 데 구아스 포도원은 남쪽 방향의 가파른 경사면에 위치한다. 이곳의 기후는 마른강가 운하의 물 덕분에 안정적으로 유지된다.

샴페인의 원조 '테루아주의자'는 《샴페인의 혁명(La Révolution champenoise)》을 쓴 르네 라마르드다. 라마르는 이미 19세기 후반에 샴페인 브랜드를 비난했고, 그 내용은 콜린 가이의 흥미로운 저서 《샴페인이 프랑스의 것이 되었을 때(When Champagne Became French)》에 다음과 같이 소개되어 있다. "라마르의 주장에 따르면, 네고시앙들은 생산을 독점하고 상인 조합을 통해 브랜드 이름을 홍보함으로써 샴페인의 본질과 정신을 단절시켰고 그 과정에서 지역의 모든 부를 부당하게 축적했다. 그는 테루아르가 탐욕에 희생되었다고 주장했다."

샹파뉴 지역은 퀘벡이나 밴쿠버와 동일한 위도인 북위 49°에 있다. 북반구에서 와인을 만들 수 있는 북방한계선에 위치한 이 지역은 (17세기 후반의 소빙하기 때처럼) 때에 따라서는 와인 생산 한계선을 벗어나기도 한다. 그런데 지난 30~50년에 걸쳐 연간 기온이 1°C 상승하면서 오늘날 와인 생산 한계선이 조금씩 북쪽으로 올라가는 중이다. 정말 중요한 것은 재배 기간의 온도로, 현재 재배 기간의 온도는 14.7°C에서 16.1°C 사이다. 풍작인 해에는 포도나무가 꽃을 피운 이후에 늦서리를 맞지 않고 서서히 익어간다. 100일 동안 익게 한 후 수확하는 것이 이상적이다. 이로써 완전히 성숙했으면서도 고품질 발포성 와인의 필수 요건인 산도를 유지하는 포도를 수확할 수 있다. 2003년 여름과 같이 불볕더위가 기승을 부리는 여름에는 포도 성숙 기간이 100일보다 한층 더 단축된다. 향후 10년 동안 포도 성장 기간의 평균 기온은 0.4°C 상승할 것으로 예상된다. 영국 서식스주의 재배자들에게는 희망을 주지만 샹파뉴 지역 재배자들에게는 그렇지 못한 예측이다. 실상은 그보다 좀 더 복잡한 요소가 작용한다. 우선 영국 남부는 샹파뉴 지역에 비해 해양성 기후의 영향이 훨씬 더 강하다. 게다가 기온이 변화하더라도 재배자들이 취할 수 있는 조치가 다양하다. 예를 들어, 포도원에서는 잎을 덮개 형태로 관리하고 지하 저장고에서는 도자주(저장 시에 줄어든 분량만큼 채워 넣는 다른 샴페인이나 설탕물—옮긴이)를 조절함으로써 기후변화의 영향을 완화할 수 있다.

#### 최상급 포도를 만드는 백악토

샴페인에서 백악질 토양의 중요성은 아무리 강조해도 지나침이 없다. 다공성인 백악토는 포도나무의 지하 저수지 역할을 하는데, 세제곱미터당 최대 400리터의 물을 저장한다. 또한 배수 작용이 원활해 뿌리가 물에 잠기는 일을 방지한다. 게다가 태양광 패널 역할을 해 태양광과 온기를 포도나무에 반사한다. 더욱이 와인에 정밀한 미네랄의 풍미를 더해주는데, 특히 샤르도네로 만든 와인에서 그러한 특징이 두드러진다. 고대 로마인들은 상대적으로 풍부한 백악토를 캐내 생석회와 백색 도료를 만들었으며, 이를 이용해 건물을 지었다. 샹파뉴 지역 주민들은 수직 갱도를 확장함으로써 미로처럼 이어진 땅굴을 만들었다. 프랑스어로 크레예르(crayère, 백악갱—옮긴이)라 부르는 이 땅굴은 병에 주입된 후 서서히 이루어지는 샴페인의 2차 발효에 더할 나위 없는 환경으로 판명되었다. 다양한 종류의 백악토 중에서도 가장 적합한 것은 멸종된 해양 생물의 화석에서 추출되는 벨렘나이트라고 한다. 대략 7,000만 년 전에 샹파뉴 전역은 바다 밑에 있었다. 그 후 화산활동으로 인해 백악 지층이 밀려 올라왔고 때로는 지표면을 뚫고 올라왔다. 이처럼 지표면을 뚫고 올라온 백악토는 샹파뉴의 급경사지(샴페인의 급경사지)로 불리며, 코트 데 블랑과 몽타뉴 드 랭스 등의 샴페인 주요 산지에서 가장 두드러지게 나타난다. 샹파뉴 지역에는 다공성이 덜한 백악토도 있으며, 이 외에도 점토, 이회토, 석회석, 사암 등의 다양한 토양이 존재한다. 예를 들어, 이회토는 더 풍부한 영양소를 지니지만 배수가 잘되지 않아 습도가 높은 해에는 진균성 질병을 일으킬 수 있다.

▲ 50헥타르 규모에 달하는 테탱제 샴페인의 포도원 일부. 줄지어 선 포도나무들이 햇빛을 최대한 잘 받을 수 있는 각도로 심긴 것에 주목하라.

▲ 불순물이 전혀 섞이지 않은 코트 데 블랑의 벨렘나이트 백악토. 그 덕분에 이곳에서 자라는 샤르도네에는 정밀한 미네랄 풍미가 풍부하게 담긴다.

# 샴페인을 만드는 포도

**무대 배경을 설명했으니 이제는 등장하는 배우들을 소개할 시간이다. 수백 년에 걸쳐 샹파뉴 지역의 포도 품종은 단 세 가지로 줄어들었다. 최후의 도전자였던 가메 품종도 1960년대에 오브에서 퇴출되었다. 남은 세 가지 품종은 피노 누아, 샤르도네, 피노 뫼니에다.**

그러나 어떤 포도원에 무슨 품종을 심느냐의 선택지는 생각보다 훨씬 다양하다. 실제로 시중에는 승인된 클론만 50종류가 넘으며 각각의 클론은 미묘하게 다른 특징을 지닌다. 피노 누아와 샤르도네는 부르고뉴의 전통적인 포도 품종이며, 샹파뉴 지역에서는 비발포성 와인을 만들 때 더 남쪽에 있는 부르고뉴의 포도를 사용했다. 샹파뉴 지역의 비발포성 와인 중에서 오늘날까지 살아남은 두 종류는 모두 피노 누아로 만든다. 에페르네 인근에는 부지 루주(Bouzy Rouge)라는 비발포성 레드 와인이 같은 이름의 마을에서 소량 생산된다. 한편 오브에서는 분홍색 비발포성 와인 로제 데 리세(Rosé des Riceys)를 만날 수 있다.

화이트 와인으로 말하자면, 부르고뉴 사람들은 한때 샹파뉴 지역에서 생산되던 비발포성 샤르도네에 대해 전혀 개의치 않았다. 샹파뉴 지역의 화이트 와인은 탄산이 없는 뱅 클레르(vin clair, 샴페인의 재료가 되는 원액이며 '기저 와인'으로도 부름—옮긴이) 상태일 때 과육의 맛이 거의 느껴지지 않고 메마른 느낌을 주며, 치아의 법랑이 벗겨지는 것이 아닐까 싶을 정도로 산도가 강하다.

와인 산지 끄트머리의 서늘한 기후 속에서 샤르도네 와인은 2차 발효를 거치는 동안 도수가 약간 올라가고 분출하는 거품을 얻는다. 샹파뉴 지역 내의 포도원 중 샤르도네 품종을 재배하는 곳은 28.5%에 달한다. 샤르도네는 특유의 산뜻한 우아함과 섬세함으로 높은 평가를 받는데, 특히 샹파뉴 지역의 중심부인 코트 데 블랑의 샤르도네가 유명하다. 샤르도네는 블렌드 샴페인에 짜릿한 근성과 신선함을 더하며, 블랑 드 블랑처럼 샤르도네만으로 만든 샴페인은 산도 덕분에 그 어떤 스타일의 샴페인보다 수명을 오래 유지할 수 있다. 최상급 빈티지 퀴베(cuvée)의 경우 10~20년이 지나면 산도가 약해져 고소하며 부르고뉴 와인에 가까운 풍부한 풍미가 드러난다. 샤르도네를 싫어한다고 단언하는 사람들조차도 신이 나서 폭음하게 될 정도다.

피노 누아는 근소한 차이로 피노 뫼니에를 앞지르고 샹파뉴 지역에서 가장 많이 재배되는 포도 품종으로, 전체 포도원의 38.4%를 차지한다. 핵심 재배 지역은 몽타뉴 드 랭스지만, 코트 데 블랑에서의 샤르도네만큼 지배적인 품종은 아니다. 피노 누아는 마른강의 오른쪽 제방 위로 펼쳐진 남향 경사지에서도 햇빛을 빨아들이며 자라며, 코트 데 바르의 재배 품종 중 80%를 차지한다. 실제로 코트 데 바르는 일반적인 논빈티지 블렌드 샴페

◀◀ 샤르도네는 블랑 드 누아(Blanc de Noirs)로 분류되지 않은 모든 블렌드 샴페인에 우아함과 짜릿한 산도를 부여하며, 블랑 드 블랑(Blanc de Blancs) 샴페인에서는 주인공으로서 독주를 펼친다.

◀ 부르고뉴 포도 품종인 피노 누아는 샹파뉴에서 가장 많이 재배되는 품종으로서 전체 재배 품종의 40%에 육박한다. 그뿐 아니라 샹파뉴 지역의 비발포성 레드 와인인 부지 루주의 생산에도 사용된다.

인에 들어가는 피노 누아의 주요 산지다. 페리뇽 수도사의 시대 이후로 피노 누아를 아주 살살 으깨는 방식이 사용되고 있는데, 맑은 상태로 흘러나오는 과즙에 껍질의 물이 드는 것을 방지하기 위해서다.

위의 두 품종보다 약간 덜 '고귀'한 취급을 받는 세 번째 포도는 피노 뫼니에로, 현재 샹파뉴 포도원의 32.8%에서 자라고 있다. 상대적으로 늦게 싹이 트는 품종이라 늦서리를 맞을 위험이 덜한 피노 뫼니에는 비교적 서늘한 마른 계곡의 북향 경사지에서 광범위하게 재배된다. 그런데 1980년대 이후로 피노 뫼니에를 심는 포도원이 7% 감소하는 등 피노 누아에 조금씩 밀려나는 추세다. 샴페인 전문가 마이클 에드워즈는 저서 《샹파뉴 지역의 가장 훌륭한 와인들(The Finest Wines of Champagne)》에서 그러한 추세가 "품질을 개선하기 위한 진지한 고민에서 나왔다기보다는 적어도 일부 경우에는 유행과 마케팅으로 인해 유발되었다"고 지적한다.

샹파뉴 포도원에서는 포도나무를 헥타르당 8,000그루에서 1만 그루 정도로 조밀하게 심어 토양의 물과 영양분을 흡수하기 위해 뻗어나가는 뿌리끼리 건강한 경쟁을 하도록 유도한다. 수확 한 달 후에 날씨가 추워지면 재배자들은 전지가위로 무장한 채 포도밭으로 내려온다. 가지치기를 하는 목적은 포도나무의 에너지가 열매 맺힌 봉오리 몇 개에 집중되도록 관리하고 잎이 너무 무성해지지 않도록 방지하기 위해서다. 재배자들은 대개 가지치기에 통달한지라 잎과 포도송이의 균형을 정확히 맞추는 것을 목표로 한다. 포도나무 한 그루당 한 병의 샴페인을 생산하려면 12~15개의 포도송이가 열려야 한다.

샴페인 제조 규칙에 따라 포도는 모두 손으로 수확한다. 기계 수확을 하면 포도송이가 손상될 수 있고 과즙이 껍질에 닿을 위험이 있기 때문이다. 수확한 포도는 송이째로 신속하게 파쇄된 다음에 세 번의 부드러운 압착을 거쳐 처음 나온 퀴베(cuvée)와 그다음으로 훨씬 더 세게 압축되어 나온 타이유(taille)로 분리된다. 1992년 프랑스 샴페인 생산자 협회(CIVC)는 품질을 개선하기 위한 조치로 생산자가 타이유에서 추출할 수 있는 과즙의 양을 약 5분의 1로 줄였다.

압착된 과즙은 따로따로 보관되는데, 이렇게 하면 와인 제조자가 특정 블렌드를 구성하는 과정에서 좀 더 유연성을 발휘할 수 있다. 포도밭 하나에서 나오는 압착 과즙의 숫자에 포도원의 숫자, 포도의 종류, 다양한 수확 연도를 곱하면 고를 수 있는 베이스 와인(샴페인의 기본이 되는 와인—옮긴이)의 범위가 거의 무한정 확대된다. 그렇긴 해도 베이스 와인은 분명 다른 와인에 비해 뚜렷한 특징이 없고 알코올 도수가 낮으며 산도가 높아서 베이스 와인 간의 차이는 대체로 미미하다.

자연이 무슨 카드를 건네주었든 와인 제조자나 양조 책임자는 이전 연도에 비축해둔 와인으로부터 약간의 도움을 받고 노력을 기울여, 자신들의 일관된 하우스 스타일로 블렌딩해야 한다. 와인 산지 북방한계선의 변덕스러운 날씨를 감안할 때 이는 결코 만만한 작업이 아니다. 지하 저장고에서 일하는 예술가들은 그러한 일관성에 대한 숭배 때문에 종종 심기가 불편해질 수밖에 없다. 그들은 이따금 자신의 창조적인 재능을 발휘해 새로운 것을 만들어낼 기회를 얻기도 한다. 그러나 그 같은 일은 자주 일어나지 않는다.

◀ 포도나무 가지치기는 11월에서 이듬해 3월은 물론 때로 4월까지도 이어지는 길고 고생스러운 작업이다.

▼ 그 외에 샴페인 제조에 사용되는 품종으로 피노 뫼니에가 있으며, 마른 계곡의 북향 경사지 대부분을 차지한다. 사진은 마른 계곡의 포도원에서 갓 수확한 피노 뫼니에 포도다.

# 샴페인의 양조 과정

**샴페인의 특징인 거품은 아주 오랫동안 와인 제조 과정에서 빠지지 않고 등장하는 요소였다. 압착된 포도에서 거품이 일어나면 발효가 시작됨을, 거품이 더 이상 일어나지 않으면 발효가 끝났음을 알 수 있다.**

초창기 와인 제조자들에게 거품은 무엇인가 진행되고 있음을 보여주는 유일한 시각적 신호였다. 그들은 포도 과즙 안의 모든 당분이 알코올로 전환될 때까지 몇십억 마리의 야생 효모 세포가 먹이 섭취를 위해 과즙을 미친 듯이 공략하는 과정을 눈으로 볼 수 없었다. 초창기 와인 제조자들이 목격한 것은 발효의 부산물인 이산화탄소로, 이산화탄소가 병 안에 갇히면 와인에 거품을 일으킨다.

발포성 와인의 이야기는 우연에서 계획으로의 길고 느린 진화 과정을 담고 있다. 와인 산지의 북방한계선인 샹파뉴 지역에서는 추운 날씨로 인해 효모가 겨울잠을 자기 전에 발효를 끝마치는 일이 항상 어려운 과제였다. 봄이 오면 따뜻한 날씨 때문에 다시 발효가 일어나 술통이나 병에 담긴 와인에 거품이 생겨났다. 아이러니하게도 샹파뉴 지역의 와인 제조자들은 거품이 자기 지역의 최고 장점으로 떠오르기 전까지 오랫동안 거품을 저주로 간주해왔다.

병 안에서 일어나는 2차 발효는 정밀한 과학으로 발전했고, 오늘날 이 과정은 다음과 같은 순서를 따른다. 샤르도네, 피노 누아, 피노 뫼니에 같은 샴페인 포도를 손으로 수확한 뒤 와인 양조장에서 재빨리 압착해 껍질과 과즙을 분리한다. 이 중 대략 80%는 퀴베가 되고, 그 후 압착기의 압력을 높여서 마지막 과즙인 타이유를 추출한다. 타이유는 따로 판매되거나 와인에 구조감을 더하기 위해 다시 혼합된다.

샴페인 하우스는 샴페인 전역에서 포도를 사들여 포도 품종별로 따로 발효시킨다. 발효는 스테인리스스틸 탱크에서 이루어지며, 때로 새거나 헌 오크통을 사용할 때도 있다. 발효가 완료되면 지하 저장고는 비교적 특징이 뚜렷하지 않고 산미가 강하며 도수가 대략 11.5%인 베이스 와인으로 가득 찬다. 그러나 베이스 와인 사이에도 미묘한 차이가 나타나며, 그 덕분에 와인 제조자는 하우스만의 스타일을 구축할 수 있다. 아상블라주라고도 부르는 블렌드 샴페인은 1월에서 3월까지 만들어진다. 소비되는 샴페인의 대다수를 차지하는 논빈티지 샴페인의 제조에는 이전 연도의 비축 와인을 섞는 작업이 수반된다. 논빈티지 샴페인은 술병 레이블에 표시된 'NV'

▲ 대부분 샴페인은 데고르주망 작업으로 침전물이 제거될 때까지는 맥주병 같은 왕관형 마개를 씌운 상태로 숙성되며, 데고르주망 이후에는 코르크 마개로 밀봉된다.

◀◀ 갓 수확된 포도가 샴페인 하우스에서 전통적으로 사용해온 '코카르' 압착기에 담긴 모습. 과즙이 산화하기 전에 가능한 한 재빨리 포도를 압착하는 것이 관건이다.

◀ 지하 저장고의 퓌피트르에 꽂힌 샴페인 병을 전통적인 리들링 기법으로 돌리는 모습. 뵈브 클리코의 양조 책임자가 19세기 초에 발명한 이 기법은 효모 침전물을 병목으로 모으기 위한 것이다.

로 쉽게 확인할 수 있다.

특정 연도에 나온 포도로만 만들어지는 빈티지 샴페인이나 특정 포도원의 포도로만 만들어지는 크뤼(cru)는 기후나 떼루아르의 변화무쌍함을 표현해내는 것을 추구한다. 반면에 가장 흔한 논빈티지 샴페인을 만들 때는 일관성이 가장 중요하다. 어떻든 간에 샴페인 블렌딩은 전체 공정 중에서 가장 능숙한 기술을 요구하는 과정임이 분명하다. 블렌딩이 끝난 술은 깨끗한 탱크로 옮겨 (설탕, 샴페인 효모, 몇 가지 영양소가 배합된) 리쾨르 드 티라주를 주입한다. 그런 다음, 병에 넣어 맥주병 뚜껑과 비슷한 왕관 모양 마개로 막는다. 설탕과 효모의 양은 최대 7바의 정확한 압력이 발생할 수 있도록 정밀하게 계산된다. 7바는 이층버스의 타이어 압력에 해당하는 수준이다.

샴페인 병은 샹파뉴 지역의 차갑고 습기가 많은 지하 저장고에 가로로 쌓아올린 뒤 그대로 둔다. 지하 저장고는 부드러운 백악토를 뚫고 지하 깊숙이 침투한 수 킬로미터의 터널 형태며, 이곳의 온도는 1년 내내 10~12℃를 유지한다. 효모는 추위를 견디고 압력 속에서도 활동할 수 있도록 특수하게 배양된다. 효모가 당분을 섭취하면 도수가 1도 올라가고 그 멋진 거품이 발생한다. 모든 효모 세포가 소멸하고 바닥에 침전물 형태로 가라앉는 등 이 과정이 끝나기까지는 최대 3개월이 걸릴 수 있다. 효모들이 행복한 죽음을 맞이했으리라 짐작되지만, 그렇다 해도 효모의 역할이 완전히 끝난 것은 아니다.

모든 샴페인은 15개월 이상 병 숙성을 거쳐야만 하며, 그중 최소한 1년 동안은 침전물이 바닥에 남아 있다. 소멸한 효모 세포는 자가분해라는 느린 과정을 통해 분해되기 시작하며, 일류 빈티지 퀴베 샴페인의 경우 그 기간이 3~4년까지 걸리기도 한다. 대부분 샴페인은 분해 효과가 완전히 나타날 수 있는 시간을 얻지 못하지만, 미묘하고 견과류 같으며 고소하고 브리오슈 비슷한 향은 분해 과정에서 비롯된다.

샹파뉴 지역 사람들은 르뮈아주라는 과정을 통해 거품 손실 없이 병 안의 침전물을 제거하는 난제를 해결했다. 전통적으로 르뮈아주 과정에는 사람이 메고 다니는 광고판 형태의 두툼한 나무판에 샴페인 병 크기의 구멍을 뚫은 퓌피트르가 사용되었다. 제조자들은 샴페인 병을 퓌피트르의 구멍에 45° 각도로 꽂아둔 뒤 날마다 병을 잡고 손목을 격렬하게 돌려 병의 각도를 조금씩 기울였고 바닥의 효모 침전물이 병목에 모일 때까지 같은 작업을 반복했다. 이처럼 손을 사용한 리들링(르뮈아주의 영어 명칭으로서 병을 돌리는 작업을 뜻함—옮긴이)에는 4~5주가 걸린다. 이는 매우 노동 집약적인 작업이라서 반복적으로 염좌 부상을 유발했을 것이다. 샴페인 하우스나 전통적인 발포성 와인의 생산업체를 방문하면 지하 저장고에 자랑스럽게 전시된 퓌피트르 행렬을 볼 수 있다. 그러나 그 뒤로 매력은 덜하지만 한층 더 효율적인 해결책인 자이로팔레트가 발명되었다. 컴퓨터로 작동되는 자이로팔레트는 장비 안의 모든 샴페인 병을 3~4일 만에 리들링할 수 있다.

그다음 단계인 데고르주망은 병을 뒤집고 병목을 액체질소 같은 용액에 넣어 냉각시킨 후 병마개를 제거하는 작업이다. 대략 2.5센티미터 길이의 얼어붙은 효모 덩어리가 압력으로 인해 샴페인 코르크처럼 튀어나온다. 그 과정에서 빠져나간 술을 보충하기 위해 곧바로 같은 술과 설탕 시럽을 배합한 리쾨르 덱스페디시옹을 첨가하고 너무 많은 거품이 빠져나가기 전에 코르크 마개로 병을 밀봉한다.

▲▲ 오늘날 대부분 샴페인 생산자는 전통적인 오크통보다는 스테인리스스틸 탱크를 발효에 사용한다. 스테인리스스틸 탱크는 샴페인과 무관한 향의 유입을 막아 좀 더 순수한 술을 만들어낸다.

▲ 코르크 마개를 씌우기 전의 마지막 제조 단계는 (술에 정밀한 분량의 설탕이 배합된) 리쾨르 덱스페디시옹을 첨가해 당도를 결정짓는 작업이다.

# 빈티지와 스타일

**샴페인 병에 코르크 마개가 씌워지기 전의 마지막 처리 단계를 도자주라 부른다. 도자주는 리쾨르 덱스페디시옹 안에 들어가는 설탕의 양을 뜻하기도 한다. 샴페인 당도는 리터당 2그램 미만에서 시작해 50그램 이상까지 올라가기도 한다.**

아주 쌉쌀한 마티니보다도 더 달지 않은 샴페인을 선호하는 사람에게는 브뤼 나튀르(Brut Nature)가 어울린다. 브뤼 나튀르는 농 도제(Non-Dosé), 울트라 브뤼(Ultra Brut), 브뤼 소바주(Brut Sauvage)로도 불리며, 가장 빼빼 마른 슈퍼모델에 어울리는 브뤼 제로(Brut Zéro)라는 명칭도 있다. 마시는 사람은 설탕 맛을 느끼지 못하겠지만, 리터당 최대 2그램의 당분을 함유한다. 브뤼 나튀르는 1980년대에 로랑 페리에의 울트라 브뤼가 출시되고, 다른 샴페인 하우스들도 그 뒤를 따르면서 유행했다. 소믈리에 다수는 브뤼 나튀르 스타일에 들떴지만, 매출은 미미했다. 대체로 맛이 밋밋하고 균형감이 부족한 탓인지 브뤼 나튀르의 유행은 현재 사그라진 듯하다.

엑스트라 브뤼(Extra Brut)는 리터당 6그램까지 당분이 허용된다. 샴페인을 제대로 만든다면 그처럼 낮은 당도로도 훌륭한 맛을 낼 수 있다. 브뤼(Brut)는 당도가 리터당 최대 12그램으로 올라간다. 프랑스어로 브뤼는 '원시적'이라는 뜻이다. 100년 전만 해도 런던 사람들을 제외한 대부분 술꾼들로부터 극도로 무미건조하다고 평가되었던 사실을 감안할 때 브뤼는 장족의 발전을 이루어왔다. 오늘날에는 단맛을 좋아하는 러시아인들조차도 브뤼의 정제되지 않은 매력에 굴복했다. 러시아에서 판매되는 샴페인 중 브뤼의 점유율이 90%를 훌쩍 넘어섰을 정도다.



당분 함량이 리터당 12그램을 넘어서는 샴페인으로는 엑스트라 드라이(Extra-Dry)로도 불리는 엑스트라 섹(Extra-Sec)이 있다. 그러나 브뤼가 세계를 지배하고 단맛이 적지 않은 술에 대한 다소 속물적인 경멸로 인해 현재는 거의 사라진 상태다. 당분 함량이 리터당 17그램이 넘는 샴페인은 '섹' 또는 '드라이'의 영역에 있으며, 그다음으로 당도가 높은 샴페인은 드미 섹(Demi-Sec)이다. 마지막으로 당도가 리터당 50그램을 넘어서는 두(Doux)가 있다. 오늘날의 기준으로는 '드라이'로 불리는 샴페인이 명백히 단맛을 내므로 위와 같은 용어들은 시대에 한참 뒤떨어진 감이 있다. 당도의 변화는 루이 로드레(Louis Roederer)의 카르트 블랑슈(Carte Blanche)에서 두드러지게 느껴진다. 20세기 초에 나온 이 샴페인은 리터당 180그램에 이를 정도로 풍성한 당분을 자랑했다. 1980년대에는 그 당분이 3분의 2 줄어들었으며, 오늘날의 카르트 블랑슈는 리터당 45그램의 당분을 함유해 드미 섹 중에서 달콤한 축에 속한다.

한편 주류 잡지 〈드링크 비즈니스〉의 편집장인 패트릭 슈미트에 따르면, 브뤼 내에서도 당도가 한층 더 낮은 쪽으로의 전환이 이루어지는 중이다. 슈미트는 마스터 오브 와인(영국의 마스터스 오브 와인 연구소에서 최고의 와인 전문가에게 수여하는 자격증—옮긴이)을 취득하기 위한 논문 주제를 조사하다가 지난

◀ 다양한 샴페인 브랜드가 수도 없이 존재하지만 한 가지 스타일이 시장을 지배하기에 이르렀다. 바로 리터당 대략 9~12그램의 당분을 함유한 논빈티지 브뤼로, 오늘날 샴페인 매출에서 무려 80%를 차지한다.

20년 동안 도자주가 평균 25% 감소했다는 사실을 발견했다. 슈미트에 따르면, 샴페인 제조사 대다수가 2003년의 폭염을 그러한 전환의 원인으로 지목한다고 한다. 그렇다면 도자주의 감소가 순전히 기후변화 때문일까? 슈미트는 그보다는 와인 제조자가 덜 달콤한 스타일을 추구하고 고객들도 자신들과 선호도가 비슷하리라 믿는 것이 주된 원인이라고 말한다. 이 같은 주장은 모엣 샹동(Moët & Chandon)이 몇 년 전에 진행한 상세한 연구로도 뒷받침된다. 엑스트라 드라이 프로세코의 성공 사례를 보면 소비자들이 정말로 덜 달콤한 샴페인을 선호하는지는 논란의 여지가 있을 수밖에 없다.

샴페인 중 80% 이상은 논빈티지며, 레이블에 NV라고 표시된다. 블렌드 샴페인에 이전 연도의 샴페인이 얼마만큼 들어가느냐는 하우스 스타일에 따라 다르다. 테탱제 NV처럼 신선하고 활기가 느껴지는 샴페인에는 이전 연도의 술이 고작 10분의 1 정도 들어가는 반면, 크루그처럼 풍미가 진한 샴페인은 최신 빈티지가 절반 정도만 들어갈 뿐 그 외에는 다양한 빈티지를 아우른다. 어떤 논빈티지 샴페인은 한 해에 나온 샴페인으로만 만들어지기도 한다. 출시된 후 숙성 연수와 더불어 품질이 향상되도록 설계된 샴페인은 아니지만, 품질이 우수한 데다 온도가 10~15℃로 유지되는 서늘하고 어두운 곳에 샴페인 병을 저장한다면 그러지 않으리라는 법도 없다. 그러나 대개 1~2년이 지나면 신선함이 사라지기 시작한다.

빈티지 샴페인은 시간이 흐르면서 품질이 개선된다. 특히 생산자가 3~4년 동안 효모 침전물이 가라앉은 상태로 샴페인을 숙성시킨 후 데고르주망을 할 때 그러한 경향이 두드러진다. 고급 빈티지 샴페인의 구운 식빵이나 비스킷 같은 향과 풍미를 좋아한다면, 수확 후 10년 이상 지난 샴페인을 선택하는 것이 좋다. 10년 정도가 지난 샴페인은 포도의 성장 연도가 각별히 좋았음을 시사한다. 그러나 모든 샴페인 제조사가 일부 제조사처럼 까다로운 것은 아니며, 어떤 제조사는 거의 매년 빈티지 샴페인을 출시한다.

빈티지 샴페인은 프레스티지 퀴베(prestige cuvée)로 불리는 최상급 샴페인의 압력을 받아왔다. 대형 샴페인 브랜드의 양조 책임자들은 최고의 포도원에서 최상급 연도에 수확된 포도를 조달해 가능한 한 가장 훌륭하게 표현되는 술을 블렌딩하는 데 역점을 둔다. 이들이 겨냥하는 소비자는 최고의 것을 요구하며, 값을 치를 능력도 있다. 다만 샴페인 시장은 러시아 황제들이 황궁에서 고급 크리스털 병에 담긴 루이 로드레를 홀짝이던 시절과는 다소 달라진 상태다. 일부 샴페인 하우스는 고급 샴페인으로서 프레스티지 퀴베를 집중적으로 생산하는 한편, 빈티지 샴페인을 고집해온 곳은 상대적으로 훌륭한 품질을 인정받기 시작했다.

샴페인은 어김없이 여러 종류의 포도로 만들어지지만 샤르도네만으로 만들어지는 블랑 드 블랑은 예외다. 블랑 드 블랑은 산뜻하고 청량한 거품과 레몬 같은 신선함을 지닌 샴페인으로, 가장 가볍고 우아한 경향이 있다. 이와 대조적으로 적포도로만 만들어지는 블랑 드 누아는 좀 더 원숙한 질감을 지녔으며, 구운 사과와 향신료의 향을 낸다. 블랑 드 누아는 좀 더 진한 금빛을 띠지만 핑크색의 기미는 전혀 보이지 않는다. 핑크색을 띠는 샴페인으로는 레드 와인을 소량 섞어서 만드는 로제 샴페인이 있다. 이탈리아의 풀리아에서 프랑스의 프로방스에 이르기까지 모든 유럽산 비발포성 로제 와인은 포도 껍질의 색이 과즙을 물들이고 적절한 과즙이 흘러나올 때까지 두는 방식으로 생산된다. 캘리포니아 사람들은 간단하게 레드 와인과 화이트 와인을 블렌딩하는 방식으로 달콤하고 핑크색 풍선껌처럼 홍조를 띤 로제 와인을 생산하는데, 샴페인에는 이 방법이 잘 통하는 경향이 있다. 샹파뉴 지역 사람 중 일부는 껍질과 과즙이 닿는 방식을 선호하지만, 그렇게 하면 탄닌감을 억누르기가 어려울 수 있다.

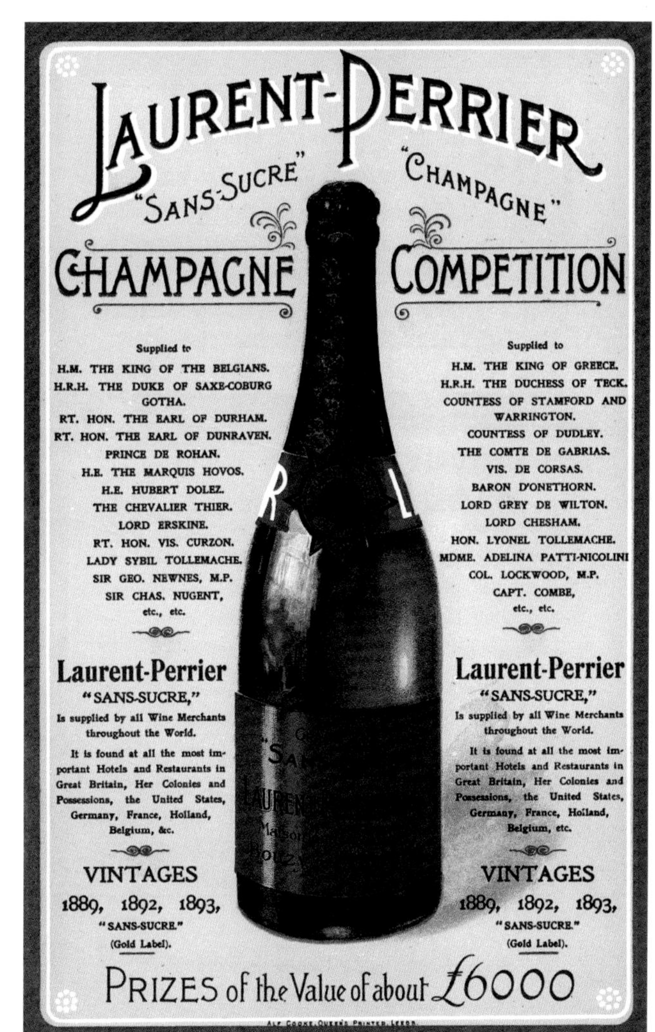


◀ 1870년대 영국에서는 포므리(Pommery) 같은 샴페인 하우스의 주도 아래, 초창기 브뤼 샴페인들이 인기를 얻기 시작했다. 일부 하우스는 한술 더 떠서 제로 도자주 샴페인을 만들기 시작했다. 1880년대에 나온 로랑 페리에의 상 쉬크르(sans-sucre, 무설탕) 샴페인이 대표적이다.

▼ 로제 와인은 한때 경박한 술이라며 샴페인업계 다수 사람들의 무시를 받았으나 이제는 샴페인 중에서 가장 흥미롭고 역동적인 유형 중 하나로 인정받고 있다.

# 샴페인의 서빙과 보관 그리고 대형 샴페인

**옛날 옛적에는 샴페인 병을 가지러 지하 저장고에 내려가는 일이 러시안룰렛 게임만큼 위험했다. 유리에 조그마한 흠집이라도 나 있는 샴페인 병은 언제든 흉기로 돌변할 수 있었다.**

응접실에 있던 귀족 나리가 집 안 깊숙한 곳에서 어렴풋이 들려오는 와장창 소리와 부상을 입은 집사의 나직한 신음에 놀라는 광경을 상상해보라. 다행스럽게도 19세기에 단단하고 흠집이 나지 않는 유리가 발명되면서 그 같은 사고는 사라졌다.

단단한 병의 등장에 힘입어 생산자들은 실온에서의 압력을 5~6기압으로 올렸다. 샴페인을 실온 상태로 개봉하는 어리석음을 범하면, 코르크 마개가 총알처럼 튀어나오고 거품이 사방에 흩어지며 남은 술은 순식간에 김이 빠져버린다. 포뮬러 원의 선수처럼 시상대에서 관중을 향해 샴페인을 뿌리려는 의도가 없다면 실온에서의 개봉은 피하는 것이 최선이다. 샴페인 병을 5℃로 냉각하면 압력이 2.5기압으로 떨어진다. 그렇다 해도 여전히 주의해야 할 점이 있다. 병 입구가 사람을 향하지 않게 하고, 철사 케이지를 풀 때 코르크 마개의 윗부분을 엄지로 누른다. 그런 다음에 병을 돌려 거품이 쏟아져나오는 일 없이 코르크가 부드럽게 빠져나오게 한다. 당연한 소리 같아도 사고는 자주 일어난다. 돈 휴잇슨의 저서 《샴페인의 영광(Glory of Champagne)》에 소개된 〈이브닝 스탠더드〉의 보도에 따르면, 무어필드 안과병원의 의사는 "샴페인 코르크 마개 때문에 다친 환자를 1주일에 최소한 두 명은 만나며 그 때문에 수술을 해야 하는 일도 많다"고 한다. 요즘에는 프로세코의 코르크 마개로 다치는 경우도 있을 것이다.

한편, 내면의 코사크(기병으로 유명한 중앙아시아 유목민족—옮긴이) 정신을 발휘해 사브르 칼로 병목을 잘라서 개봉하는 사브라주 방식도 있다. 사브라주의 규칙은 다음과 같다. 샴페인 병을 적절히 냉각하고 미끄러지는 일이 없도록 표면의 물기를 닦은 다음에 철사를 풀고 은박지를 제거한다. 그러고 나서 바닥 부분을 쥐고 병의 입구가 위를 향하게 한다. 바닥의 오목한 곳에 엄지를 안착시킨 상태로 사격선 안에 아무도 없는지 확인한다. 그런 다음 칼날을 병 옆면에 대고 병목의 접합부를 향해 힘차고도 부드럽게 긁는다. 그러다 접합부가 칼날에 부딪히면 날카로운 소리를 내며 코르크 마개와 함께 튀어나간다. 병 안의 압력 덕분에 보기보다 쉽게 할 수 있다. 게다가 사브르 칼이 없어도 큼직한 부엌용 칼만 있으면 사브라주가 충분히 가능하다.

샴페인은 유리잔 안에서 온도가 상승하기 때문에 5~9℃로 냉각해 제공한다. 그러나 식당에서처럼 얼음통에 넣어둬 병이 지나치게 차가워지면 향과 풍미가 무뎌질 수 있다. 샴페인 잔의 유행은 쿠프에서 시작해 플루트를 거쳐 튤립 모양의 와인 잔으로 변화해왔다. 쿠프는 '소서'로도 불리며, 가장 오래된 샴페인 잔이다. 실제로 그 탄생에 영감을 주었다고 알려진 때(쿠프가 마리 앙투아네트의 왼쪽 가슴을 본떠 만들어졌다는 일화가 있다)보다 훨씬 더 오래전부터 사용되었다. 전해오는 이야기에 따르면, 앙투아네트 왕비가 10대였을 때 여름 궁전인 랑부예에서 소젖 짜는 처녀처럼 차려입었는데, 국왕이 왕비의 낙농장에 보관할 볼 셍(유방 형태의 사발)의 제작을 의뢰했다고 한다. 사실 쿠프는 1660년대에 런던의 버킹엄 공작에게 고용된 베네치아의 유리 세공인이 고안한 잔인 만큼 영국과 이탈리아의 합작품이었다. 그러나 쿠프를 둘러싼 허구는 워낙 흥미로웠기에 좀처럼 사라지지 않았고, 슈퍼모델인 클라우디아 시퍼와 케이트 모스의 가슴을 본떠 만든 현대판 쿠프가 나오기도 했다.

샴페인으로 가득 찬 쿠프를 쌓아 만든 피라미드 탑에서는 값싼 매력이 느껴진다. 2008년 네덜란드의 어느 쇼핑몰은 쿠프 4만 개를 63층 높이로 쌓아올린 피라미드 탑을 선보여 세계 기록을 세웠다. 그러나 쿠프는 베이비샴(1950년대 영국에서 나온 낮은 도수의 발포성 과실주—옮긴이)의 잔이라는 이미

◂◂ 내면의 코사크 기병 정신을 발휘하고픈 충동이 들어 샴페인 병에 사브라주를 시연하고자 한다면 반드시 병의 오목한 부분에 엄지를 밀어넣은 채로 있는다.

◂ 2014년 케이트 모스의 가슴을 본뜬 쿠프가 제작되었다. 이로써 모스는 유명 인사로서는 가장 최근에 앙투아네트의 뒤를 이은 사람이 되었다. 다만 앙투아네트의 가슴을 본떠 쿠프가 만들어졌다는 이야기는 허구임이 확실하다.

## 다양한 크기의 대형 샴페인

샴페인은 주로 비행기에서 제공되는 귀여운 크기의 피콜로(piccolo)에서 엄청나게 큰 병에 이르기까지 다양한 크기로 출시된다.

**매그넘 MAGNUM**

2병 용량(1.5리터). 라틴어로 '크다'는 의미며, 오래된 빈티지 샴페인을 담기에 적합하다.

**여로보암 JEROBOAM**

4병 용량(3리터). 기원전 10세기에 활약했던 북이스라엘 왕국의 국왕 이름이며, 히브리어로 '백성을 늘리는 사람'을 뜻한다.

**르호보암 REHOBOAM**

6병 용량(4.5리터). 솔로몬의 아들이며, 히브리어로 '백성을 크게 하는 사람'이라는 뜻이다.

**므두셀라 METHUSELAH**

8병 용량(6리터). 구약성경에 나오는 므두셀라는 고령의 상징이며, 969세까지 산 족장이다.

**살마나자르 SALMANAZAR**

12병 용량(9리터). 아시리아의 국왕 살만에셀에서 유래했다.

**발타자르 BALTHAZAR**

16병 용량(12리터). 아기 예수에게 선물을 바친 아라비아 왕의 이름에서 유래했다.

**네부카드네자르 NEBUCHADNEZZAR**

20병 용량(15리터). 바빌로니아 역사상 가장 막강하며 기원전 7세기 후반부터 6세기 중반까지 통치한 네부카드네자르의 이름에서 유래했다.

이보다 더 큰 솔로몬(Solomon)과 소버린(Sovereign)은 테탱제만 생산하는 것으로 보이며, 각각 24병, 35병 용량이다. 이 외에도 프리마(Primat)는 36병 용량이며, 미다스(Midas)로도 불리는 멜기세덱(Melchizedek)은 무려 40병에 해당하는 용량을 자랑한다.

▲ 샴페인 병의 크기는 한 번 마시면 끝일 정도로 매우 작은 4분의 1병 용량에서 파티에 적합한 20병 용량의 네부카드네자르에 이르기까지 다양하다.

지와 그 오랜 시간에 걸쳐 만들어진 거품을 순식간에 날려버리는 특성 때문에 칵테일 바로 추방되었다. 플루트가 샴페인 잔으로 더 적합하지만 대부분 너무 작고 너무 금세 가득 찬다. 그래서 플루트로 마시면 샴페인의 향을 제대로 음미할 수 없다. 그 결과 현재는 튤립 모양의 표준적인 화이트 와인 잔을 선호한다. 그러나 튤립 잔으로는 플루트보다 훨씬 더 많은 샴페인을 소비하게 되니, 파티 비용을 치르는 사람이라면 고려해볼 사항이다. 게다가 샴페인 향을 놓치는 단점을 알아차릴 손님이 몇 명이나 될까. 개인적으로 나는 결혼식 피로연에서 샴페인 잔을 돌리고 향을 맡는 사람을 단 한 번도 본 적이 없다.

이 외에도 개봉된 샴페인 병에 티스푼을 꽂아두면 거품을 보존할 수 있다는 이야기 역시 타파해야 할 미신이다. CIVC의 실험을 비롯한 다양한 테스트에서 전혀 효과가 없는 방법이라는 것이 입증되었다. 그보다는 샴페인 전용 마개에 투자하는 것이 훨씬 더 좋은 방법이다. 개봉된 병에 전용 마개를 끼워 냉장고에 보관하면 긴 주말 연휴 동안 샴페인의 수명을 연장해 저녁마다 맛있는 반주를 즐길 수 있다.

샴페인의 보관에는 다른 와인과 같은 규칙이 적용된다. 어둡고 서늘하며 온도가 일정한 곳이 샴페인을 보관하기에 적합하다. 샴페인은 유난히 자외선에 민감하다. 루이 로드레가 어두운 초록색 유리병을 사용하거나 샴페인 병에 셀로판 랩을 씌우는 것도 그 때문이다. 샴페인을 구매할 때는 너무 오랜 기간 상점의 불빛 아래에 진열된 것은 피하자.

◀ 루이 로드레의 양조 책임자 장 바티스트 레카용이 랭스의 지하 저장고에서 촛불에 비춰 샴페인 병을 검사하고 있다.

1954년 자크 시몽이 설계한 랭스 대성당의 스테인드글라스는 샴페인을 만드는 수도사들과 샴페인 마을 여섯 곳을 묘사하고 있다.

# PART 2

# 샴페인의 역사

샹파뉴 지역은 5세기에 훈족 왕 아틸라의 침략을 받은 이후, 전쟁과 무역의 교차로에 있었다. 이 지역의 와인은 그만큼 오랜 역사를 지니고 있지만 비발포성 와인에서 발포성 와인으로의 전환은 훨씬 더 나중에 이루어졌으며, 영국인들이 없었다면 일어나지 않았을 수도 있는 일이다.

# 별을 마신 사람

**세계에서 가장 유명한 술은 저절로 만들어진 것이 아니라 서서히 진화한 결과물이다. 그럼에도 후대의 샴페인업계는 1000년대 중반이 넘어서 나타난 어느 남자가 샴페인의 창시자라고 주장한다.**

"빨리 와봐요. 난 지금 별을 마시고 있어요!"

베네딕트 수도회 소속의 맹인 수도사 돔 페리뇽(프랑스어로는 동 페리뇽)이 세계에서 가장 유명한 술을 만들어내고 나서 외친 말이다. 그 환희의 순간은 그가 거품 이는 술병을 들고 있는 모습의 실물 크기 석상에 고스란히 나타나 있다. 이 석상은 샹파뉴 지역의 중심부 에페르네에 있는 모엣 샹동 사유지 안의 대좌 위에 서 있으며, 1950년대에 돔 페리뇽 브랜드 광고에 사용된 바 있다. 그러나 그러한 이미지는 오랫동안 망각되었으며, 2007년에 이르러서는 망사스타킹과 속옷만 입은 클라우디아 시퍼가 정돈되지 않은 침대에 비스듬히 누워 도발적인 눈빛을 보내는 이미지로 대체되었다.

페리뇽이 독일 출신 슈퍼모델인 시퍼를 어떻게 생각할지는 알 도리가 없지만, 그가 발포성 와인을 발명했다는 통설이 허구에 불과하다는 것만큼은 확실하다. 페리뇽은 맹인도 아니었으며 그가 했다는 "별을 마시고 있다"는 말의 출처는 200년 후인 19세기 후반의 인쇄 광고가 유일하다. 그러나 페리뇽이 샹파뉴 지역의 와인에 관여했고, 오트빌레에 있는 생 피에르 수도원의 지하 저장고 책임자로서 와인의 품질 향상에 힘썼던 것만은 분명하다. 페리뇽이 샴페인을 발명했다는 허구를 처음 전파한 사람은 1820년대에 활동한 그의 후임 고사르 수도사였다.

페리뇽은 서른 살이던 1668년에 책임자 역할을 맡았고, 1715년에 세상을 떠날 때까지 그곳에서 그 직책을 유지했다. 무엇보다 중요한 사실은 페리뇽이나 그 당시 현지 와인 제조자들이 생산한 샴페인은 비발포성 와인이었다는 점이다. 완성된 와인에 존재하는 거품은 발효가 완료되어야 할 시점에 완료되지 못했다는 사실을 보여주는 징표였다. 거품은 위험하기 때문이라도 근절해야 할 결함이었다. 이산화탄소가 브로클레(기름을 먹여서 삼베로 감싼 원시적인 나무 마개)를 통해 빠져나가지 못했으리라 가정할 때 거품이 존재하면 상대적으로 약한 프랑스산 유리를 재료로 한 샴페인 병이 깨지기 쉬웠다. 샹파뉴 사람들이 고대 로마인들의 발명품인 코르크를 다시 채택하기 전까지는 발포성 와인을 멀리하는 것이 최선이었다.

페리뇽은 오트빌레에서 지내는 동안 수도원이 소유한 포도원의 면적을 20헥타르로 두 배 확장했으며, 그 당시 현지에서 재배되던 여러 품종 중에서도 특별히 피노 누아를 집중적으로 심었다. 그는 부르고뉴의 훌륭한 레드 와인을 책임지는 고귀한 피노 누아가 청포도 품종보다 변덕이 덜해서 술병이나 술통 안에서 재발효가 일어날 가능성이 적으리라 판단했다. 이 외에도 포도나무를 높이 1미터 이하로 과감하게 쳐냈고, 포도가 으깨지지 않도록 극도로 조심스럽게 수확했다. 와인의 색상은 포도 껍질에서

▼◀ 자신이 방금 발명한 발포성 와인에 반해버린 페리뇽의 모습을 묘사한 조각상. 적어도 전해오는 이야기에 따르면 그랬다고 한다. 실물 크기의 페리뇽 조각상은 에페르네 소재의 모엣 샹동 본사에 있다.

▼ 오트빌레의 생 피에르 수도원. 에페르네 바로 북쪽에 있는 이 수도원은 페리뇽이 1715년까지 지하 저장고 책임자로 지냈던 곳으로 유명하다. 100년 후에 피에르 가브리엘 샹동 백작이 수도원과 그 주변의 포도밭을 사들였다.

나오는데, 그는 적포도 품종인 피노 누아를 사용해 화이트 와인을 만들고자 했다. 그는 말은 흥분해 날뛰기 쉽다면서 포도의 손상을 막기 위해 노새나 당나귀를 이용해 포도를 운반할 것을 권장했으며, 포도 껍질이 과육과 접촉하는 것을 최소화하기 위해 운반된 포도를 신속하게 압착했다. 네다섯 번째 압착에서 껍질의 색이 스며들기 시작한 와인에는 어김없이 퇴짜를 놓았다. 수도원의 후계자들이 지적했듯이, 페리뇽은 철두철미한 완벽주의자였다.

샴페인이라는 이름은 로마 남쪽에 위치한 캄파니아에서 비롯되었다. 고대 로마 사람들이 파리 동쪽의 이 지역을 그렇게 부른 까닭은 탁 트이고 완만하게 경사진 전원 풍경이 캄파니아와 비슷해 보였기 때문이다. 그들이 처음으로 포도를 심은 곳도 샹파뉴 지역이다. 그러나 5세기, 생 레미 수도원에 조성된 포도밭이 문헌에 기록된 최초의 포도원이다.

생 레미(성 레미지오)는 496년 프랑크 왕국의 클로비스 국왕에게 세례를 줌으로써 프랑크 왕국의 국교를 기독교로 바꾼 성직자로 유명하다. 클로비스 국왕의 개종은 샹파뉴 지역의 중심지인 랭스에서 이루어졌고, 랭스는 대성당의 도시이자 영국의 캔터베리와 같이 프랑스의 영적인 수도가 되었다. 그 후 987년에 즉위한 위그 카페에서 1825년의 샤를 10세에 이르기까지 프랑스 국왕 대부분이 랭스에서 대관식을 치렀다. 랭스와 왕실의 그 같은 관계 덕분에 샹파뉴 지역과 그 특산물인 와인의 명성이 올라갔음은 부인할 수 없는 사실이다. 에페르네 동쪽의 마을인 아이의 포도원은 높은 평가를 받았고, 아이라는 이름은 샹파뉴 지역의 와인을 통틀어 일컫는 용어로 쓰이기도 했다. 아이의 와인은 랭스 와인이나 뱅 드 리비에르(하천의 와인)로도 불렸는데, 전자는 이른바 몽타뉴 드 랭스의 구릉에서, 후자는 마른 계곡에서 생산되었다.

마른강이 서쪽으로 흘러 파리 외곽에서 센강과 합류하는 덕분에 샹파뉴 지역의 와인은 수도 파리까지 곧바로 운송되었다. 그 외에도 이 지역의 와인은 동쪽의 라인란트며 북쪽의 저지대(오늘날의 벨기에, 네덜란드, 룩셈부르크가 있는 지역—옮긴이)와 남쪽의 스위스로도 수송되었다. 이처럼 샹파뉴 지역은 전략적으로 교차로에 위치해 있었고, 그 덕분에 수많은 무역이 이곳을 거쳐 이루어졌다. 다만 안타깝게도 남쪽 방향을 공략하던 무역상은 좀 더 따뜻하며 레드 와인의 품질이 샹파뉴 지역보다 월등한 부르고뉴 지역의 포도밭으로 향했다.

샹파뉴 지역의 와인 제조자들이 만들어낸 와인은 빛깔이 옅은 모방품에 불과했다. 기껏해야 짙은 분홍색을 띠었고 신맛이 무척 강한 와인이었다. 15세기에 시작된 소빙하기로 기후가 서늘해졌을 때 이곳의 와인은 한층 더 시큼털털해졌을 것이다. 속아 넘어가는 사람은 많지 않았을 테지만 일부 와인 제조자는 더 진한 색상을 내기 위해 엘더베리를 첨가했으리라고 추정된다. 오트빌레의 페리뇽이 고안했다는 기법대로 피노 누아의 껍질에 물들지 않은 투명한 과즙을 사용해 와인을 만들 수만 있으면 화이트 와인만을 생산하는 편이 현명했다.

그러나 기록에 따르면, 역사상 최초로 발포성 와인의 거래가 이루어진 곳은 프랑스 남부 리무(Limoux)의 산기슭 마을인 생틸레르의 베네딕트 수도원이었고, 그 연도는 무려 1531년이었다. 이곳의 수도사들은 훗날 블랑케트 드 리무(Blanquette de Limoux)로 알려지게 된 발포성 와인의 거품을 유지하기 위해 코르크 마개를 손에 넣었다. 이처럼 블랑케트 드 리무는 샴페인보다 160년을 앞서며 유리하게 출발했지만 결국 샴페인에 밀려났다.

"빨리 와봐요. 난 지금 별을 마시고 있어요!"

돔 페리뇽

▲ 샤를 10세가 1825년에 프랑스 국왕으로는 마지막으로 랭스 대성당에서 대관식을 치르면서 1000년 경부터 이어진 전통에 종지부를 찍었다.

▲ 플랑드르의 지도 제작자 아브라함 오르텔리우스가 16세기에 제작한 샹파뉴 지역 지도. 고대 로마인들은 파리 동쪽의 탁 트이고 완만하게 경사진 이 전원지대를 '캄파니아'라고 불렀다.

# 영국과 프랑스의 합작품

**오늘날의 우리가 알고 있는 발포성 샴페인이 탄생한 데는 바다 건너 영국에 살던 한 사람의 공로가 크다. 오래전에 잊힌 이 사람은 샴페인의 본고장에 아무런 연고가 없었지만, 샴페인 거품의 과학적 원리를 알아냈다.**

돔 페리뇽이 아니라면 누가 샴페인의 거품을 만든 것일까? 여기서 1615년경 영국에서 태어난 의사이자 과학자인 크리스토퍼 메렛이 등장한다. 그는 왕립 학회의 창립 회원이었으며, 영국이 17세기 초반부터 석탄을 땐 용광로에서 제작해온 유리에 각별한 관심을 지닌 사람이었다.

원래 영국도 프랑스처럼 나무를 연료로 사용했지만, 국왕 제임스 1세가 선박 건조를 위해 나무를 아낄 것을 명령하면서 석탄을 사용하게 되었다. 석탄을 사용하면 높은 온도를 유지할 수 있었고, 덕분에 병을 만들기에 적합한 튼튼한 유리를 생산할 수 있었다. 그 시대에는 와인이 술통째로 영국에 수출되었고, 현지에서 병에 담겨 코르크로 밀봉되었다. 모든 요소를 감안할 때 발포성 와인은 영국에서 한층 더 제대로 유지될 수 있는 상황이었다.

1662년 메렛은 〈와인 주문에 관한 몇 가지 고찰(Some Observations concerning the Ordering of Wines)〉이라는 논문을 왕립 학회에 제출했고, 이 논문은 비교적 최근에서야 와인 저술가인 톰 스티븐슨에게 발굴되었다. 해당 논문은 '상쾌'하고 '톡 터지는' 맛이 나는 와인을 만들기 위해 와인에 설탕이나 당밀을 첨가하는 방법을 자세하게 설명했다. 이렇게 하면 겨울잠에서 깨어난 효모 세포가 당분을 먹어 치우고 트림을 통해 이산화탄소를 뱉어낸 후 소멸한다. 다만 메렛이 그 같은 원리를 이해했는지는 확실치 않다. 그러나 그는 2차 발효를 의도적으로 일으켜 와인에 거품을 만들어내는 방법을 최초로 기록한 사람이다. 실제로 그로부터 얼마 지나지 않은 1676년에 영국의 극작가 조지 에서리지는 〈유행 신사 포플링 플러터 경(Man of Mode or Sir Fopling Flutter)〉이라는 왕정복고 시대의 희극에서 역사상 최초로 발포성 샴페인이라는 표현을 썼다.

> 산책로와 공원으로 가서
> 어두워질 때까지 사랑을 나누고 나면
> 거품 나는 샴페인이
> 그들의 지배에 종지부를 찍네.
> 가엾게도 활기를 잃은 연인에게
> 샴페인은 재빨리 기운을 되찾아주네.
> 우리를 신나고 즐겁게 만들고
> 모든 슬픔을 사라지게 하네.
> 하지만 슬프도다! 내일이면 우리는 다시 괴로워질 테지.

이처럼, 샴페인이란 술을 처음으로 마시고 그 기분 좋아지는 효과를 처음으로 향유한 사람은 영국인들이었다. 그러나 영국인들이 샴페인을 발명했다는 주장은 확대해석이다. 어쨌든 어쩌다가 발효가 안 된 효모를 섞어 와인을 만든 사람은 샹파뉴 지역 주민들이었고, 엄밀히 말해 샴페인은 발명품이 아니라 150년에 걸쳐 매우 천천히 진화한 산물이었다. 단지 샴페인은 영불협상(1904년에 영국과 프랑스가 자국 식민지에 대한 독일의 진출을 막기 위해 체결한 조약—옮긴이)의 정신에 입각한 영국과 프랑스의 합작품이며, 샴페인 덕분에 세상이 더 살기 좋은 곳이 되었다는 사실만 알아두자. 진실이 무엇이든, 비발포성 와인에서 거품 가득한 샴페인으로의 전환은 샹파뉴 지역의 포도원에서 하루아침에 이루어낸 일이 아니다.

이미 세상을 떠난 페리뇽의 일생을 다룬 책의 세 번째 판본에 이르러서야 '믿을 만한 목격자'가 페리뇽이 와인에 복숭아, 견과류, 사탕을 넣어 거품을 북돋우는 장면을 보았다는 주장이 등장했는데, 그것도 본문이 아닌 주석의 내용이었다. 페리뇽이 무덤에서 벌떡 일어날 일이었다. 프랑스 작가인 레이몽 뒤메이는 "돔 페리뇽에게 '움직이는' 와인, 다시 말해 모든 조치에도 불구하고 계속해서 거품을 일으키는 와인보다 더 위험한 적은 없었다"고 썼다. 거품이 이는 샴페인은 얼굴을 향해 터지거나 지하 저장고에서 연쇄 반응을 일으켜 와인 수백 병을 깨뜨릴 위험이 있다는 점에서 악마의 술로 여겨졌다. 제대로 된 와인으로 취급받지도 못했다. 1726년에 베르탱 드 로슈레라는 와인 상인은 "도수가 세고 설익은 와인은 거품을 일으키게 마련이다. (중략) 거품은 초콜릿, 맥주, 휘핑크림에만 제격"이라는 글을 남겼다. 와인을 품평하는 사람들과 샹파뉴 지역의 와인 제조자들 사이에서 그러한 관점은 18세기 내내 유지되었다.

그러나 런던의 사교계와 프랑스 베르사유 궁전에서는 바로 그 변덕스러운 거품 때문에 샴페인이라는 술의 인기가 한층 더 드높아졌다. 거품은 무엇인가 엉뚱하고도 마법 같은 느낌을 주었고, 거품이 정말로 일어날까 하는 기대감도 부추겼다. 술병의 코르크가 느슨해지는 순간 실망스러운 한숨 소리



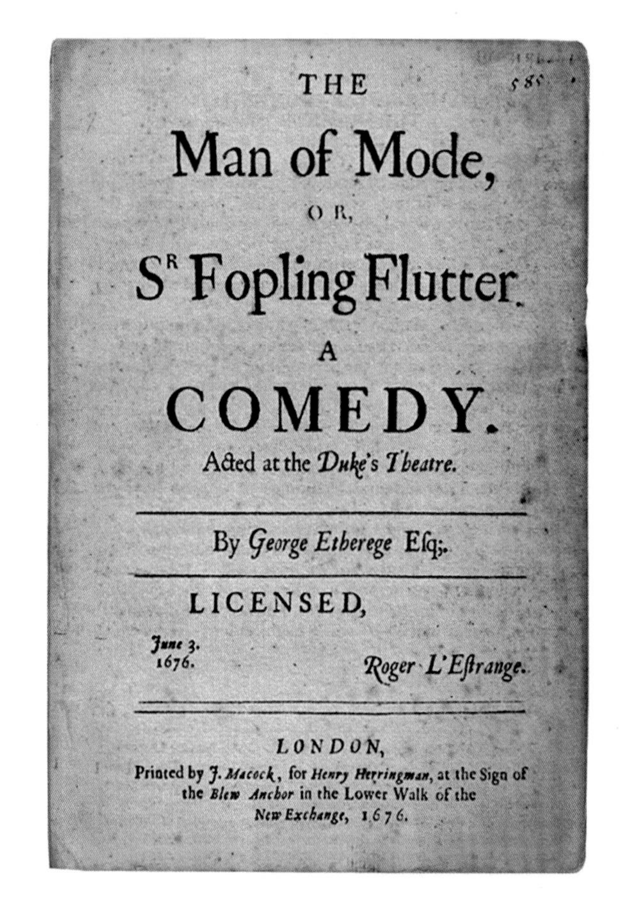
THE

Man of Mode,

OR,

S^R Fopling Flutter.

A

COMEDY.

Acted at the *Duke's Theatre.*

By *George Etherege* Esq;.

LICENSED,

*June 3. 1676.* *Roger L'Estrange.*

LONDON,

Printed by *J. Macock*, for *Henry Herringman*, at the Sign of the *Blew Anchor* in the Lower Walk of the *New Exchange*, 1676.

▲ 크리스토퍼 메렛. 영국의 의사이자 과학자인 그는 설탕을 첨가해 와인에 인위적으로 거품을 일으키는 방법을 글로 남긴 최초의 인물이다. 그의 논문은 1662년 왕립 학회에 제출되었다.

◀ 영국에서 거품이 일어나는 샴페인에 대한 최초의 언급은 1676년 런던에서 초연된 조지 에서리지의 희극에서 나타났다.

가 새어 나올 것인가, 신나는 펑 소리와 함께 거품이 분출할 것인가! 어떤 이들에게는 술병이 수류탄처럼 폭발할 수도 있다는 위험이 짜릿한 전율이 되었을 것이다.

영국에서 샴페인 대사 역할을 한 사람은 1662년에 런던으로 추방된 생 에브르몽 후작이었다. 그는 예술 애호가였고 영국 국왕 찰스 2세의 친구였다. 찰스 2세는 장난삼아서 후작을 런던성 제임스 공원 연못 안에 있는 오리섬의 관리인으로 임명했고, 당시로서는 거액인 300파운드의 봉급을 매년 지급했다. 그러나 에브르몽 후작은 거품이 이는 샴페인을 좋아하지 않았다. 그가 생각하는 샴페인은 몽타뉴 드 랭스 언덕의 피노 누아로 만든 레드 와인이든, 오트빌레와 실르리 같은 최상급 마을에서 만드는 화이트 와인이든 무조건 비발포성 와인이었다.

실르리 후작과 그의 후손들은 가문 소유의 50헥타르 토지에 다른 포도밭을 추가해 블렌드 와인을 생산했으며, 최초의 진정한 샴페인 브랜드를 창시한 것으로 여겨진다. 그러나 이들이 만든 와인은 발포성 와인이 아니었다. 실르리 후작의 와인은 특히 영국에서 귀한 취급을 받았는데, 영국인들이 이를 확보하려면 연줄이 필요했다. 이때 중요한 역할을 한 사람이 에브르몽 후작이었다.

한편 프랑스에서는 1695년 왕실 주치의가 루이 14세에게 건강을 생각해서 부르고뉴 와인만 마시라고 설득하고 국왕도 이를 받아들이면서, 샴페인의 비발포성 레드 와인이 타격을 입었다. 그 후 50년 동안 샹파뉴 사람들은 피노 누아를 사용한 최상급 레드 와인이라는 칭호를 두고 부르고뉴 사람들과 경쟁을 벌였지만, 결국은 질 수밖에 없는 싸움이었다.

다른 지역 사람들은 샴페인의 레드 와인 색상을 로제(rosé, 장밋빛)나 클레레(clairet, 연한 붉은색)에 가깝다고 보았으며, 자고새의 눈이나 양파 껍질 색깔이라는 비유도 종종 했다. 일부 와인 제조자들은 페리뇽의 기법대로 포도 껍질과의 접촉을 최소화하면 매우 투명하고 연하디연한 색상의 와인을 만들 수 있다며 이를 선호했다. 어쨌든 거품이 일어나는 별종의 술병이 프랑스 기록에 처음 등장한 때는 1712년이었고, 그 안의 반짝임은 은색 거품으로 묘사되었다. 그 당시에는 그러한 발포성 와인이 유행할 가능성이 거의 없어 보였다.

▶ 장 프랑수아 드 트루아의 〈굴이 있는 점심 식사(Le Déjeuner d'huîtres)〉(1735년)는 샴페인 술병이 등장한 최초의 그림으로 추정된다. 더할 나위 없이 화려하게 첫선을 보인 셈이다.

▲ 생 에브르몽 후작은 쾌활한 성격과 재치로 이름을 떨쳤으며, 1662년에 프랑스에서 추방당한 후 망명지인 영국에서 최초의 비공식 샴페인 대사 역할을 했다. 그러나 에브르몽 후작에게 샴페인은 무조건 비발포성 와인이었다.

Evening Party-Time of Charles II

▶ 찰스 2세의 궁정은 영국 역사상 가장 향락적이었다. 적어도 〈잉글랜드의 우스꽝스러운 역사(Comic History of England)〉(1850년)에 실린 존 리치의 풍자적인 판화에 묘사된 모습을 보면 그러했다.

# 경박한 거품의 유혹

**발포성 샴페인이 프랑스에서 인기를 얻은 시기는 향락주의자인 오를레앙 공작, 필리프 2세의 시대였다. 필리프 2세는 다소 근엄했던 루이 14세가 세상을 떠나자 1715년에 그 후계자의 섭정을 맡은 인물이다. 프랑스 귀족들이 영국 귀족들의 뒤를 이어 샴페인이라는 신종 악행에 빠진 시기도 이 섭정 시대다.**

이와 관련해 얼마나 많은 술통이 포플링 플러터 경을 비롯한 런던의 쾌락주의자들에게 배송되었는지, 그중 2차 발효를 촉진하기 위해 당분이 첨가된 술통은 몇 통이었는지 우리가 알 도리는 없다. 그러나 분명한 점은 그 당시 와인에 다른 물질을 섞는 전통이 있었다는 사실이다. 포르투와 헤레스에서 활동하던 영국인 와인 무역상이 비스케이만의 거친 항로를 견뎌내도록 포트와인과 셰리의 알코올 농도를 강화하는 것은 늘 있는 일이었다. 니콜라스 페이스의 저서 《샴페인 이야기(Story of Champagne)》에 따르면, 부르고뉴와 샹파뉴 지역의 와인만이 자연 상태 그대로 영국에 수출되었다고 한다. 약 32킬로미터 거리의 영불해협을 건너기 위해서는 강화 공정이 필요하지 않았다. 다만 샹파뉴 지역 와인의 경우에는 신속한 병입이 이루어지는 편이 바람직했다.

얼마 지나지 않아 샹파뉴 지역의 와인 제조자들은 원하기만 하면 발포성 와인의 생산을 시험해보기에 한층 더 유리한 위치에 서게 되었다. 아르곤 숲 근처에 더 튼튼한 술병을 생산할 수 있는 유리공장이 들어섰고, 고대 로마인들이 처음 도입했던 코르크 마개가 다시 보급되었다. 그전에는 소수의 특권층 외에는 원칙적으로 샹파뉴 지역의 와인이 담긴 술병을 다른 지역으로 반출하는 것이 금지였지만, 1728년에 해당 법이 폐지되었다. 그로부터 7년 후에는 칙령에 따라 술병의 품질과 무게가 정해졌을 뿐 아니라 코르크를 끈으로 동여매야 한다는 규정이 생겼다. 한편 지역의 모직물 판매상이던 니콜라 뤼나르가 1729년 에페르네에 최초의 샴페인 하우스를 세웠다.

샹파뉴 지역에서는 샴페인 거래의 권력 구도가 변화하고 있었다. 한때는 랭스가 중개인들의 활약으로 독점권을 누렸지만, 유럽 시장에 대한 직거래를 시작한 에페르네에 밀려났다. 18세기 중반에는 저지대 국가와 베르사유의 유행을 맹목적으로 추종했던 독일 여러 왕국의 궁정들이 가장 강력한 수요처였다. 다른 이들도 뤼나르의 뒤를 이어 샴페인 하우스를 설립하기 시작했다. 그중에는 현지 포도원의 소유주이며 1743년에 에페르네에 가족 회사를 설립한 클로드 모에와 독일인 상인으로는 최초로 샹파뉴 지역에 자리를 잡은 플로랑스 루이 하이직이 있었다. 19세기에 들어서면서 독일인들은 샴페인의 역사에서 중요한 역할을 담당하게 된다.

그러나 대부분 생산자들은 그 경박한 거품 열풍을 여전히 회의적으로 바라보았다. 1709년에 태어나 현지에서 와인을 주제로 다양한 책을 쓴 니콜라 비데는 거품 유행이 우수한 비발포성 와인의 공급처라는 샹파뉴 지역의

◀ 프랑스의 섭정이었던 오를레앙 공작 필리프 2세. 니콜라 드 라르질리에르의 그림에서 고대 로마 속 술의 신인 바쿠스의 모습으로 묘사되어 있다. 그가 1715년에 루이 14세에 이어 통치를 시작하면서 좋은 시절이 되돌아왔다는 암시가 뚜렷이 보인다.

▼ 프랑스에서 영국으로 운송된 와인의 물량이 어느 정도였는지는 1757년에 나온 풍자 판화 〈존경스러운 반프랑스주의자 집단에게 삼가 아룁니다(Humbly address'd to the laudable association of anti-gallicans)〉에 뚜렷이 드러나 있다.

평판을 해치고 있다고 단언했다. 그가 쓴 다음 문장을 읽다 보면 비웃는 소리가 들리는 것만 같다. "파리에서는 발포성 와인이라는 이름으로만 알려진 샴페인의 활력, 생동감, 기포, 숙녀들의 마음을 여는 그 부드러운 거품에 '비발포성 와인의 평판을 해친' 책임이 있다." 거품이 거의 일지 않는 티잔(tisane)에서 페티앙(pétillant)과 크레망(crémant, 저발포성 와인—옮긴이)이나 프로세코에 흔한 프리잔테(frizzante, 거품이 약하게 나는 와인—옮긴이) 스타일과 비슷한 드미 무스(demi-mousse)에 이르기까지 발포성 샴페인의 기포 정도는 다양했다. 거품이 가장 많이 일어나는 것은 '코르크를 튀어 오르게 한다'는 뜻의 소트 부숑(saute-bouchon)이었으나 이 역시도 현재 샴페인 술병 속 압력의 절반 정도에 불과했으리라 추정된다.

생산자들이 비데의 경멸을 무시했는지 아닌지는 확실치 않지만, 기포가 어디에서 비롯되는지에 대한 의견은 생산자마다 달랐다. 특히 에페르네의 남쪽이며 오늘날에는 거의 샤르도네 품종만 재배하는 코트 데 블랑의 백악토에서 자라나는 청포도가 기포를 일으키기 쉬워 보였다. 그런 만큼 유독 숙성이 덜 되고 산미가 강한 와인도 발포성을 띠는 경향이 있다고 추정되었다. 어떤 이는 기포가 술병이 보관되는 지하 저장고의 온도에 좌우된다고 여긴 반면, 달의 주기를 원인으로 보는 사람도 있었다. 그러나 무엇이 원인이든 생산자들이 발포성 샴페인을 시장에 마구 쏟아내지 않은 데는 합당하고 실용적인 이유가 있었다. 아르망 드 메지에르는 1848년에 샴페인 무역의 기원을 다룬 저서에서 "생산자들은 이미 18세기 초반에 발포성 와인 때문에 더 빈번한 사고가 발생한다는 사실과 그 기술적인 주요 문제가 무엇인지를 인식하고 있었다"고 지적했다. "고집 센 일부 술병은 거품을 일으키지 않았으며 '반면에 어떤 술병은' 근처에 있던 술병을 깨뜨릴 정도로 아주 높은 굉음을 내며 폭발하는 일이 끊이지 않았다. 그 외에도 평소에는 거품이 전혀 일어나지 않았다가 예기치 않게 폭발한 술병, 그 자체에 결함이 있거나 크기가 너무 작은 탓에 제 기능을 하지 못하는 코르크, 걸쭉함·기름기·쓴맛·산미 때문에 맛이 역한 와인" 등등 여러 문제가 존재했다. 얌전한 비발포성 와인을 고수하는 편이 훨씬 더 안전했고 와인 제조자들은 거품 유행이 곧 꺼지기를 바랐다.

18세기의 관련 업계 종사자에 따르면, 와인 제조자들은 매년 총생산량의 30%에서 50%에 달하는 술병을 잃었다고 한다. 그는 그러한 낭비 때문에 발포성 샴페인의 가격이 원래 가격보다 여덟 배 부풀려졌다고 여겼다. 물론 그처럼 높은 가격은 부유층 고객의 욕구를 부채질했고, 이는 샴페인의 역사와 명품 브랜드의 형성에 반복해 등장하는 현상이 되었다. 결국에는 높은 가격의 원인이 생산 비용에서 마케팅 비용으로 서서히 변화했지만, 어쨌든 샴페인은 값비쌌고 그로 인해 배타적이었기에 처음부터 신분의 상징이 되기에 완벽한 술이었다.

그러나 18세기 후반에 프랑스의 구체제가 무너지기 시작하면서 고급 브랜드의 탄생은 한참 후에 이루어졌다. 1789년 근로자들로 이루어진 상퀼로트(프랑스혁명 당시의 급진 공화파 세력으로 귀족 특유의 반바지가 아닌 긴바지를 입은 데서 유래한 명칭—옮긴이)가 바스티유 감옥을 습격했을 때 샴페인 소작농들은 소금물에 적신 빵 말고는 먹을 것이 없다는 넋두리를 하던 상황이었다. 그러나 프랑스혁명 이후에 소작농들의 형편이 제아무리 나아졌다고는 해도 혁명의 직접적인 수혜자는 상인들이었다. 수도원이나 실르리 후작 등의 현지 가문이 소유했던 대지가 소규모 필지로 분할되었고, 그와 더불어 상인들의 이름이 브랜드로 진화했다.

◀ 1789년 7월 14일의 바스티유 습격 사건. 루이 16세는 이 소식을 듣고는 리앙쿠르 공작에게 "반란이 일어났는가?"라고 물었고 "아닙니다 전하, 혁명입니다"라는 그 유명한 답을 들었다.

▲ 1729년에 최초로 샴페인 하우스를 설립한 니콜라 뤼나르. 그는 삼촌인 티에리 뤼나르 수도사의 영향을 받아 '거품이 있는 와인'에 장래성이 있다고 믿었다.

▲ 클로드 모에는 와인 제조자로서 베르사유 궁전에 와인을 납품하다가 이후 1743년에 자기 소유의 샴페인 하우스를 설립했다.

# 샴페인 시대의 도래

**프랑스는 혁명일인 1789년 7월 14일에 돌이킬 수 없는 변화를 겪었다. 그러나 신생 샴페인업계에는 "변화가 많아도 본질은 그대로"라는 말이 들어맞았다. 신체제를 맞이해 현실에 적응하는 동안에도 샴페인 산업이 평상시대로 유지되었다는 뜻이다.**

18세기 후반, 샹파뉴 지역 와인의 매출은 두 배 증가했다. 1789년에 혁명이 일어나기 전까지 1년 동안 매출은 28만 8,000병에 달했다. 그중 발포성 와인의 비율이 어느 정도인지는 확실치 않지만 10분의 1을 넘지는 않았을 것이다. 여전히 술통째 운송되는 물량이 어느 정도였는지, 사람들이 비발포성 와인 상태 그대로 소비했는지, 아니면 설탕 몇 스푼으로 의도적인 재발효를 일으켜 발포성으로 만들었는지 역시 불분명하다. 어떻든 간에 1794년에는 나폴레옹 전쟁으로 인해 상자당 샴페인 가격이 다른 와인의 두 배인 90실링까지 치솟았다.

모에 가문은 장 레미 모에가 1792년에 에페르네 시장으로 임명된 가운데 신체제하에서 상서로운 출발을 했다. 그로부터 7년 후 프랑수아 마리 클리코라는 사람이 바르브 니콜 퐁사르댕과 지하 저장고에서 비밀리에 결혼식을 올렸다. 일설에 따르면 이때 사제가 행복해하는 부부에게 돔 페리뇽에 관한 책을 선물했다고 한다. 클리코의 아버지는 현지 은행가이자 상인으로, 에페르네 동쪽의 그 이름도 유쾌한 부지(Bouzy, 영어로 '술에 취하다'는 뜻의 boozy의 어원이라는 설이 있음—옮긴이) 마을 근처에 포도밭과 소규모 와인 양조장을 소유하고 있었다. 아내 퐁사르댕의 인맥은 훨씬 더 훌륭했다. 그녀의 아버지는 섬유 상인으로 성공을 거둔 후에 자코뱅 당원(급진적 공화파—옮긴이)이 되었고, 나폴레옹으로부터 랭스 시장에 임명되었다.

1805년 프랑수아 마리 클리코는 세 살배기 딸, 금융·모직·샴페인을 아우르는 사업체, 27세의 아내를 남겨둔 채 세상을 떠났다. 이후 뵈브 클리코(과부 클리코라는 뜻—옮긴이)라는 별칭으로 불린 바르브 니콜은 샴페인과 자신이 설립한 샴페인 브랜드에 엄청난 영향을 끼쳤다. 당시에는 결혼한 여성이 집에 머물러야 한다는 통념이 있었고 나폴레옹 법전에도 그 점이 명시되어 있었다. 이를 감안할 때 과부라는 사실이 오히려 그녀에게 구원으로 작용했을지도 모른다. 바르브 니콜은 과부만이 "여성 중 유일하게 사업을 운영할 사회적 자유를 보장받는다"는 사실을 인식했다. 사업체 중에서 샴페인 부문은 남편이 살아 있었을 때에도 번창해서 1796년에 8,000병이던 매출이 1804년에 6만 병으로 급증할 정도였다. 그러나 유럽에서 전쟁이 계속되는

▼ 1807년 7월에 절친한 친구 장 레미 모에의 지하 저장고에서 전형적인 자세로 서 있는 나폴레옹 황제. 모에는 샴페인 사업체를 운영했을 뿐 아니라 에페르네의 시장을 지냈다.

동안 영국 해군이 프랑스에 대한 봉쇄를 강화했기에 전망은 암울해 보였다. 뵈브 클리코의 매출은 연간 1만 병으로 급감했고, 그때까지 동업을 했던 알렉상드르 푸르노는 사업에서 손을 뗐다. 1810년에 영업 총책임자 루이 본은 바르브 니콜에게 다음과 같이 보고 했다. "사업이 지독한 침체 상태에 있습니다. 영국 함대 때문에 해상 통행량이 전혀 없습니다. 오스트리아 빈에서는 귀족들이 3년 동안 밀을 전혀 팔지 못해서 샴페인 상인들에게 치를 돈이 없습니다. 가격이 곤두박질치고 있습니다." 일각에서는 본이 언급한 샴페인이 발포성 샴페인이라고 추정한다. 어쨌든 당시의 샴페인은 오늘날 우리가 마시는 것과는 판이했으며 대체로 혼탁한 술이었다. 물론 새 술병에 옮겨 담으면 좀 나아지긴 했지만 그렇게 하면 거품이 대부분 사라지기 일쑤였다. 현대적인 브뤼 샴페인에 비하면, 최소한 10배는 당도가 높았으며 우아하고 미세한 기포가 코를 간지럽히는 일도 없었다. 초창기 샴페인의 기포는 맥주 파인트의 거품처럼 비대하고 가스로 가득했으며, 클리코 부인은 그러한 거품을 "두꺼비의 눈"이라고 불렀다.

그녀는 양조 책임자 앙투안 알로이스 드 뮐러와 함께 르뮈아주 기법을 완성하는 작업에 착수했다. 그는 오래된 책상에 비스듬하게 구멍을 내서 퓌피트르를 만들었고, 여기에 술병 주둥이를 4~5개월 동안 꽂아두고 르뮈아주 또는 리들링으로 부르는 작업을 했다. 날마다 4분의 1씩 빠르게 돌려주면 결국 앙금이 코르크 마개 바로 밑에 쌓이고, 이 상태로 술병을 비스듬히 두면 코르크와 앙금이 양동이에 쏟아진다. 그런 다음에 병을 똑바로 해서 당분이 든 리쾨르 드 티라주를 채우고 곧바로 코르크로 밀봉했다. 원래는 생산자들이 치아를 사용해 코르크를 병 속으로 밀어넣었다고 한다. 시간이 흐르면서 치아에서 망치를 사용하는 방향으로 발전했고, 1827년에는 코르크로 술병을 막는 기계가 도입되었다.

본은 "샘물도 이 정도로 맑지는 못하다"며 투명해진 샴페인을 뽐냈다. 그러나 클리코 부인은 그 비법을 경쟁자들로부터 지키지 못했다. 1811년에 밝은 혜성이 샹파뉴 지역의 상공을 쏜살같이 가로질렀다. 누구나 기억할 만한 최고의 빈티지를 예고라도 하는 듯했다. 러시아인들이 발포성 샴페인에 빠져들기 시작했으나 1812년에 황제는 프랑스 와인의 수입을 금지했다. 기회를 포착한 본은 프로이센의 바닷가에 있는 쾨니히스베르크(오늘날의 칼리닌그라드)로 배를 타고 갔고, 페테르부르크에 도착하기도 전에 자신에게 위탁된 샴페인을 선판매하는 데 성공했다. 그는 그 유명한 '혜성의 와인(Vin de la Comète)'을 논하면서 "그들 모두 그 맛을 보기 위해 혀를 내민 채 기다리고 있다"라고 기록했다.

다른 상인들도 러시아 시장에 눈독을 들였다. 1812년에 샤를 앙리 하이직은 나폴레옹의 진격군보다도 앞서서 흰색 종마를 타고 모스크바로 향했다. 전쟁의 승자가 어느 쪽이든 이기는 쪽에게 샴페인을 판매하기 위해서였다. 2년 후에 러시아와 프로이센의 군대가 프랑스로 밀고 들어와서 랭스를 함락했다. 러시아의 코사크 기병들이 포도밭을 초토화하고 샴페인 병을 약탈해가자 클리코 부인과 다른 생산자들은 서둘러서 지하 저장고 입구를 벽돌로 막았다. 처음으로 어느 기병 장교가 사브르 칼로 샴페인 병을 개봉한 것도 이때쯤이었다. 1814년 9월부터 워털루전쟁이 일어난 이듬해 6월까지 빈회의 협상이 이어지는 동안, 샴페인은 수많은 연회와 파티에서 제공되었다. 이렇게 해서 샴페인과 축하와 즐거운 시간과의 연관성이 공고해져갔다. 처음에는 뵈브 클리코가, 나중에는 루이 로드레가 영국에 이어 두 번째로 큰 수출 시장으로 떠오른 러시아에서 입지를 다지는 동안 에페르네와 랭스에서는 신생 샴페인 하우스들이 우후죽순으로 생겨났다. 앙리오(Henriot)가 1808년에 문을 열었고 몇 년 후에는 페리에 주에와 로랑 페리에가 그 뒤를 이었다. 그러다 1820년대에 멈(Mumm)과 볼랑제가, 그로부터 10년 후에는 포므리를 비롯한 여러 샴페인 하우스가 설립되었다. 에페르네의 오래된 샬롱 거리는 순식간에 널찍한 샹파뉴대로로 바뀌었다. 1848년에 샴페인의 기원을 다룬 한 책에는 다음과 같은 주장이 실려 있다. "발포성 와인은 20명의 상인에게 막대한 부를 가져다주었고, 100명이 넘는 사람들에게 정당한 생계 수단을 보장해주었다."

바야흐로 샴페인의 성장 시대였다.

▲ 1811년 파리 세느 강변 마른 강둑의 노점상들이 대혜성을 올려다보고 있다. 샹파뉴 지역에서는 대혜성이 최상급 빈티지를 알리는 전조였다.

▲ 빈회의(1814~1815년)의 더딘 협상은 유럽의 국경을 재정립하고 나폴레옹 전쟁 이후의 지속적인 평화를 달성하기 위한 시도였다.

# 나폴레옹 시대에서 벨에포크로

**1800년대 초반, 의사이자 나폴레옹 치하에서 내무성 장관을 지낸 장 앙투안 샤탈은 샴페인처럼 서늘한 지역의 미숙하고 덜 익은 와인에 대한 해결책으로 설탕을 제시했다.**

와인에 설탕을 넣으면 알코올 도수가 올라가고 발포성 와인 같은 경우에는 거품의 양이 증가한다. 문제는 설탕을 얼마만큼 넣어야 술병이 폭발하지 않느냐였다. 이 문제는 현지 약사인 앙드레 프랑수아가 1836년에 설탕의 양에 따른 병의 압력을 계산하는 과학 공식을 고안하면서 상당 부분 해결되었다.

병의 파손율은 5% 정도로 떨어졌고, 그 덕분에 생산자들은 병의 압력을 현재와 같이 기포가 가득한 수준으로 안전하게 올릴 수 있었다. 더 중요한 점은 이로 인해 발포성 샴페인이 처음으로 수익성 있는 사업이 될 수 있었다는 사실이다. 상업적인 감각을 지닌 생산자들이 계속해서 샴페인 사업으로 밀려들었다. 그중에는 크루그, 도츠, 멈, 볼랑제 같은 독일인들이 있었고, 1858년에 설립된 메르시에와 포므리를 비롯해 프랑스계 기업형 샴페인 하우스들도 다수 포함되어 있었다. 이 신세대 상인들은 지체 없이 세계 시장 공략에 나섰고 독자적인 브랜드를 구축했다. 빌레르몽 백작 같은 샴페인 토박이 몇 명은 자신의 이름을 상표에 올리는 것을 천하다고 여겼지만, 그의 사위 자크 볼랑제는 자기 이름을 사용하는 것을 꺼리지 않았다.

1800년대 초반에 고작 100만 병이던 생산량은 1870년에 2,000만 병을 돌파하기에 이르렀다. 마른의 전통적인 경사지는 한 뼘도 남김없이 포도로 뒤덮였다. 시장에 따라 선호하는 풍미가 각양각색이었고, 그중 가장 단맛을 선호하는 시장은 러시아였다. 주류 전문 언론인인 패트릭 슈미트는 "러시아 황제들이 리터당 설탕 200그램을 넣어서 마셨다는 설이 있는데 이는 콜라 한 캔의 설탕 함유량을 넘어서는 수준"이라고 말했다. 루이 로드레는 '러시아 황궁 지정 공식 납품업체'가 되었고, 1876년에 러시아 황실을 위해 달콤하기로 유명한 퀴베 샴페인 크리스탈(Cristal)을 만들었다.

프랑스를 비롯한 유럽 본토도 오늘날보다는 한층 더 당분이 많은 샴페인을 선호했다. 샴페인은 디저트에 곁들여지거나 식후 건배주로 제공되는 술이었기 때문이다. 영국에서는 저녁 식사 후의 술로 포트나 마데이라주 등의 더 달콤한 강화 와인을 선호했기에 샴페인은 아페리티프(식욕 증진을 위해 식전에 마시는 술—옮긴이)로 음용되었다. 1703년에 머슈언조약이 체결된 이후, 포르투갈 와인은 프랑스 와인보다 세금이 덜 붙었다. 이러한 이점은 1860년 영국의 윌리엄 글래드스턴 총리가 관련법을 개정하기 전까지 지속되었다. 샴페인은 가격에 걸맞게 여전히 선망을 자아내는 술이었지만 차츰 중산층도 구매 가능한 술이 되었고, 영국의 매출은 그 후 30년에 걸쳐 세 배로 뛰어올랐다. 1900년에는 전체 샴페인 생산량의 40%인 1,075만 병이 영국에서 소비되기에 이르렀고, 그 후 1970년대가 되어서야 소비량이 1900년 수

◀ 대리석으로 뒤덮인 포므리 부인의 웅장한 샴페인 공장. 랭스에 있는 이곳은 1882년 건축가 알퐁스 고세가 설계했다.

▼ 러시아 최후의 황제 니콜라이 2세가 알렉산드라 황후와 1897년 신년 연회에 참석한 모습. 러시아 황궁에는 루이 로드레와 뵈브 클리코의 찐득하고 달콤한 퀴베를 비롯한 샴페인이 넘쳐났다.

▸ 타고난 쇼맨이었던 외젠 메르시에는 15년을 들여 세계 최대 규모의 술통인 '샴페인 대성당'을 지었다. 이 술통은 1889년 수소 24마리와 말 18마리에 실려 에페르네에서 파리의 만국박람회장까지 운반되었다.

▾ 1830년대에 생산된 매우 화려한 샴페인 잔.

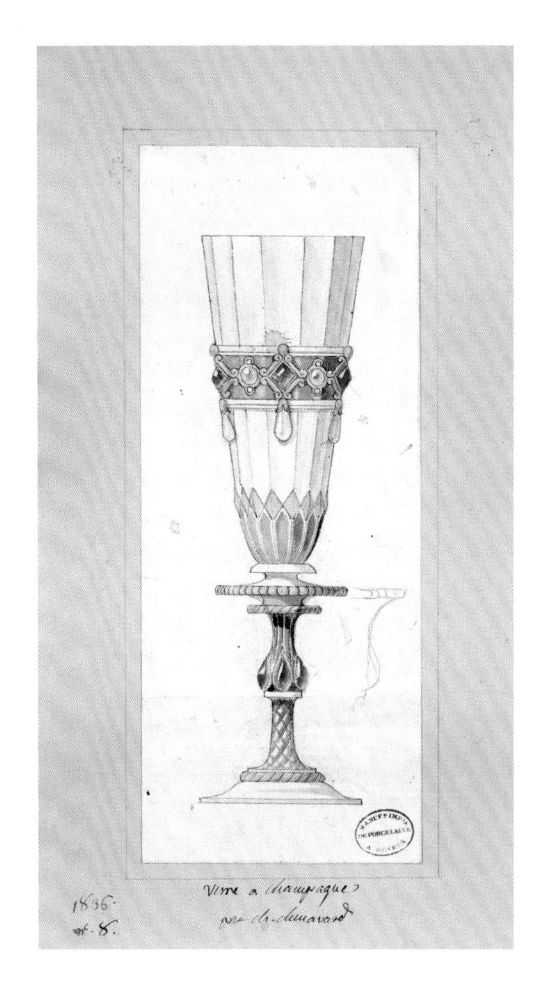

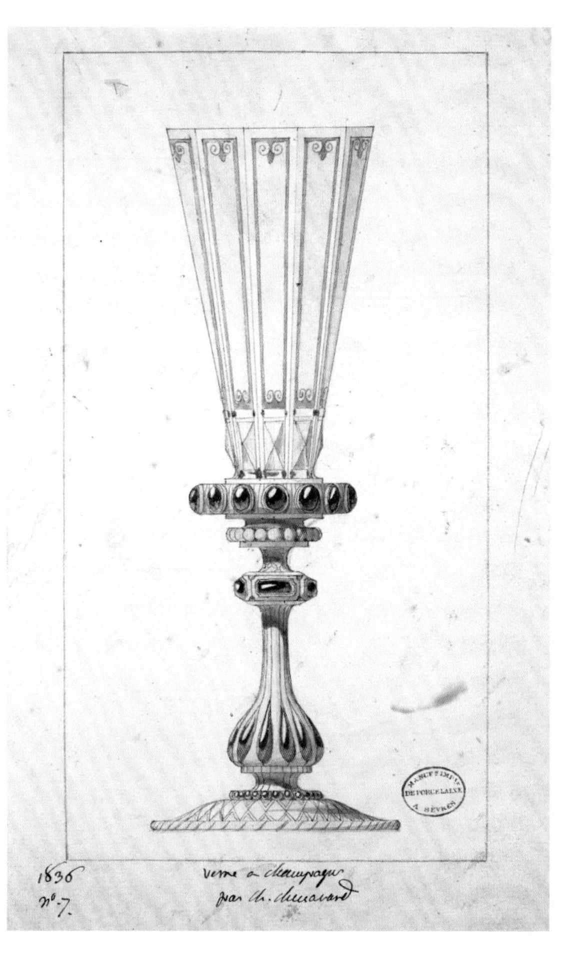

Souvenir de l'Exposition Universelle

PALAIS DE L'ALIMENTATION

*GROS TONNEAU CONTENANT 200,000 BOU*

Envoyé tout monté à Paris sur un char traîné par **24 Bœufs**

**Exposé par MM. MERCIER & Cie, Négociants en Vins de Champagne à**

*Hors Concours — Membre du Jury*

준을 넘어섰다. 클리코와 하이직은 이미 1857년에 '드라이'라는 레이블이 붙은 샴페인을 영국으로 수출하고 있었고, 그에 이어 1868년에는 볼랑제가 '매우 드라이'한 샴페인을 수출했다. 풍부한 스타일의 샴페인에 대한 선호가 잦아들기 시작함에 따라 '엑스트라 섹'이나 '엑스트라 드라이' 같은 용어도 사용되었다. 기민한 사업가이자 과부라는 점에서 클리코 부인을 판에 박은 듯 닮은 포므리 부인은 1874년에 최초의 브뤼 샴페인을 출시했다. 포므리는 이미 13년 전에 런던 지점을 낸 상태였다. '브뤼'는 한동안 소수 취향을 벗어나지 못했지만 포므리는 그 후 수십 년 동안 영국에서 가장 인기 있는 샴페인이었다.

1870년에 파괴적인 프로이센 · 프랑스전쟁이 발발하자 포도밭이 짓밟히고 파리가 함락되었으며 나폴레옹 3세의 치세가 막을 내렸다. 그러다 프로이센군이 철수하자 샹파뉴 지역은 황금기에 접어들었고, 1914년까지 호황을 누렸다. 1차 세계대전의 참화를 입은 후, 이 시대(19세기 말부터 1차 세계대전 발발 전까지)에는 벨에포크(프랑스어로 '아름다운 시절'이라는 뜻—옮긴이)라는 장밋빛 명칭이 붙었다. 평화와 번영이 깃든 이 황금기에는 예술과 과학이 꽃을 피웠다. 화가 앙리 드 툴루즈 로트레크, 막심 식당, 폴리베르제르 극장의 시대이기도 했다. 자본가 계층은 '르 투 파리(Le Tout-Paris)'로 불리던 파리 상류사회의 유행을 따랐고, 샴페인의 유행에 올라타 외식을 즐겼다. 샴페인의 형상이 지하철의 포스터부터 잡지 광고에 이르기까지 사방에 등장했다. 그 모든 것이 거품 속의 본질적인 삶의 환희를 포착해 보여주었다. 어느 브랜드는 무뚝뚝한 노신사가 무릎 꿇은 상태로 내연녀로 보이는 젊은 여성의 다리에 가터벨트를 부착하려고 애쓰는 포스터를 내세웠다. 게다가 샴페인 한 병마다 가터벨트 한 쌍이 무료로 제공되었다.

파리가 '임시' 출입 관문인 에펠탑을 세우는 등 1889년의 만국박람회를 준비하고 있을 때 외젠 메르시에는 샴페인이 가득한 세계 최대 크기의 술통을 흰색 수소 24마리에 실어 파리로 끌고 왔다. 이 색다른 광고 활동은 저 멀리 샌프란시스코까지 퍼졌다. 그 당시 파리는 세기말적인 퇴폐주의와 매력이 넘쳐나는 도시였다. 그런 만큼 대규모 샴페인 하우스는 파리에서의 매출보다는 이미지 구축에 초점을 맞추었고, 그 대신 미국처럼 급성장 중인 수출 시장을 겨냥했다. 원조 '샴페인 찰리'였던 찰스 하이직은 한참 전인 1852년에 처음으로 대서양을 건너가다 미국 남북전쟁에 참전한 북부 연방군에게 포로로 잡힌 경험이 있다. 남북전쟁이 끝난 1865년으로부터 10년도 채 지나지 않아 파이퍼 하이직의 주도 아래에 미국 수출 물량이 40만 병에 육박했다. 1876년에 멈이 내놓은 코르동 루주(Cordon Rouge)는 프랑스에서 대박을 터뜨렸는데, 레이블에 그려진 선명한 빨간 띠 덕분에 관광객들이 쉽게 기억할 수 있는 샴페인이었다. 5년 후에 멈은 미국에서도 출시되었고 순식간에 나이트클럽, 식당, 사창가 등에 유통되었다. 뉴올리언스의 재즈 클럽에도 흘러들어가서 〈코르동 루주 갤럽(Cordon Rouge Gallop)〉이라는 재즈 춤곡의 탄생에 영감을 주었다. 버스타 라임스의 히트곡 〈쿠르부아지에를 건네줘(Pass the Courvoisier)〉로 대표되는 힙합 음악계의 코냑 유행을 한 세기 앞선 풍조였다. 한편 모엣 샹동 화이트 실(White Seal)은 1903년까지 총생산량의 25%인 120만 병 이상이 팔려나가면서 미국 최대의 샴페인 브랜드가 되었다.

◀ 메르시에의 초대형 술통에는 20만 병 분량의 술이 담겼다. 1889년 파리로 운반되던 도중에 다리 두 개가 무너졌을 정도로 엄청난 무게가 나갔다.

FRANCE-CHAMPAGNE
E. DEBRAY
PROPRIÉTAIRE
LA HAUBETTE-TINQUEUX-LEZ-REIMS
BUREAU DE REPRÉSENTATIONS
8, RUE DE L'ISLY PARIS

◀◀ 샴페인 거품이 물결처럼 솟아나는 모습을 묘사한 피에르 보나르의 유명한 포스터는 1891년 봄, 파리 전역을 뒤덮었다.

◀ 오래전에 사라진 어느 브랜드의 노골적인 포스터는 "신사 여러분!! 마음을 정복하고 싶습니까!"라고 외친다. 여하튼 검은색 스타킹을 신고 다리를 벌린 채 앉은 요염한 숙녀가 남자의 아내가 아님은 분명해 보인다.

# 혁명 그리고 투쟁

샴페인은 전 세계 매출이 3,500만 병에 육박하고 국내외 수요가 급상승한 가운데 20세기를 맞이했다. 모든 일이 더할 나위 없이 잘 흘러가는 듯 보였지만 그 이면의 사정은 그리 좋지 못했다.

샴페인이라는 이름은 세계 곳곳에서 비방의 대상이 되었으며, 샹파뉴 지역 내에서는 비양심적인 샴페인 생산자들이 남부의 값싼 와인을 기저 와인으로 사들임으로써 현지 비뉴롱(포도 재배자)들을 후려치고 있었다. 한편 필록세라라는 크기가 매우 작은 진딧물이 프랑스 전역의 포도나무를 빨아먹으며 서서히 북상하고 있었다.

영국 작가 찰스 디킨스는 1842년 순무에 당분을 첨가해 만든 '샴페인'을 미국에서 접했다고 한다. 유럽에서는 루아르, 부르고뉴, 이탈리아, 스페인산 '샴페인'이 유통되었다. 이 같은 가짜를 근절하자는 운동은 1882년 샴페인 하우스 연합(UMC)의 설립으로 이어졌다. 이 단체의 취지 중에는 "'샴페인'이라는 이름의 전 세계적인 남용을 막는다"는 내용도 있었다. 문제는 샴페인 공정의 사용을 막느냐, 샴페인이라는 지역 명칭의 사용을 막느냐였다. 스페인 카바(cava)의 선구자격인 호세프 라벤토스가 자신의 와인을 '코르도뉴 샴페인'으로 홍보했을 때 그가 훔친 것은 프랑스의 지역 이름이었을까, 아니면 상식적으로 통용되던 용어였을까? 코르도뉴를 비롯한 발포성 와인이 샴페인의 이름을 가져다 쓰는 기간이 길면 길수록 샴페인이 런던 드라이진이나 체더치즈처럼 포괄적인 용어가 될 위험도 커져갔다.

그에 비해 성씨가 그럴듯한 사람들을 무작정 고용했던 일부 생산자들이 벌인 기회주의적인 행태는 그리 큰 논란을 불러일으키지 않았다. 이를테면 기병장교 출신인 폴 뤼나르나 스트라스부르의 웨이터였던 테오필 로드레 같은 이름의 사람들이 사업에 투입되었다. 그뿐 아니라 헝가리산 클리코 '샴페인'도 있었고 미국의 어느 소도시는 현지 와인 생산자로 인해 랭스로 이름이 바뀌었다. 유럽에서 와인의 '지리적 기원'을 보호하기 위한 규칙을 처음 만든 시기는 1890년이지만, 1905년에야 프랑스에서 관련법이 제정되었고 이를 통해 원산지 명칭 통제(Appellation d'Origine Contrôlée) 시스템이 마련되었다. 샴페인의 원산지 문제가 미국 법원으로 갔을 때 샴페인 하우스 연합은 패소하면 1만 5,000달러를, 승소하면 5만 달러를 달라던 미국 변호사의 요구를 거부했다. 그 같은 결정 때문에 그 이후 지금까지 프랑스 샴페인 하우스들은 골치를 앓아왔고, 그 덕분에 미국의 상점들은 프랑스인들의 시끄러운 항의에도 여전히 캘리포니아산 샴페인을 판매하고 있다.

1890년에 필록세라는 마침내 샹파뉴 지역에도 나타났다. 프랑스 남부에서 처음 포착된 지 30년 가까이 지난 후였다. 이미 보르도를 비롯한 와인 산지들이 필록세라의 공격으로 쑥대밭이 되었으나 샹파뉴 사람들은 대비를 하지 않았고 느긋하게 있었다. 처음에는 백악토가 필록세라의 보호벽이 되어주는 듯했다. 1898년까지 타격을 받은 면적은 50헥타르에 불과했다. 그러나 10년도 안 되어 마른의 포도밭 중 30% 이상이 초토화되었다. 그 해결책으로 포도가지를 미국산 대목에 접붙이는 방법은 이미 알려져 있었으나, 엄청난 수고와 비용이 들어가는 일이었다. 전 세계적으로 샴페인 수요가 급증한 가운데 상인들은 어쩔 수 없이 한참 떨어진 지역에서 기저 와인을 조달해야 했다. 대부분은 샹파뉴 지역과 가깝고 부르고뉴 지역과의 사이에 있는 오브에서 조달되었지만, 프랑스 남부의 싸구려 와인도 섞여 있었다.

매년 가을마다 '외국산' 와인을 담은 술통이 에페르네 기차역에 쌓였고, 포도 가격이 하락했으며, 샴페인 상인들은 점점 더 부유해졌다. 1890년에 르네 라마르라는 사람은 1만 8,000명의 다른 포도 재배자들에게 거대 협동조합을 만들어 부를 공유하고 상인들에게 한 푼도 돌아가지 못하게 하자고 촉구했다. 최초의 샴페인 사회주의자였다고도 할 수 있는 그는 소책자 《샹파뉴 주민의 혁명(La Révolution Champenoise)》를 통해 "필록세라만이 우

▼◀ 필록세라는 현미경으로만 보이는 진딧물로 19세기에 유럽 포도밭을 초토화했고, 1890년에는 샹파뉴 지역에도 나타났다. 아직까지 박멸되지는 않았지만 미국산 대목에 포도덩굴을 접붙이는 방식으로 억제하고 있다.

▼ 모방을 가장 진실한 형태의 칭찬으로 본다면 샹파뉴 지역 사람들은 칭찬을 거부해왔다. 이들은 스페인산 유사품을 비롯한 짝퉁 샴페인을 근절하기 위해 수십 년 동안 소송을 진행했다.

리 지역 포도원의 기생충이 아니다"라고 선언했다. 상인들이 브랜드에만 신경 쓰는 것을 비난했고, "10년 내에 사람들이 더 이상 샴페인이라는 이름을 인정해주지 않을 것"이라고 예언했다.

부르고뉴가 오브를 받아들이길 원하지 않고, 값싼 프랑스 남부 와인 때문에 파리에 와인을 팔지 못하게 되자 오브의 생산자들은 필사적으로 샹파뉴 지역에 편입되려고 했다. 1908년 샴페인의 공식 매출은 3,300만 병에 달한 반면, 마른이 생산한 물량은 1,600만 병 정도에 불과했다. 그해에 프랑스 정부가 처음으로 샹파뉴 지역의 경계를 정했을 때 오브는 빠져 있었다. 어느 주민은 "정부가 우리 숨통을 끊어버렸다"면서 "우리가 샹파뉴 지역에 속하지 않는다면 어디 소속인 걸까? 달나라의 일부인가?"라고 절망에 차서 외쳤다. 불행히도 오브에는 대부분 보졸레 지역의 포도 품종이며 발포성 와인에 적합하지 않은 가메가 재배되고 있었다. 1911년 2월에 정부의 2차 포고령에도 오브는 샹파뉴 지역에서 배제되었고, 이에 오브에서 대규모 시위가 일어났다. 현지 포도 재배자들은 괭이로 무장하고 거리를 행진했다. 시위대를 이끈 가스통 셰크는 "강인해지고 단합하라!"고 외치면서 "우리 앞에 황금광이 기다리고 있다"고 독려했다.

2개월 후 정부가 공황 상태에 빠져 1908년에 제정한 법을 무효화했고, 그 덕분에 오브는 샹파뉴 지역에 편입되었다. 그러자 곧바로 마른 지역에서 격렬한 반발이 일어났다. 사상 최악의 흉작으로 형편없는 수확을 낸 마른 주민들에게 그 일은 인내의 한계를 넘게 하는 결정타였다. 돈 클라드스트럽과 프티 클라드스트럽은 저서《샴페인: 세계에서 가장 매력적인 와인이 전쟁과 고난의 시대를 이겨낸 과정(Champagne: How the World's Most Glamorous Wine Triumphed Over War and Hard Times)》에서 "어느 포도 재배자는 단 한 병의 와인만을 간신히 얻었고, 그마저도 기념으로 간직하기 위한 것이었다"라고 밝혔다. 게다가 "어떤 재배자는 타르트 한 개만 만들 수 있을 정도로 적은 포도를 수확했다"고 한다.

정부의 결단이 있은 지 몇 시간 지나지 않은 1911년 4월 11일 밤에 마른의 포도밭에는 북소리와 나팔소리가 울려 퍼졌다. 성난 군중은 마을을 차례로 돌면서 차량을 파괴하고 트럭을 뒤집어엎고 지하 저장고로 난입해 술통을 깨부수는 등 테러를 자행했다. 밤사이에 3만 5,000명의 병력이 폭동 진압에 동원되었다. 포도 재배자들은 에페르네로 들어가지 못하고 진압 병력에 차단당하자 인근 마을인 아이를 공격했다. 건물과 포도밭이 불탔고 거리에는 와인이 흘렀다. 4월 13일에 폭동은 끝이 났고, 놀랍게도 사망자는 한 명도 발생하지 않았다.

▼ 오브를 샴페인 원산지에서 제외한 정부 포고령은 1911년 봄, 오브 지역 전역에 시위를 불러일으켰다. 어느 분노한 포도 재배자는 "우리가 샹파뉴 지역에 속하지 않는다면 어디 소속인 걸까? 달나라의 일부인가?"라고 외쳤다.

# 세계대전 시대의 침체기

**샴페인 폭동을 몰고 온 갈등은 1914년 여름에 발발한 1차 세계대전에 비하면 '지역 내의 사소한 문제'에 불과했다. 몇 달도 지나지 않아 샹파뉴 지역은 모든 분쟁에 종지부를 찍을 정도로 십자포화를 맞았다.**

샴페인 폭동 후, 평화를 유지하기 위해 징집된 수만 명의 병력이 포도 수확기까지 샹파뉴 지역에 머물렀다. 샹파뉴 지역은 연달아 형편없는 포도 수확을 낸 끝에 1911년에는 풍작을 거두었고, 정부 당국은 지역의 긍정적인 분위기를 틈타 오브 역시 샴페인을 생산할 수 있다고 공표했다. 오브는 '샴페인 2구역'으로 불리게 되었다. 누구나 그러한 조치가 임시방편일 것이라 확신했으며 정부도 다시 한번 그 문제에 대한 논의에 돌입했다. 그러다 1914년 6월 사라예보에서 오스트리아·헝가리제국의 황태자 프란츠 페르디난트 대공이 암살되면서 모든 것이 바뀌고 말았다.

8월 3일에 독일은 전쟁을 선포했고, 빠르고 결정적인 승리를 목표로 하는 슐리펜 계획(프랑스의 방어선을 우회해서 침공하기 위한 독일의 전쟁 계획—옮긴이)에 따라 저지대 국가들을 휩쓴 다음에 프랑스로 진격해왔다. 몇 주 만에 랭스 주민들은 적군의 대포가 다가오는 소리를 들었고 9월 4일에는 랭스가, 그다음 날에는 에페르네가 함락되었다. 독일군의 일부 부대는 마른강을 건너 파리와 가까운 곳까지 도달했다. 프랑스 정부는 조제프 갈리에니 장군에게 수도 파리의 방어를 맡기고 보르도로 피했다. 9월 6일 자정 즈음에 갈리에니 장군은 파리의 택시 기사들에게 군사 시설인 앵발리드(Les Invalides) 앞에 집합해 프랑스군 6,000명을 전방까지 호송하라고 명령했다. 호송대는 헤드라이트를 끄고 택시업계의 관례에 따라 미터기를 작동한 채 동쪽으로 향했다. 마른 전투는 1주일간 지속되었고, 이때 전사하거나 다친 군인은 50만 명 정도로 추산된다. 독일군은 1주일 동안 랭스를 점령한 끝에 후퇴하다가 무인지대(전쟁 양측의 참호 사이에 있는 지대—옮긴이)에서 연합군을 맞닥뜨렸다. 크리스마스면 끝나리라 예상되었던 전쟁이 북해에서 스위스에 이르는 전선의 참호 안에서 교착상태에 빠졌다. 전선은 샹파뉴 지역을 가로질렀고 랭스 너머의 구릉에 배치된 독일군의 대포는 전쟁이 끝날 때까지 계속해서 랭스를 맹공격했다.

수많은 프랑스 국왕의 즉위 장소로 유명한 랭스 대성당은 처음에는 무사한 듯했지만, 얼마 지나지 않아 쏟아지는 포탄에 맞아 골격만 남고 타버렸다. 그러한 형상은 독일 군인의 야만성을 상징하는 반독일 선전물로서 중요한 역할을 했다. 많은 이가 랭스에서 피신했으며 남은 사람들은 미로처럼 이어진 샴페인 보관용 크레예르(백악갱) 안으로 몸을 숨겼다. 크레예르는 1940년대에 독일이 런던을 공습했을 때 런던 지하도와 마찬가지로, 독일 포탄으로부터의 도피처로만 그치지 않았다. 초현실적이게도 이곳은 전쟁 전 지상에서의 삶이 고스란히 펼쳐지는 지하 세계가 되었다. 상점과 병원이 있었고 예배와 학교 수업이 이루어지는가 하면 심지어 소 몇 마리가 우유를 제공하기도 했다. 패트릭 포브스의 저서 《샹파뉴 지역의 술, 대지, 주민들(Champagne: The Wine, the Land and the People)》에 따르면 크레예르 터

▲ 버나드 파트리지가 1차 세계대전을 주제로 그린 만평 '샴페인의 반격'은 독일 침공군에 대한 샹파뉴 지역의 저항을 풍자적으로 보여준다.

◀ 랭스 대성당은 1차 세계대전 초반인 1914년 9월 20일에 포격으로 훼손되었다. 북쪽 첨탑은 불에 탔으며 지붕에서 녹아내린 납이 괴물 석상에 쏟아져 내렸다.

널은 "포탄을 견뎌냈고, 전기나 연료를 이용한 난로로 난방을 하면 생활하기에 결코 불편하지 않을 곳이었다"고 한다. 포브스는 "실제로 많은 사람이 지하에서의 삶에 만족해서 때로 몇 달씩 위로 올라오지 않기도 했고, 무려 2년 동안 지하 생활을 한 경우도 있다"고 서술했다. 결국 랭스는 소개(疏開) 되었고, 사람들이 돌아왔을 때는 40채의 집만이 그대로 있었다.

포격과 인력 부족에도 불구하고 전쟁 내내 포도 수확이 지속되어 소량의 영웅적인 빈티지가 생산되었다. 그러나 뤼나르, 랑송, 포므리를 비롯한 샴페인 하우스들이 포탄에 크게 훼손되었다. 한편 멈은 소유주 헤르만 폰 멈이 제때에 프랑스 시민권을 취득하지 않아 브르타뉴에 포로로 억류되는 바람에 프랑스 정부에 압류되었다. 포격, 독가스, 불멸의 진딧물로 불리는 필록세라 때문에 샹파뉴 지역 포도밭의 40%가 망가졌다.

1919년에 신규 제정된 프랑스 법은 샹파뉴 지역의 경계를 재차 확정했고, 샹파뉴 지역에서 재배된 포도만이 샴페인에 사용될 수 있다고 명시했다. 전후 랭스는 빠른 속도로 재건되었고 재즈 시대가 최고조에 달한 가운데 적어도 파리에서만큼은 국내 매출을 회복했다. 미국이 1920년에 금주법을 제정하면서 미국과의 합법적인 무역은 끝이 났지만, 돈과 프티 클라드스트럽의 '최선의 추산에 따른 추정치'에 따르면 금주 기간 13년 동안에 최소한 7,100만 병의 샴페인이 소비되었다고 한다. 이들의 저서에는 지하 세계에 샴페인을 공급한 장 샤를 하이직의 모험이 생생하게 묘사된다. 중간상이나 주류 밀수업자는 큰 위험을 감수해야 했던 반면에 하이직 같은 공급업자는 판매세를 한 푼도 내지 않는 혜택까지 누렸다.

1933년 금주법이 폐지되고 나서 1년 후에는 수십 년 만에 최고의 수확기가 찾아왔다. 그러나 불행히도 서구권은 대공황의 손아귀에 있었고 국내 판매와 해외 수출 모두 붕괴했다. 1926년에 킬로그램당 10프랑이던 포도 가격이 고작 50상팀으로 폭락하면서 포도를 수확할 가치가 사라져버렸다. 이에 샴페인 생산자들은 그 당시에는 망각되다시피 한 돔 페리뇽의 영혼을 불러내기로 결심했고, 돔 페리뇽의 샴페인 '발명' 250주년을 선포했다. 더 지속적인 영향을 남긴 것은 모엣 샹동이 1935년에 최초의 완전무결한 최고급 빈티지 샴페인으로 출시한 돔 페리뇽 브랜드였다.

그로부터 4년 후, 세계는 다시 2차 세계대전에 휩싸였다. 이번에는 샹파뉴 주민에게 독일의 침공이 시작된 1940년 5월 전까지 수천 병의 샴페인을 숨길 시간이 8개월이나 있었다. 나치는 오토 클라에비슈를 와인 총통으로 임명해 최대한 많은 샴페인과 수익을 수탈하라고 지시했다. 한편 나치에 맞서 샴페인 산업을 수호한 인물은 모엣 샹동의 수장인 로베르 장 드 보귀에 백작이었다. 보귀에는 프랑스 동부 저항군 세력을 이끄는 정당의 대표이기도 했으며, 1943년에는 간신히 사형을 피하기도 했다. 이 당시 샹파뉴 주민의 영웅적인 일화는 끝이 없다. 샴페인 하우스 다수의 지하터널은 저항군을 숨겨주고 연합군이 떨어뜨린 무기를 은닉하는 장소로 사용되었다. 그러나 지역 차원의 피해는 그 이전의 세계대전에 비하면 미미했다. 니콜라스 페이스가 저서《샴페인 이야기》에서 밝힌 바에 따르면, 2차 세계대전 내내 미국 공군은 샹파뉴 지역에 두어 차례의 공습만 감행했으며, 아이 지역에 폭탄 몇 개를 실수로 투하했을 뿐이다.

◂◂ 로베르 장 드 보귀에 백작은 모엣 샹동의 수장으로 영감이 풍부한 사람이었으며, 2차 세계대전 독일 점령기에 업계 지도자 역할을 했다. 그는 간신히 사형선고를 모면했으며 악명 높은 치겐하인 노동 수용소에서 몇 년을 버텨냈다.

◂ "무사히 도착했음을 알립니다"라는 문구가 있는 만화 엽서. 미군 두 명이 1944년 8월 파리 해방 이후에 파리의 밤 문화에 흠뻑 빠져 있는 모습을 담고 있다.

# 샴페인, 최고의 지위에 오르다

**20세기 전반은 샴페인뿐 아니라 전 세계의 모든 일이 어려운 시기였다. 두 차례의 세계대전, 대공황, 미국 금주법 시행의 타격으로 인해 샴페인 매출은 1950년대 중반에 이르러서야 1913년의 수준인 3,500만 병을 회복했다.**

이 시기에 샴페인 산업 내에서는 합병이 일어났고, 한때 유명했던 이름들이 사라졌으며, 수많은 재배자가 조합원이 소유한 협동조합에 가입했다. 처음에 협동조합은 뱅 클레르로 불리는 기저 와인만 생산했지만, 더 많은 활동을 해야 한다는 부담감에서 지하 저장고와 병입 공정에 투자할 만큼 규모가 큰 협동조합 연맹에 통합되었다. 그들은 마침내 자체 브랜드의 샴페인을 슈퍼마켓에 공급하거나 '쉬르 라트(sur latte)'라는 관행에 따라 공개 시장에서 판매하기 시작했다.

쉬르 라트의 '라트'는 지하 저장고에서 줄지어 숙성되는 술병의 층과 층 사이에 얇게 깔아두는 널빤지를 뜻하며, 쉬르 라트로 판매되는 와인은 아직 데고르주망을 거치지 않아 레이블이 부착되지 않은 와인을 일컫는다. 이러한 와인을 사들인 거래상은 데고르주망 작업을 하고 당분의 양을 결정할 뿐 달리 하는 일이 없지만, 자신을 생산자로 명시한 레이블을 부착할 수 있다. "스코틀랜드에서 최종 수가공되었다"는 레이블이 붙은 파키스탄산 격자무늬 깔개와 마찬가지로, 쉬르 라트는 뚜렷한 기만의 냄새를 풍기지만 요행히도 소비자들에게 그 사실을 들키지 않는다. 쉬르 라트야말로 샴페인 무역에서 상업적인 종착지며, 금지하라는 요구가 끊이지 않음에도 불구하고 오늘날까지 관행처럼 이어지고 있다.



2차 세계대전이 한창이던 1941년에 프랑스 샴페인 생산자 협회(CIVC)가 설립되었다. 원래 CIVC는 매년 수확기가 오기 전에 시장 상황과 포도밭의 등급에 따라 포도 가격을 정했다. 이처럼 경직된 시스템은 1990년 이후에 샴페인 하우스와 재배자 사이의 자유무역협정으로 대체되었다. CIVC는 기술적 지원, 규정 집행, 샴페인과 샹파뉴 지역의 홍보, 샴페인 '브랜드' 보호를 책임지고 있다. CIVC는 1950년대에 스페인 '샴페인'을 상대로 승소하면서 법정에서 최초의 큰 승리를 거두었다. 그 이후로 CIVC의 변호사들은 미국의 몇몇 '샴페인' 브랜드를 제외하고는 샴페인 짝퉁들을 지속적으로 몰아냈으며, '샴페인' 비누부터 베이비샴에 이르는 '기생 제품'을 단속하고 있다. CIVC의 가장 큰 성취는 1994년에 EU 내에서 '샴페인 방식(méthode champenoise)'이란 표현이 사용되지 못하도록 한 것이었다. 단번에 샴페인과 발포성 와인이라는 철두철미하게 두루뭉술한 용어 사이에 극명한 차이가 생겨났다.

2차 세계대전 종전 직후에 맨 처음 떠오른 대규모 샴페인 시장은 프랑스 국내 시장이었고, 이 사실은 모든 이에게 놀라움을 안겼다. 1970년대까지 샴페인의 프랑스 국내 소비는 다섯 배 증가했으며, 전체 샴페인 생산량의 3분의 2를 차지해 20세기 초반과는 뚜렷한 대비를 보였다. 샴페인 생산량의 절반 정도가 재배자이자 생산자를 가리키는 레콜탕 마니퓔랑(récoltant manipulant)에게서 나왔는데 프랑스인, 특히 파리 사람들은 레콜탕 마니퓔랑의 샴페인을 선호했다. 레콜탕 마니퓔랑 같은 소규모 생산자 입장에서 이러한 현상은 큰 비용이 드는 유통망을 거칠 필요가 없이 현찰을 바로 손에 넣을 수 있는 기회였다. 또한 소비자 입장에서는 샴페인을 생산한 가문과 직접 거래한다는 기분을 느낄 수 있는 기회였다. 그러나 사실 샴페인의

▼◀ 소규모 샴페인 하우스에서는 자동화가 뒤늦게 이루어졌다. 랭스 인근에 있는 포므리의 지하 저장고 직원들은 1956년에도 샴페인 병을 손으로 포장했다.

▼ 테탱제 지하 저장고에 쉬르 라트 방식으로 (널빤지 위에) 쌓여 있는 술병들. 코르크를 채운 것 말고는 술병에 아무런 레이블이 부착되지 않은 상태로, 이를 사들인 거래상이 데고르주망 작업을 한 다음에 자신이 생산자인 것처럼 레이블을 붙여 시장에 내놓는다.

대부분은 재배자가 소속된 현지 협동조합의 논빈티지 브뤼 샴페인이었다. 재배자는 자신이 재배한 포도가 몇 개 정도 섞였을 샴페인 재고를 사들여서 상표를 부착했을 뿐이다.

샹파뉴 지역의 포도원 중에서도 외딴 곳에 속하는 엔(Aisne)과 오브의 포도원이 큰 변화를 겪었다. 1950년대에는 오브 면적의 80% 넘는 땅에 보졸레의 품종인 가메가 재배되었다. 가메는 저가 발포성 와인의 재료였고, 오브가 샹파뉴 지역 중에서도 2등급 산지라는 인식이 공고해진 까닭도 가메 때문으로 보였다. 그리하여 오브 사람들은 수십 년에 걸쳐 가메를 뽑아냈고, 그 대신 샴페인의 세 가지 품종을 심었다. 덕분에 오브는 마른의 가난한 군식구라는 오명을 벗을 수 있었다.

한편, 샴페인의 프랑스 국내 매출이 급증하면서 샴페인 거래의 구조도 바뀌었다. 1960년대 들어 협동조합은 빠른 속도로 성장해나갔다. 1990년에 이르러 전체 재배자의 절반 이상이 그리고 샹파뉴 지역 포도원의 3분의 1이 협동조합에 소속되었다. 협동조합이 막강한 협동조합 연맹으로 통합됨에 따라 가족 소유의 거래상 몇몇 역시 협동조합과 계약을 맺기 시작했다. 1963년에 모엣 샹동은 경쟁사들을 인수하기 시작했다. 가장 오래된 샴페인 하우스 뤼나르에서 시작해 1970년에는 메르시에를 인수했다. 그 후 모엣 샹동은 코냑 하우스의 선두주자인 헤네시(Henessy, 프랑스어 발음으로는 에네시—옮긴이)에, 나중에는 패션회사인 루이뷔통에 합병되어 LVMH 그룹의 일부가 되었다. 1999년에는 이 같은 진용에 크루그가 추가되었다. 멈, 하이직 모노폴, 랑송, 포므리 등도 같은 운명을 맞이해 합병되었고, 샴페인 산업의 창단 멤버 중 극소수만이 가족기업으로 유지되었다.

수출 시장 역시 급증세인 프랑스 국내 매출을 따라잡기 시작했으나 처음에는 그 증가 속도가 느렸다. 돈 휴잇슨의 《샴페인의 영광》에 따르면, 폴 로제(Pol Roger)의 4대손 크리스티앙 드 빌리는 1960년대에 있었던 미국으로의 첫 영업 출장 당시에 그곳 사람들이 "샴페인 마시는 습관을 버렸다"는 사실을 깨달았다고 한다. 그러나 1980년대 중반에는 미국이 잠시나마 샴페인의 최대 수입국이던 때도 있었다. 얼마 지나지 않아 영국이 그 칭호를 빼앗았고, 2014년에 이르기까지 3,300만 병에 달하는 샴페인이 영불해협을 건너 영국으로 수출되었다. 미국은 1,900만 병으로 그 뒤를 이었다. 한 세대 전만 해도 이는 꿈도 꿀 수 없었던 수치였다. 대규모 샴페인업체들은 도멘 샹동(Domaine Chandon)이나 멈 퀴베 나파(Mumm Cuvée Napa) 같은 위성 포도원을 해외에 조성할 정도로 자사 브랜드에 엄청난 확신을 품게 되었다.

그러나 위기는 어김없이 주기적으로 찾아왔다. 특히 1990년대 초반의 경기침체 당시에 샴페인 매출이 급감했고 샹파뉴 지역은 팔리지 않은 재고로 넘쳐났다. 샴페인 전문가 톰 스티븐슨에 따르면, 심지어 어느 경제학자는 재배자들에게 수확기에 포도를 수확하지 않는 방식으로 잉여분을 처분하라고 조언하기도 했다. 그러나 다행히도 세계가 사상 최대 규모로 신년 전야 파티를 준비하면서 그러한 조언은 무시되었다.

▲ 뵈브 클리코, 모엣 샹동, 크루그는 가장 유명한 3대 샴페인 브랜드로, 세 브랜드 모두 현재 세계 최대 규모의 명품 기업인 LVMH 그룹에 속해 있다.

◀ 랭스의 렁디대로에 있는 메종 자카르(Maison Jacquard)의 출입문 위에는 샴페인 생산 과정을 르쿠파주 등의 다섯 단계로 묘사한 모자이크 프레스코화가 부착되어 있다.

1차 세계대전 당시에 파괴된 랭스 대성당은 록펠러 가문의 재정적인 지원을 받아 재건되었으며, 1938년에 다시 문을 열었다.

# 뉴 밀레니엄 시대의 샴페인

희망과 기대에 찬 시대가 시작되었다. 유일한 이상 신호로 예측되었던 사건은 다행히 실현되지 않았고, 그 덕분에 전 세계적으로 사상 최대 규모의 파티가 아무 문제없이 치러졌다.

시계가 1999년 12월 31일 자정을 향해 똑딱거릴 때 컴퓨터 시스템의 마비로 비행기가 상공에서 추락할지도 모른다는 끔찍한 경고가 있었다. 설상가상으로 샴페인이 나오지 않으리라는 예측도 있었다. 샹파뉴 지역은 1990년대 중반부터 생산량을 연간 2억 7,000만 병으로 끌어올려왔고, CIVC는 비축해둔 1억 3,200만 병의 출시를 승인한 터였다. 그럼에도 디데이 직전 며칠 동안은 물론, 불과 몇 시간 전까지도 샴페인 고갈이라는 암울한 예측이 공기 중에 떠돌았다. 그러나 결과적으로 모든 일이 잘되어 인터넷은 붕괴되지 않았고, 샴페인은 밤새 흘러넘쳤다.

그런데 새 아침이 밝아오자 숙취가 찾아왔다. 특히 투기 심리와 과도한 선전에 현혹된 샴페인업계 종사자들이 타격을 입었다. 1999년에는 영국의 샴페인 수입량이 3분의 1 증가했던 반면, 2000년에는 19% 증가하는 데 그쳤다. 세인즈베리 슈퍼마켓은 자사 레이블을 붙여 판매하던 블랑 드 누아 샴페인의 재고 80만 병으로 골치를 앓았고, 부활절 주말 동안 가격을 5.99파운드로 대폭 낮춰서 판매했다. 그 결과 한 병당 4파운드의 손실을 입었다. 그러나 샹파뉴 지역 입장에서는 재고를 보충하고 밀레니엄 이후의 불가피한 하락세에 적응할 기회였다.

2~3년 만에 매출은 기록적인 수치를 보이며 연간 5% 넘게 성장했다. 2004년과 같은 풍작이 몇 해 동안 이어졌음에도 포도 공급 물량은 부족했다. 2007년 당시 모엣 샹동의 최고경영자였던 프레데릭 퀴메날은 "현재의 수확량이 최대한도이며, 조만간 우리는 어려운 상황에 빠질 것"이라고 외쳤다. 그해 8월에 미국 서브프라임 시장의 위기가 보도되면서 그의 우려는 현실로 나타났다. 물론 그 여파가 가시화된 때는 어느 정도 지나서였고, 초기에는 서브프라임 사태가 실물 경제로 확산될지에 관한 의구심이 존재했다.

그러나 대출 한도가 동결되고 금융시장의 탐욕이 공포로 전환되면서 사태는 실물 경제로 확산되었다. 전 세계 샴페인 매출은 2007년에 3억 3,800만 병으로 사상 최대치를 찍었으나 곧 3억 병 정도로 급감했다. 공식적으로 과시적 소비의 시대는 끝났거나 최소한 보류되었으며, 최고로 부유한 은행가들조차도 남의 눈에 띄지 않게 샴페인을 홀짝거렸다. 그러나 마이클 에드워즈는 2009년에 발표한 저서 《샹파뉴 지역의 가장 훌륭한 와인》에서 다음과 같은 진단을 내놓았다. "시장의 힘이라는 차가운 물세례가 (중략) 실제로는 샴페인에 뜻밖의 행운으로 작용한 듯하다. 매출 기대치가 낮아졌을 뿐 아니라 가격이 통제 불능 상황에 빠질 위험이 있었던 상승장에 냉철한 성찰의 분위기가 새로이 조성되었다."

2015년까지 샴페인 매출은 조금씩 회복되어 3억 1,200만 병을 기록했으며, 그 가치는 47억 5,000만 유로에 달했다. 샹파뉴 지역의 모든 아펠라시옹 구석구석이 포도로 채워진 가운데 한동안은 샹파뉴 지역의 시스템이 빡빡하게 돌아갔다. 2008년에는 면밀한 연구가 이루어진 끝에 샹파뉴 지역의 319개 기존 마을에 40곳이 새로 추가되었고 두 곳은 제외된다는 발

▼ 마뢰이 쉬르 아이 소재 필리포나의 언덕 지형 포도원에서 자라고 있는 포도나무. 필리포나는 샴페인 하우스 중 가장 친환경적인 곳으로 꼽힌다.

▼◀ 에펠탑은 1889년 만국박람회의 임시 구조물로 세워졌으나 111년이 흘러 새천년의 축하 행사가 이루어졌을 때에도 굳건히 자리를 지키고 있었다.

표가 있었다. 운 좋게도 새로 지정된 아펠라시옹은 (그 이전 80년 동안 마법 지대에 속하지 못했던 포도원들로서) 순식간에 그 가치가 헥타르당 5,000유로에서 100만 유로 정도로 뛰어올랐다. 물론 운 나쁘게 제외된 아펠라시옹 두 곳의 가치는 폭락했고, 이에 재배자들은 곧바로 탄원에 나섰다.

참고로, 원래 샹파뉴 지역의 포도원 면적은 3만 4,500헥타르인 현재보다 두 배나 넓었으며, 새로 추가된 포도원에서 생산된 샴페인은 2020년대 이전에는 판매되지 않을 예정이다. 공급량 증가로 인해 가격이 하락할지도 모른다는 우려가 있긴 하지만, 철저한 조사 끝에 나온 아펠라시옹 개정안은 수확량을 무작정 끌어올리는 것보다 훨씬 더 합리적인 해결책으로 보인다. 생산량 측면에서 샴페인은 2013년에 들어 경쟁 상대인 이탈리아산 프로세코에 밀렸으며, 현재는 가격을 인상하고 품질 향상을 통해 인상된 가격을 정당화하는 방안에 초점을 맞추고 있다. 한편 바다 건너 영국에서는 샴페인처럼 병 발효를 거치는 발포성 와인이 생산되고 있으며, 그중 몇 가지는 뛰어난 품질로 영국 내에서 큰 반향을 불러일으키고 있다.

모든 샴페인이 그렇게까지 훌륭한 것은 아니지만 샴페인의 전반적인 수준은 상승했으며, 그중에서도 샹파뉴 포도원 자체의 생산성 향상이 가장 두드러진다. 수요를 따라가기 위한 노력 덕분에 1950년대 이후로 재배 포도나무의 숫자는 세 배 증가했고, 생산량은 10배나 증가했다. 강력한 비료와 살충제에 좀 더 건강한 대목과 포도가지라는 요소가 결합하자 평균 수확량이 크게 증가한 것이다. 한때 방문객들은 방사능 방진복 같은 옷을 입은 사람들이 포도원에 살충제를 살포하는 모습을 보았다고 말하곤 했다. 그보다 더 끔찍한 광경은 파리의 쓰레기로 가득한 푸른색 쓰레기봉투를 퇴비 삼아 여기저기 흩뿌려 놓은 모습이었다고 한다. 샴페인의 화려한 이미지와는 너무도 어울리지 않는 관행이었다.

그러나 쓰레기봉투는 오래전에 사라졌고, 2001년 이후로 CIVC는 화학 비료, 살충제, 살균제 사용을 절반으로 줄이겠다고 약속했다. 해충 일부가 살충제에 내성을 갖게 되었다는 사실이 알려진 데다 2003년에 폭염 때문에 기록적으로 이른 수확이 이루어지면서 기후변화에 대한 우려를 간과할 수만은 없게 되었다.

그럼에도 와인 산지의 북방한계선에 있는 이 서늘하고 습한 지역에 유기농 포도원은 극소수에 불과하다. 유기농 포도원보다는 볼랑제와 모엣 샹동을 비롯한 주요 샴페인 하우스의 후원을 받아 탄생한 VDC(Viticulture Durable en Champagne, 샹파뉴 지역의 지속가능한 포도 재배) 인증이 훨씬 더 인기 있다. 2015년 샹파뉴 지역에 거주하는 소믈리에 겸 블로거인 캐롤라인 헨리는 주류 전문 웹사이트인 〈팰럿 프레스〉에 기고한 글에서 "앞으로 몇 년 내에 이곳이 프랑스에서 '가장 친환경적인' 와인 산지가 된다 해도 놀랄 일이 아니다. 얼마 전만 해도 프랑스에서 가장 오염이 심한 지역이었다는 사실을 생각하면 대단한 성과다"라고 밝혔다.

◀ 2016년에 영화화된 영국의 인기 시트콤 〈앱솔루틀리 패뷸러스〉. 영화 속에서 홍보업계의 거물인 에디나 몬순(제니퍼 손더스)과 팻시 스톤(조애너 럼리)은 볼랑제 샴페인을 '볼리'로 부르며 어딜 가나 볼랑제 병을 들고 다닌다.

▼ 랑송은 2001년부터 윔블던 선수권 대회의 공식 샴페인으로 지정되어 크림을 곁들인 딸기와 함께 샴페인을 독점적으로 제공하고 있다.

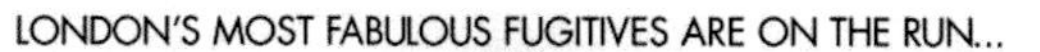

• 샴페인 마개의 다양성은 샴페인 자체의 다양성을 상징한다. 단순하고 수수한 것부터 화려하고 카리스마 넘치는 것까지 모든 샴페인 마개는 마시는 사람에게 즐거움을 안겨주는 형태로 세심하게 제작된다.

# PART 3

# 샹파뉴를 대표하는 샴페인

샹파뉴 지역의 역사를 살펴보았으니, 이제 세계 곳곳에서 샴페인을 사치의 대명사로 만든 유명 샴페인 하우스에 대해 알아볼 차례다. 이들의 브랜드와 대규모 협동조합의 브랜드 외에도 재배자의 자체 브랜드만 수천 개에 달한다. 또한 샴페인의 형태를 본떠 만든 발포성 와인도 셀 수 없이 많다.

# BILLECART-SALMON 빌카르 살몽

## MAREUIL-SUR-AŸ 마뢰이 쉬르 아이

빌카르 살몽은 절묘하고 섬세한 로제 샴페인으로 유명하다. 여전히 가족경영으로 운영되는 이곳은 내용물이 스타일보다 우위에 있다는 신념을 지니고 있다. 홍보 지향적인 대형 샴페인 브랜드의 세계에서는 찾아보기 드문 성향이다. 앙투안 롤랑 빌카르는 "우리는 마케팅에 크게 치중하지 않는다"면서 "우리에게는 와인 양조가 핵심 요소며, 나머지는 허튼짓"이라고 말한다.

빌카르 가문의 17세기 문장을 장식하는 동물은 도약하는 연어(이름의 일부인 살몽은 프랑스어로 연어를 가리킴—옮긴이)가 아니라 포도 세 송이 밑에서 다리를 쭉 뻗고 있는 그레이하운드다. 이 문장은 피에르 빌카르가 국왕 루이 13세에게서 수여받은 것이며, 1818년에 샴페인 빌카르를 설립한 사람은 그의 후손 니콜라 프랑수아 빌카르였다.

빌카르 양조장은 현지 변호사였던 니콜라 프랑수아가 포도원을 소유하고 있던 아름다운 마을 마뢰이 쉬르 아이를 내내 기반으로 삼아왔다. 여기에 1820년대에 엘리자베트 살몽이 니콜라 프랑수아와 결혼하면서 가져온 가족 소유의 코트 데 블랑 포도원 6헥타르가 추가되었다. 한두 세대 후에는 가문이 갈라졌고 오래된 살몽 포도원은 에페르네에서 경매로 매각되었다. 빌카르 가문은 상표에서 '살몽'을 빼려고 했지만 거래처 사람들은 그러기에는 너무 늦었다고, 그들의 샴페인이 빌카르 살몽으로 너무 많이 알려졌다고 말했고 그렇게 해서 그 이름이 그대로 남았다.

샴페인 찰리로도 불리던 찰스 하이직(프랑스어로 샤를 에드지크—옮긴이)은 예나 지금이나 미국의 샴페인 시장을 개척한 인물로 인정받아왔지만, 그가 처음 대서양을 건넌 해는 빌카르가 뉴욕에 최초의 해외 사무소를 개설한 때로부터 20년이 흐른 1852년이었다. 이 이야기를 들려준 사람은 니콜라 프랑수아의 6대손이자 동생 프랑수아와 함께 빌카르 살몽을 공동 운영하고 있는 앙투안 롤랑 빌카르다. 사실 뉴욕 사무소에서 무슨 일이 일어났는지는 불확실하다.

앙투안은 빌카르가 다른 양조장과 마찬가지로 처음에는 비발포성 와인을 생산했다고 생각한다. 그는 "부르고뉴 와인처럼 마을 와인이었고, 레드 와인과 화이트 와인을 모두 생산했다"면서 "발포성 와인이 나온 때는 그보다 좀 더 뒤였다"라고 말한다. 이미 1870년대에는 빌카르 살몽 와인이라고 하면 단연코 발포성 와인이었고, 바이에른 왕국의 루트비히 2세 궁정에 독점적으로 납품되었다. 그럼에도 빌카르는 여전히 거품 아래에 있는 와인에 초점을 맞추고 있다. 앙투안은 "우리는 샴페인도 와인이라는 사실을 상기시키려고 해왔다"고 말한다.

▲▲ 빌카르 왕조의 창시자 니콜라 프랑수아 빌카르. 변호사였던 그는 1818년 샴페인 빌카르를 설립했다.

▲ 가족 사업에 6헥타르의 포도원을 내놓은 니콜라의 아내 엘리자베트 살몽. 살몽 쪽 사람들은 가문에서 갈라져 나와 노르망디로 돌아갔지만, 그 이름은 그대로 남았다.

◀ 마뢰이 쉬르 아이 마을의 지하에 있는 빌카르의 차갑고 습도 높은 저장고. 이곳에서 2차 발효와 병숙성이 이루어진다.

## TASTING NOTES

**빌카르 살몽 로제 NV**
**Billecart-Salmon Rosé NV**

연어살색 같은 샴페인의 색이 어찌나 아름답고 섬세한지 자꾸 눈길을 끈다. 그러나 샴페인은 색을 맛보는 술이 아니므로, 샴페인 자체에 집중해 맛을 보면 그 진가를 알 수 있다. 빌카르 살몽 로제는 놀랄 만큼 신선하고 순수하며 휘파람 소리처럼 산뜻한 맛을 자랑한다. 그러나 딸기의 맛이 조금이라도 느껴진다면 눈을 가린 채 시음해보라. 미각이 시각에 속았다는 사실을 깨닫게 될 것이다.

**빌카르 살몽 퀴베 니콜라 프랑수아 빌카르 2002**
**Billecart-Salmon Cuvée Nicolas François Billecart 2002**

빌카르의 최고급 퀴베(첫 번째 압착에서 생기는 포도즙으로 만든 샴페인—옮긴이)는 힘과 관능적인 우아함으로 유명하다. (몽타뉴의 피노 누아 60%, 코트 데 블랑의 샤르도네 40% 등) 순전히 그랑 크뤼 포도만을 배합한 샴페인이며, 그중 5분의 1은 오래된 오크통에서 숙성된다. 비할 데 없이 부드러운 거품과 더불어 강렬하고 이지적이며 우아한 풍미를 자랑한다.

빌카르 살몽은 2차 세계대전으로 인해 명맥이 끊어질 뻔했다. 1944년 마뢰이 쉬르 아이는 진격하던 미국군과 참호를 파고 버티려던 독일군 사이의 충돌에 휘말렸다. 앙투안의 아버지 장은 2년 반 동안 독일의 노동 수용소로 강제 추방되었으며, 풀려난 후에도 베를린에서 마을로 돌아오기까지 6주가 걸렸다. 사업을 그만두고 싶다는 충동이 강력했지만 1947년에 장과 장의 아버지는 우선 국내 시장에 집중하면서 서서히 양조장을 재건해나갔다. 30만 병 정도이던 생산량은 꾸준히 증가해 현재 250만 병에 이르렀다. 수출 물량은 벨기에와 이탈리아로 서서히 뻗어나갔고 선구자적인 수입업자이며 윈드러시 와인의 대표인 마크 새비지 덕분에 영국까지 도달하게 되었다.

앙투안의 할아버지인 샤를 롤랑 빌카르는 로제 샴페인의 생산을 밀고 나간 최초의 양조업자 중 하나였다. 참고로 빌카르 살몽에서는 예나 지금이나 로제 샴페인이 아니라 '샴페인 로제'라는 명칭을 쓴다. 이처럼 샴페인 자체를 강조한 발상에는 눈을 가리고 마시면 색과 맛을 구분할 수 없으리라는 논리가 깔려 있다. 그는 부지와 마뢰이 같은 마을이 얼마만큼 훌륭한 비발포성 레드 와인을 생산할 수 있는지 잘 알고 있었기에 고전적인 비발포성 로제 와인처럼 적포도 껍질의 색이 화이트 와인에 스며들게 하기보다는 화이트 와인에 비발포성 레드 와인을 섞어 넣는 방식을 사용했다. 고전적인 방식은 상쾌하고 짭짤한 프로방스풍 로제에는 더할 나위 없는 방법일지 몰라도 와인에 탄닌감을 더할 위험이 있다. 그래서 빌카르 양조장은 샴페인에 탄닌감이 더해지는 것만큼은 어떻게든 피하려 하고 있다.

어쨌든 샤를의 로제는 샹파뉴 지역에서 가장 평판이 좋은 로제 샴페인 중 하나가 되었다. 다만 그의 이웃들은 당시에 그가 "완전히 돌아버렸다"고 생각했다 한다. 앙투안은 "그때만 해도 로제의 생산량은 총생산량의 4%도 되지 않았다"면서 "지금은 10%가 넘는다"고 말한다. 그는 샴페인계의 진정한 거물 몇 명이 본인들은 결코 로제 샴페인을 만들지 않겠다고 자기 앞에서 맹세했던 기억을 떠올리며 슬며시 웃었다. "물론 이제는 그 사람들도 로제 샴페인을 만들죠."

그의 할아버지가 지하 저장고에서 바삐 일하는 동안 할머니는 마뢰이의 자택 주변에 꽃과 과실수를 심고 아름다운 정원을 가꾸었다. 1964년 부부는 그 너머의 큰 정원에 피노 누아를 심기 시작해 1995년에 첫 번째 빈티지(포도가 풍작인 해에 양질의 포도로 만든 와인—옮긴이)를 얻었고, 그 후 귀중한 클로 생틸레르 블랑 드 누아 몇 병을 생산했다. 클로 생틸레르의 재료이며 한때 비발포성 로제 와인에 사용되었던 이 순종 피노 누아는 오늘날 온전히 생명역동(농약이나 화학비료를 사용하지 않고 지속가능한 자원만을 이용함—옮긴이)농법으로 재배되며, 샹파뉴 지역 평균 수확량의 절반 정도를 차지하고 있다.

◀▲ 깔끔하게 손질된 빌카르 포도원의 일부. 마뢰이 쉬르 아이 마을의 뒤편에 위치한다.

◀ 빌카르의 저장고. 이곳에서는 빌카르의 수부아(Sous Bois, 직역하면 큰 나무 밑을 뜻하는 용어로서 낙엽, 버섯, 솔잎 등 숲속 땅의 향이 느껴지는 와인을 뜻함—옮긴이) 와인이 커다란 목재 통에 담겨 전통적인 방식대로 숙성된다. 수부아는 2011년에 처음 출시되었다.

# BOLLINGER 볼랑제

## AŸ 아이

**볼랑제는 제임스 본드만큼이나 대단히 독립적이고 영국적인 샴페인으로, 놀라운 생존 신화 써왔다. 1829년에 설립된 이곳은 여전히 가족의 손으로 운영되는 극소수 샴페인 브랜드 중 하나다. 그처럼 가족기업으로 남을 수 있는 데는 자체적인 포도원에서 필요한 물량의 3분의 2를 조달한다는 사실도 한몫할 것이다.**

볼랑제(영어 발음으로 볼린저—옮긴이)는 영국인들이 발음하기 쉬운 이름과 빅토리아 시대부터 현재까지 계속해서 영국 왕실의 납품허가증을 받아왔다는 사실 덕분에 영국 기득권층의 필수품으로 꼽힌다. 제임스 본드의 혈관뿐 아니라 에벌린 워(20세기 중반에 주로 활동한 영국 작가—옮긴이) 시대의 옥스퍼드 대학 학생들의 혈관에도 볼랑제가 흘렀다. 실제로 워는 소설《쇠퇴와 타락(Decline and Fall)》에서 옥스퍼드 대학의 동아리인 벌링던 클럽을 '볼랑제 클럽'이란 별칭으로 불렀다. 그보다 한참 뒤에도 금요일 밤이면 런던 금융가의 딜러들이나 슬론 레인저(영국 런던 서부의 부촌 슬론 스퀘어 주위에서 볼 법한 상류층 젊은이들을 일컫는 표현—옮긴이) 사이에서 "볼리를 꺼내와!"라고 외치는 소리가 들리곤 했다. 이쯤 되면 볼랑제가 19세기의 영국 귀족 볼린저 경이 유럽 대륙 일주 중에 프랑스에 들러 고향의 친구들에게 줄 샴페인을 생산하기 위해 설립한 샴페인 하우스는 아닐까 하는 의문이 들 법도 하다. 분명 볼랑제는 2차 세계대전 전까지 매출의 85%를 영국에서 달성했을 정도로 영국인들의 취향에 잘 맞는 샴페인을 만들어왔다. 그러나 사실 볼랑제의 뿌리는 영국 왕실과 마찬가지로 독일이다.

독일 뷔르템베르크에서 태어난 조제프 볼랑제(독일어 발음으로 요제프 볼링거—옮긴이)는 현지인인 폴 조제프 흐노당과 함께 아이의 귀족 가문인 드 빌레르몽의 영업사원으로 채용되었다. 드 빌레르몽 가문은 15세기부터 아이에 살았고, 아이와 퀴(Cuis) 지방에 11헥타르 면적의 포도원을 소유했지만, 자기 가문의 이름이 술병에 사용되는 것을 상스러운 일이라 생각했는지 원하지 않았다. 대신 흐노당과 볼랑제의 이름을 따서 1829년에 흐노당 볼랑제라는 이름의 샴페인 하우스를 설립했다.

아타나스 드 빌레르몽 역시 동업자였지만 3년 후에 세상을 떠났다. 조제프는 지체 없이 기존 포도원의 확장에 나섰고 베르즈네(Verzenay)에 세 번째 포도원을 사들였다. 결정적으로 그는 1837년에 드 빌레르몽의 딸 루이즈 샬로트와 결혼했다. 그 후 1854년에 흐노당이 후계자를 남기지 않고 세상을 떠났다(물론 그의 이름은 한 세기 넘게 레이블에 표기되었다). 그러면서 조제프와 루이즈 샬로트가 모든 책임을 떠맡았으며 두 사람의 후손이 오늘날까

▲ 1890년대의 볼랑제 샴페인 명함. 영국의 빅토리아 여왕과 에드워드 왕세자로부터 왕실 납품업체로 인증받았음을 자랑스레 내세우고 있다.

◀ 아이에 있는 볼랑제의 위풍당당한 본사 건물. 이곳은 기성 샴페인업계의 기념비이자 일류 샴페인 브랜드의 상징물이다.

▼ 1985년에 개봉된 〈007 뷰 투 어 킬〉에서 제임스 본드(로저 무어)가 본드걸 스테이시 서튼(타냐 로버츠)에게 볼랑제 한 잔을 따라주는 모습이다.

지 회사를 소유하고 있다. 가족 주주를 감독하고 기업 사냥꾼들을 저지하는 일이 쉬울 리 없었다. 그러나 165헥타르나 되는 포도원을 소유하고 그중 85%가 특급과 1등급 포도원으로 인정받았다는 사실은 어려운 시기에 든든한 완충 장치 역할을 했을 것이다.

어쨌든 볼랑제는 자사 홈페이지에도 "해외 다국적 기업의 인수합병이 이루어진 적도 없고, 포도에 대한 지식이 없는 대표 주주가 존재하지도 않는다. 볼랑제는 샹파뉴 지역의 마지막으로 남은 가족경영 하우스 중 하나다"라고 명시하고 있듯이 가족 소유권을 매우 중요한 요소로 여긴다.

1850년에 볼랑제는 런던 지점을 열었고, 이는 나중에 와인 수입회사인 멘첸도르프(Mentzendorff)에 흡수되었다. 그로부터 40년도 지나지 않아 다시 볼랑제의 소유가 된 멘첸도르프는 볼랑제의 거의 모든 매출을 책임졌다. 구체적으로는 볼랑제 매출의 89%가 영국 국내에서, 7%가 영국의 해외 식민지에서 이루어졌다. 빅토리아 여왕과 에드워드 7세 시대의 영국 사냥 모임에서는 볼랑제를 '더 보이'라 불렀는데, 젊은 청년이 망아지에 볼랑제를 싣고 사냥꾼들을 따라다니면서 그들이 사냥하는 도중에 갈증을 느낄 때마다 샴페인을 건네주던 풍습에서 유래한 별칭이다. 그러나 현재 영국이 볼랑제의 매출에서 차지하는 비중은 10분의 1에 불과하다.

1911년에 볼랑제는 영국을 대상으로 스페셜 퀴베(Special Cuvée, SV)를 출시했고 스페셜 퀴베의 완숙하고 풍부하면서도 달지 않은 특성은 볼랑제의 스타일을 상징하게 되었다. 오늘날 스페셜 퀴베는 피노 누아 60%, 피노 뫼니에 15%, 샤르도네 25%로 만들어지며, 통에서 숙성된 와인이 절반 이상 배합되어 은은한 오크향의 여운을 풍긴다. 스페셜 퀴베는 최소 3년 동안 효모 앙금 위에서 숙성되며, 최대 15년이 된 리저브 와인(오랫동안 숙성한 고품질 와인—옮긴이)이 10% 정도 배합된다.

조제프의 증손자 자크 볼랑제가 2차 세계대전 당시에 세상을 떠나자 스코틀랜드 출신인 그의 아내 릴리가 지휘권을 이어받았다. 뵈브 클리코처럼 강인한 여성 가장이었던 릴리는 사업을 되살리는 데 성공했고, 1961년에는 혁신적인 볼랑제 알디(Bollinger RD, '출시 직전 데고르주망'이 된 샴페인)를 선보였다. 빈티지 샴페인인 볼랑제 알디는 10년 동안 효모 앙금 위에서 숙성될 때의 풍미가 어떠한지를 선사했다.

그 후 릴리의 조카 크리스티앙 비조가 〈007 제임스 본드〉 영화 시리즈의 제작자인 커비 브로콜리와의 계약을 중재한 덕분에 볼랑제는 007 영화와 제휴해 매우 유익한 관계를 맺었다. 그러다가 영국의 시트콤 〈앱솔루틀리 패뷸러스〉가 큰 인기를 끌면서 볼랑제가 다시 한번 주목을 받기에 이르렀다. 시트콤의 주인공이며 알코올 의존증인 팻시 스톤(조애너 럼리)은 '볼리'와 '스톨리(보드카)'로 된 칵테일을 주식으로 삼는다. 팻시가 혀가 꼬부라진 소리로 "방금 나를 문 모기는 베티 포드 클리닉(알코올 의존증 환자를 위한 재활 병원—옮긴이)에 입원했을 거야"라고 말하는 장면도 나온다. 브랜드 이미지가 엉망이 되었다는 우려도 있었지만 "유명세는 무조건 유리하다"는 말을 입증이라도 하듯이 볼랑제의 매출은 계속해서 증가했다.

## TASTING NOTES

**볼랑제 스페셜 퀴베 브뤼 NV**
**Bollinger Special Cuvée NV**

1911년에 출시되어 여전히 건재한 제품으로, 볼랑제 매출의 90%를 차지한다. 피노 누아의 함량이 높으며 오크통에서 발효된 와인이 절반 이상 배합되었다. 스페셜 퀴베는 입에 넣었을 때 절제되고도 복잡 미묘하며 갈수록 부드러워지는 풍미를 선사하는 데다 해가 지날수록 토스트 향을 풍긴다. 마시는 순간 입안에서 선명한 붉은 과일의 향과 톡 쏘는 감귤류 껍질의 향이 느껴진다. 일반적인 논빈티지 브뤼 샴페인 중에서 가장 단단하고 복잡한 샴페인으로 꼽힌다.

**볼랑제 그랑드 아네 2005**
**Bollinger Grande Année 2005**

2005년 여름은 폭염이 이어지고 폭우가 쏟아진 탓에 포도 재배에 어려움이 따랐던 시기며, 이때 자란 포도는 익은 상태로 수확되는 일이 많았다. 그 결과 2005년에 수확된 포도로 만든 와인은 빨리 숙성되었다. 볼랑제는 이러한 조건을 최대한도로 활용해, 검붉은 체리와 열대 과일의 풍미가 산뜻하고 미네랄감을 풍기는 뒷맛과 조화를 이룬 단단하고 구조감이 좋은 샴페인을 만들어냈다. 도자주가 리터당 6그램으로 스페셜 퀴베보다 약간 더 쌉쌀하다.

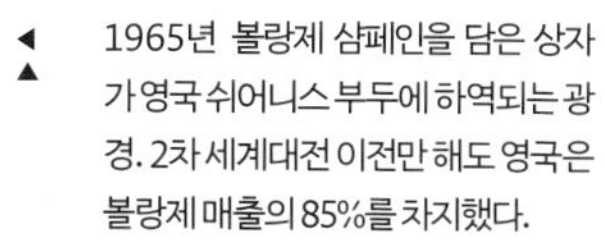

◀▲ 1965년 볼랑제 샴페인을 담은 상자가 영국 쉬어니스 부두에 하역되는 광경. 2차 세계대전 이전만 해도 영국은 볼랑제 매출의 85%를 차지했다.

◀ 릴리 볼랑제가 가족이 소유한 포도원에서 자전거를 타는 모습. 그녀는 남편이 세상을 떠나자 1941년에 사업을 이어받았고, 해외에서 볼랑제 브랜드를 확장하고 홍보하는 일에 매우 중요한 역할을 담당했다.

# DOM PÉRIGNON 돔 페리뇽

## HAUTVILLERS 오트빌레

부유한 샴페인 애호가들이 작은 목소리로 '돔'이라고 할 때는 그 유명한 베네딕트 수도사가 아니라 그의 이름이 붙은 샴페인을 언급하는 것이다. 1930년대에 탄생한 돔 페리뇽은 오랫동안 모엣 샹동의 최고급 브랜드였지만 최근 수십 년 동안에는 독자적인 정체성을 확립해왔다.

돔 페리뇽의 홈페이지에는 "오트빌레 수도원, 샴페인의 탄생지"라는 문구가 진한 대문자로 표시되어 있다.

---

"이곳은 돔 피에르 페리뇽이
비교 대상이 없을 정도로 명성을 지닌
와인 만드는 기술을 창조하고
완벽하게 가다듬기 위해
생애의 47년을 할애한 장소다."

---

여기에서 '기술'이란 단어에 주목해야 한다. 분명 그는 오늘날의 샴페인을 창조한 인물이 아니기 때문이다.

돔 페리뇽은 샹파뉴 지역의 와인 생산 기술을 전례 없이 완벽한 수준으로 끌어올렸다. 정밀한 포도 재배 기술을 개발해 포도의 품질을 개선하기도 했다. 다양한 포도원의 포도로 블렌딩하는 기술을 활용했다. 게다가 적포도에서 화이트 와인을 얻기 위해 포도를 조금씩 부드럽게 압착하는 기법을 도입했다. 돔 페리뇽의 신화는 그가 세상을 떠난 1715년으로부터 한참 지난 후에 창조되었다. 돔 페리뇽이란 이름이 반짝 뜬 때는 1820년대에 피에르 가브리엘 샹동이 아델라이드 모에와 결혼한 직후에 오트빌레의 포도원과 허물어져가는 수도원을 인수한 시기였다. 그러나 그 이름이 정말로 유명해진 때는 1932년이다. 대공황기 동안에 샴페인 매출이 부진해지면서 샹파뉴 지역 사람들은 돔 페리뇽 수도사의 위대한 '발명' 250주년을 축하하기로 결정했다. 순전히 제멋대로 정한 연도였지만 그 덕분에 수요 촉진이라는 목표를 달성했다.

같은 해에 샴페인 하우스 조합 회의에서 로런스 벤이라는 홍보 담당자는 진정한 명품 브랜드를 설립해야 한다고 주장했다. 당시 세계 경제의 상태를 감안할 때 그의 말은 마리 앙투아네트가 했다고 와전된 "빵이 없으면 케이크를 먹으면 되지"처럼 정신 나간 발언으로 치부되었고, 그대로 묻혀 버렸다. 그러나 벤의 제안은 모엣 샹동의 신임 영업이사 자격으로 회의에 참석한 로베르 장 드 보귀에의 주의를 끌었다. 보귀에는 벤을 저녁 식사에 초대했고 돔 페리뇽 브랜드를 창조할 계획을 세웠다.

돔 페리뇽 샴페인은 인상적인 방패 문양의 레이블을 부착한 18세기 풍의 병에 담겨 1935년 런던에서 출시되었다. 출시된 샴페인은 돔 페리뇽의 생일이 아니라, 모엣 샹동의 첫 해외 대리점인 사이먼 브라더스의 100주년을 기념하는 퀴베 상트네르(Cuvée Centenaire)였다. 사이먼 브라더스는 가장 중요한 고객 100명에게 선물할 특별한 샴페인을 원했다.

퀴베 상트네르는 1926년 빈티지로 생산되었는데, 흥미로운 점은 이 샴페인에 돔 페리뇽이라는 이름이 붙어 있지 않았다는 사실이다. 돔 페리뇽 샴페인이 출시되었다는 입소문은 미국으로 전파되었고, 이듬해에 100상자만 담은 선적물이 프랑스의 호화 여객선 노르망디 호에 실려 뉴욕으로 운송되었다. 이때 운송된 샴페인은 더 오래되고 등급이 높은 1921년 빈티지였으며, 돔 페리뇽이라는 이름이 붙어 있었다. 돔 페리뇽 샴페인이 뉴욕에서 어떠한 반응을 이끌어냈는지는 굳이 말할 필요도 없을 것이다.

▲ 오트빌레의 생 피에르 수도원. 돔 페리뇽은 1668년 이곳의 지하창고 책임자로 임명되었다. 그는 50년 가까이 이곳에 머무르면서 비발포성 와인의 품질을 끌어올렸다.

◀ ▲ 수없이 촬영된 돔 페리뇽의 석상. 자신의 위대한 '발명품'인 거품이 일어나는 술병을 움켜쥔 모습으로, 에페르네 모엣 샹동 본사 야외에 있다.

크리스탈을 내놓은 루이 로드레라면 돔 페리뇽이 최초의 고급 퀴베 샴페인이라는 말에 동의하지 않을지도 모른다. 그러나 돔 페리뇽은 다른 샴페인 하우스들이 어떻게든 모방하고 싶어하는 샴페인이다. 크루그의 그랑드 퀴베나 테탱제의 콩트 드 샹파뉴(Comtes de Champagne)와는 달리 돔 페리뇽은 항상 빈티지 샴페인으로만 나온다. 현재 얼마만큼의 물량이 생산되고 있는지는 철저히 기밀에 부쳐졌으며, 생산 물량 추정치도 연간 350만 병에서 800만 병 사이로 불분명하다. 돔 페리뇽의 원료가 되는 포도는 대부분 모엣 샹동이 소유한 포도원에서 조달되며 샤르도네와 피노 누아가 거의 동량으로 사용된다. 샤르도네는 아비즈와 크라망 등의 그랑 크뤼 마을에서, 피노 누아는 아이, 앙보네, 부지에 있는 그랑 크뤼 마을에서 수확된다. 대략 21개 마을이 돔 페리뇽의 생산에 기여하고 있는 셈이다.

1971년 돔 페리뇽은 1959년 빈티지를 필두로 한 로제 샴페인을 추가로 출시했다. 이를 처음으로 맛본 이들은 이란 국왕의 초대를 받아 페르시아제국 건설 2,500주년을 축하하는 파티에 모인 세계 각국의 지도자들이었다. 페르세폴리스에서 열린 축하 파티에는 1억 달러가 넘는 비용이 들었다고 한다. 현재 돔 페리뇽 로제가 총매출에서 차지하는 비중은 크지 않으며, 일반적으로 주요 빈티지보다 두 배는 더 되는 가격에 판매되고 있다.

원래 돔 페리뇽은 5년에 두 번 정도만 제품을 출시했지만, 1997년부터는 2001년을 제외하고 매년 내놓고 있다. 오랫동안 돔 페리뇽의 양조 책임자를 지낸 리샤르 조프루아는 흉작인 해에는 극히 소량만 출시한다 하더라도 매년 샴페인을 출시하고 싶다고 말한다. 이는 분명 많은 노력이 필요한 일이다. 수확 연도 각각의 고유한 특징을 포착하는 데는 위험 요소가 수반되며, 매년 새롭게 창조하고 새로운 면모를 전달하려는 헌신이 필요하다.

## TASTING NOTES

**돔 페리뇽 2006**
**Dom Pérignon 2006**

2006년은 평범한 수확 연도로 간주되며 대체로 오랜 숙성이 어울리지 않는 와인이 생산되었다. 그러나 돔 페리뇽 2006년 빈티지는 그보다 훨씬 더 장점이 많은 샴페인으로, 상큼한 붉은 과일과 구스베리 같은 과일향 그리고 섬세한 거품이 특징이다. 언뜻 긴장감이 느껴지면서도 입안에서 풍성하게 올라오는 돔 페리뇽 2006년 빈티지는 추가로 몇 년 동안의 병 숙성을 거친 후에 한층 더 훌륭한 풍미를 자아낸다.

**돔 페리뇽 P2 1998**
**Dom Pérignon P2 1998**

P2는 돔 페리뇽이 해당 수확 연도에 두 번째로 출시하는 샴페인을 가리킨다. 훨씬 더 오랜 기간 효모 앙금 위에서 숙성되며 도자주 농도가 약간 더 낮다. 그 결과물은 오래 숙성된 샴페인 특유의 빵과 효모 풍미를 선호하는 사람들에게 즐거움을 선사한다. 그들이 원하는 만큼의 브리오슈와 쇼트브레드 향을 가득 풍기는 샴페인이다. 게다가 마지팬(케이크 장식이나 과자로 사용되는 아몬드 반죽—옮긴이)과 헤이즐넛의 풍미가 느껴지는 동시에, 활기찬 레몬 풍미의 산뜻함이 올라온다.

◀▲ 돔 페리뇽 샴페인의 연간 생산량 추정치는 350만 병에서 800만 병으로 오락가락하지만, 실제 수치는 철저한 기밀에 부쳐져 있다.

◀ 돔 페리뇽의 양조 책임자로 높은 평가를 받아온 리샤르 조프루아. 가능한 한 매년 돔 페리뇽 로제를 생산하는 것이 그의 바람이다.

• 돔 페리뇽 포도원, 오트빌레 마을,
그 주변 농지를 담은 파노라마 사진.

# GOSSET 고세

## AŸ 아이

**고세는 16세기부터 아이 마을에서 와인을 만들어왔다. 영국산 유리로 만든 튼튼한 술병이 출현하기 전까지는 비발포성 와인만 생산한 것으로 추정된다. 그러나 430년 이상 지난 현재, 고세는 규모는 작지만 훌륭한 샴페인 하우스로서 새로운 소유자 아래에서 여전히 탄탄하게 운영되고 있다.**

돔 페리뇽의 할머니조차 태어나지 않았을 1584년에 피에르 고세는 아이 마을에서 와인 사업을 시작했다. 마을은 훗날 페리뇽이 머물게 된 수도원에서 지척에 있었으며, 그 당시에는 오트빌레보다 훨씬 더 명성이 높은 와인 생산지였다. 프랑스 국왕 프랑수아 1세와 영국 국왕 헨리 8세 모두 아이 마을에 와인 저장고를 소유하기도 했다. 실제로 프랑수아 1세는 자신이 프랑스 국왕일 뿐 아니라 아이와 고네스(밀가루로 유명한 마을)의 국왕이라 선언하기도 했다.

그렇다면 뤼나르가 그보다 145년 후인 1729년에 설립되고도 '최초의 샴페인 하우스'라는 영예를 누리는 까닭은 무엇일까? 굳이 따지자면, 용어 정의의 문제로 귀결된다. 고세는 최초의 '와인 하우스'라는 타이틀만 내세우고 있으며, 이들이 초기에 발포성 와인으로 전환했다는 증거가 새로 발견되지 않는 한 과거 고세가 생산한 와인은 전적으로 비발포성 와인이었다고 추정된다. 그렇다고 뤼나르가 처음부터 발포성 와인을 생산했다는 것을 입증할 수는 없다. 그러나 고세의 대표인 장 피에르 쿠앵트로에 따르면, "두 샴페인 하우스 간에 매우 명확한 합의가 있었다"고 한다. 그리고 양측 모두가 그러한 합의를 준수하고 있다.



19세기 이전의 샴페인 하우스들은 비발포성 와인에서 발포성 와인으로 전환한 시점을 굳이 기록해두지 않았다. 기록이 있었다 해도 오래전에 사라졌을 것이다. 형제자매 간의 분할상속을 명시한 프랑스 나폴레옹 법전을 감안할 때 고세 가문이 무려 1994년까지도 직접 사업을 운영했다는 사실은 놀랍기만 하다.

그때까지 고세를 지탱한 사람은 에티엔 고세였다. 에티엔의 아버지는 자신이 동업자였던 로샤 향수의 매각 대금으로 고세의 지배권을 사들였다. 그러나 피에르 고세 이후로 16세대를 거치는 동안 고세의 포도밭 지분은 수많은 친척에게 분산되었다. 고세는 1970년대에 최상급 포도밭의 일부를 크루그에 매각한 결과, 1980년대 중반에는 고작 10헥타르의 포도밭만 소유하고 있었고 생산량은 25만 병에 불과했다.

고세가 현재의 소유주인 르노 쿠앵트로 그룹에 매각된 1994년에는 1헥타르의 포도밭만 남아 있었다. 장 피에르 쿠앵트로는 "물론 포도밭을 소유해야 재정적으로는 더 유리하다"면서도 "그러나 샴페인은 다양한 지역의 다양한 와인이 배합된 술이며, 우리에게는 140명의 협력 재배자가 있다. 그중에는 고세에 3대째 포도를 공급해온 가족도 있다. 이처럼 포도밭을 소유하지 않을 때의 장점은 다채로운 샴페인을 얻을 수 있으며 본격적으로 원하는 블렌드를 창조할 수 있다는 점이다"라고 말한다.

▲ 고세는 그 역사가 1584년으로 거슬러 올라가며, '샹파뉴 지역에서 가장 오래된 와인 하우스'라는 타이틀을 지니고 있지만 엄밀히 말해 '가장 오래된 샴페인 하우스'는 아니다. 그 타이틀은 145년 후에 설립된 뤼나르의 것이다.

◀ 고세의 아이 사무소. 아이는 프랑수아 1세와 헨리 8세가 와인 저장고를 두었던 곳이다. 두 국왕 모두 1547년에 세상을 떠났는데, 그로부터 37년 후에 피에르 고세가 아이 마을에서 가족과 함께 와인 사업을 시작했다.

쿠앵트로 가문은 프라팡 코냑(Frapin Cognac)을 소유하고 있으며, 샹파뉴 지역의 토박이는 아니지만 에티엔 고세 시절부터 이어진 핵심 요소를 그대로 유지했다. 그 요소는 바로 고세의 양조 책임자 장 피에르 마레니에였다. 지금은 고인이 된 마레니에는 아이의 토박이였으며, 27세이던 1983년에 고세에 입사한 후 거의 일평생을 그곳에서 보냈다. 그에 앞서 그의 아버지는 고세 포도원의 관리자였다. 누구의 말을 들어보더라도 마레니에는 모든 포도 재배자와 서로 이름을 부를 정도로 가까운 사이였다. 과거에 고세를 영국으로 수입했던 피터 맥킨리는 2016년 마레니에가 세상을 떠났을 때 "그는 최상급 포도와 최상급 과즙을 선별할 줄 알았고, 최상급 포도를 재배하는 사람이 누구인지 꿰고 있었다"면서 "마레니에가 가족의 기억과 회사의 기억에만 남게 되었다는 사실은 고세 샴페인 입장에서 매우 안타까운 일이다"라고 지적했다.

마레니에는 타의 추종을 불허하는 인물이었지만, 2017년에 은퇴할 계획이었으며 주위에 훌륭한 팀원들을 두고 있었다. 고세는 여전히 소규모 샴페인 하우스지만 연간 생산량은 110만 병 정도로 증가했다. 2009년 이후, 로랑 페리에로부터 에페르네의 폴 로제 바로 옆에 있는 양조장과 지하 저장고를 사들임에 따라 향후에 성장할 여지는 더 클 것으로 보인다.

결과적으로 이제 고세는 충분한 공간을 갖추었고, 자사의 최상급 샴페인을 원하는 만큼 충분한 시간 동안 효모 앙금 위에서 숙성시킬 수 있게 되었다. 생산량의 40%는 높은 등급의 그랑드 레제르브(Grande Reserve)이며 다른 고세 샴페인과 마찬가지로 가운데가 볼록하고 목이 홀쭉한 18세기 풍의 술병에 담겨 판매된다.

## TASTING NOTES

### 고세 그랑드 레제르브 브뤼 NV
### Gosset Grande Réserve Brut NV

고세에는 좀 더 저렴한 '브뤼 엑셀랑스(Brut Excellence)'도 있지만 약간 무리하더라도 평이 좋은 그랑드 레제르브를 택하는 것을 추천한다. 모든 샴페인 하우스가 우아하고 섬세한 풍미를 자랑하지만, 특히 고세의 샴페인은 극도로 우아하고 섬세해 은은한 향신료 향과 다이제스티브 비스킷의 희미한 여운을 풍긴다.

### 고세 그랑드 밀레짐 2006
### Gosset Grande Millésime 2006

이 샴페인은 포도는 건강하고 잘 익은 상태로 수확되었지만 산도가 비교적 낮아 2016년부터 훌륭한 풍미를 냈다. 기분 좋게 매끈하고 부드러운 질감이 생생하고 산뜻한 과일 향과 조화를 이룬다. 특히 레몬 껍질과 풋사과의 향에 이어 말린 향신료 향이 여운을 남긴다.

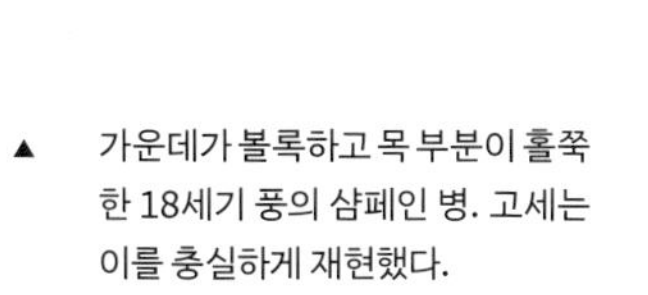

▲ 가운데가 볼록하고 목 부분이 홀쭉한 18세기 풍의 샴페인 병. 고세는 이를 충실하게 재현했다.

◀ 고세 샴페인 하우스는 현재 연간 110만 병 정도를 생산한다. 그중 40%는 높은 등급의 그랑드 레제르브다.

▼ 피에르 고세는 아이의 부시장을 지내기도 했으며, 1584년에 와인 회사를 설립했다. 그러나 이 회사는 18세기에 들어서야 샴페인을 생산했다.

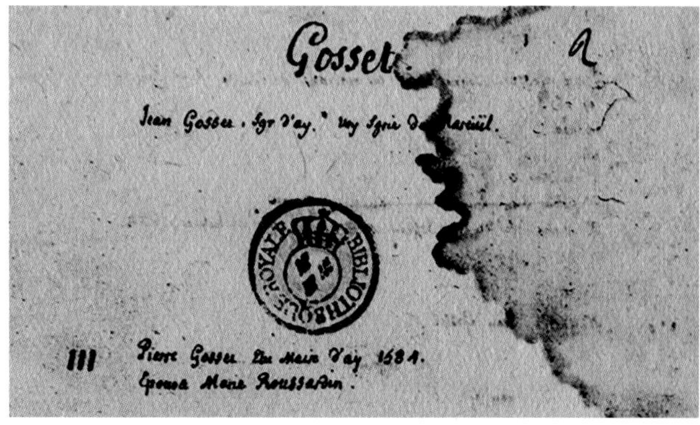

# HENRIOT 앙리오

## REIMS 랭스

**앙리오의 설립자 아폴린 고디노는 클리코 부인처럼 19세기 초 샹파뉴 지역의 전형적인 과부였다. 앙리오는 뵈브 클리코처럼 매우 유명한 샴페인 하우스는 아니지만, 여전히 가족의 손으로 운영되며 역동적인 양조 책임자들 덕분에 좋은 평판을 쌓아가고 있다.**

1794년 아폴린은 랭스의 유서 깊은 포목상 가문 출신인 니콜라 앙리오와 결혼할 때 몽타뉴 드 랭스 지역에 있는 자기 소유의 포도밭을 지참금 명목으로 가져왔다. 그녀는 남편이 세상을 떠난 1808년에 결혼할 때 가져온 포도밭을 바탕으로 뵈브 앙리오 에네(Veuve Henriot Ainé)라는 샴페인 하우스를 설립했다. 그 이후 앙리오는 내내 가족이 경영하는 회사로 유지되었다. 다만 1851년에 아폴린의 손주 에르네스트 앙리오가 사촌 찰스 하이직의 샴페인 하우스를 돕기 위해 잠시 가족의 사업에서 손을 뗐던 적이 있다. 그러나 그는 하이직의 회사에서 일하다가 1875년에 다시 앙리오로 돌아와 사업에 관여했다. 그 당시 앙리오는 이미 네덜란드 왕궁에 샴페인을 납품하고 있었으며, 사양길에 접어든 합스부르크 왕가에도 납품하기 시작했다. 그로부터 한 세기 후, 앙리오와 하이직의 유대 관계를 완전히 굳힌 사람은 조제프 앙리오였다. 그는 찰스 하이직을 인수했다가 1985년에 레미 마르탱(Rémy Martin)에 매각했다.

조제프는 거래에 도가 튼 사람이었고 그 능력은 샴페인 분야에만 국한되지 않았다. 그는 찰스 하이직을 흡수하고 나서 앙리오 소유의 포도밭 전부를 LVMH에 매각했다. 명품 대기업 LVMH는 뵈브 클리코의 지분 11%를 제공하는 대가로 125헥타르의 토지를 얻었고, 그중에는 코트 데 블랑의 값나가는 포도원들도 포함되어 있었다. 개인 주주로서 최대 지분을 확보한 조제프는 뵈브 클리코의 수장이 되었고, 뵈브 클리코를 세계적인 브랜드로 키워냈다. 그리고 1994년, 그는 LVMH를 떠나 한동안 방치되다시피 한 앙리오를 재건하는 일에 주력했다.

조제프는 1년 후 네고시앙인 부샤르 페르 에 피스(Bouchard Père et Fils)를 인수해 부르고뉴 지역으로 와인 제국을 확장했고, 더 나아가 샤블리 지역의 양조장인 윌리엄 페브르(William Fevre)도 손에 넣었다. 그러면서 1999년에 아들 스타니슬라스 앙리오에게 샴페인 사업을 맡겼다. 2015년 조제프는 세상을 떠났고, 현재는 조카인 질 드 라루지에르가 앙리오 샴페인 하우

▲ 앙리오는 자부심이 강한 샴페인 하우스라면 으레 그러하듯이 자사 소유의 포도원을 석재 비석으로 표시해놓았다.

◀ 랭스 지표면의 18미터 아래에 있는 앙리오의 지하 저장고는 11°C 라는 서늘한 온도를 지속적으로 유지한다.

## TASTING NOTES

**앙리오 NV 블랑 드 블랑**
**Henriot NV Blanc De Blancs**

코트 데 블랑의 포도를 주로 사용한 블랑 드 블랑은 산뜻하고 생생한 레몬 향을 특징으로 하는 샴페인이며, 인동덩굴 같은 흰색 꽃의 향도 희미하게 풍긴다. 일반적인 블랑 드 블랑에 비해 깊이와 질감이 두드러지는 샴페인다.

**앙리오 퀴베 에메라 2005**
**Henriot Cuvée Hemera 2005**

앙리오가 최근에 내놓은 최상급 퀴베로, 코트 데 블랑과 몽타뉴 드 랭스의 그랑 크뤼 마을 여섯 곳에서 재배한 샤르도네와 피노 누아를 동량 블렌딩한 샴페인이다. 효모 앙금 위에서 8년 동안 숙성된 끝에 견과류와 꿀 향에 호화로움마저 풍기며 톡 쏘는 감귤류 향이 느껴진다.

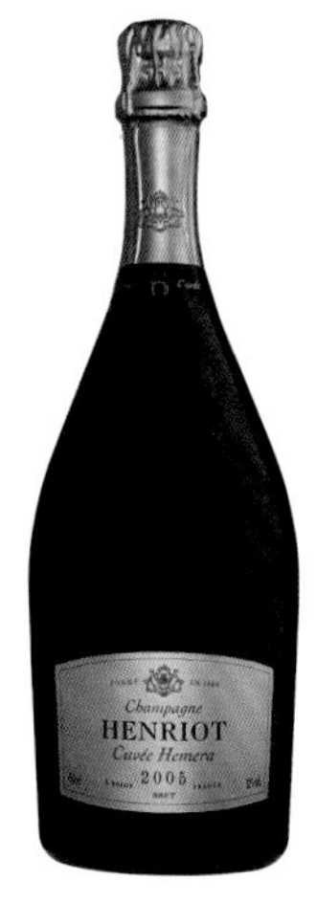


스와 와인 부문의 최고경영자로 일하고 있다. 앙리오는 LVMH와의 거래 이후로 코트 데 블랑 지역 그랑 크뤼 마을의 소유권을 모두 상실했고, 현재는 불과 35헥타르만을 소유하고 있다. 그중에는 슈이(Chouilly)의 샤르도네 그랑 크뤼 마을 12곳과 아이, 마뢰이 쉬르 아이, 아브네의 마을 12곳이 있다. 경영진에 여러 차례 변화가 있었고 수출 시장 개척에 초점을 맞췄음에도 앙리오 샴페인이 방치되지 않은 까닭은 양조 책임자인 로랑 프레네 덕분이다. 업계에서 높은 평가를 받고 있는 프레네는 현지 재배자의 아들이며, 신세계(미국, 호주, 뉴질랜드, 남아공 등 와인 생산의 역사가 비교적 짧은 지역을 가리킴—옮긴이)에서 와인 양조에 관여한 경험이 있다. 2006년, 그가 양조 책임자 역할을 맡았을 때 중점을 둔 일은 앙리오의 스타일을 가다듬는 것이었다. 그는 "우리가 바꾼 샴페인은 미네랄감과 과실 향이 한층 더 두드러지고 좀 더 우아한 샴페인이 될 것"이라고 말했다.

그러한 변화의 결과는 2010년에 출시된 앙리오 NV를 통해 드러나기 시작했다. 현재 앙리오 NV는 앙리오의 총생산량인 150만 병 중 95%를 차지한다. 특히 해마다 정성 들여 생산되는 주력상품 블랑 드 블랑에서 프레네가 말한 특징이 두드러진다. 포도의 70%는 특징적인 테루아르를 지닌 외부 포도밭에서 조달된다. 그러한 포도가 한데 모이면 프레네는 요리사처럼 이를 재료로 마법을 부린다. 프레네는 "내가 블렌딩하는 것은 와인이 아니라 포도"라면서 "블렌딩은 여름철의 포도원에서 시작되는데 여러 마을의 포도를 맛보고 마을 간의 균형을 찾으려고 노력한다"고 설명한다.

그러나 프레네의 견해에 따르면 앙리오를 다른 샴페인 하우스와 차별화하는 요소는 리저브 와인이라는 보물 상자다. 리저브 와인은 특정 연도의 기저 와인에 미세한 변화를 주기 위해 사용하며, 포도원과 수확 연도별로 분류되어 스테인리스스틸 탱크에 보관된다. 규모가 큰 기업형 샴페인 하우스라면 그처럼 수고가 많이 드는 작업의 비용을 정당화하기가 쉽지 않겠지만, 앙리오는 가족이 소유하고 있기 때문에 그럴 필요가 없다. 프레네에 따르면 앙리오의 회계부서는 그가 매년 최상급 포도에 지출하는 비용을 예산으로 제한해놓지 않는다고 한다.

가장 기본적인 브뤼 수브랭 NV(Brut Souverain NV)은 샤르도네와 피노 누아를 절반씩 사용하며 에메라(Hemera) 등의 다양한 빈티지를 블렌딩한 샴페인이다. 그보다 상위급으로는 그 유명한 퀴베 38(Cuvée 38)이 있다. 조제프가 1990년에 출시한 샴페인이며 코트 데 블랑의 그랑 크뤼 마을인 오제, 메닐 쉬르 오제, 슈이, 아비즈의 기저 와인을 사용한다. 이러한 기저 와인은 헬리콥터 467대가 들어가는 크기의 초대형 스테인리스스틸 탱크에서 블렌딩된다. 앙리오는 매년 보관 중인 와인의 15%를 새로운 와인으로 대체하며 묵은 와인 15%를 덜어내 리저브 와인으로 비축한다. 리저브 와인 중 일부는 평균 18년의 숙성 기간을 자랑하는 퀴베 38로 병입된다.

◀ ▲ 앙리오의 브뤼 수브랭 NV에 들어가게 될 샤르도네 포도나무가 익어가는 모습.

◀ 앙리오의 양조 책임자로 유명한 로랑 프레네.

# JACQUESSON 자크송

## DIZY 디지

**자크송은 18세기 후반에 기원한 곳임에도 품질을 추구하기 위해 매출을 줄인 시케 형제 덕분에 현대적인 샴페인 하우스의 모습으로 재탄생했다. 시케 형제의 독자적인 접근법은 브랜드 성장을 목표로 움직이는 '샴페인 대기업'의 세계에서 유달리 두드러진다.**

"전형적인 소규모 샴페인 하우스인 이곳을 지난 30년 동안 동생과 내가 재배자가 운영하는 형태의 사업체로 탈바꿈시켰다."

장 에르베 시케의 부친은 1978년에 자크송을 인수했다. 그리고 1988년, 장 에르베와 로랑 시케가 경영권을 넘겨받으면서 모든 것은 바뀌기 시작했다. 장 에르베의 말처럼, 과거의 자크송과 현재의 자크송 사이에는 연결점이 없다.

1798년, 메미 자크송은 현재 샬롱 앙 샹파뉴로 불리는 곳에 자크송을 설립했으며, 자크송은 곧 나폴레옹이 선호하는 샴페인이 되었다. 메미의 아들 아돌프가 이곳을 운영하면서부터 매출이 뛰어올랐고, 1849년에는 이미 미국으로 수출되었던 것으로 보인다. 톰 스티븐슨의 저서 《샴페인과 발포성 와인 세계대백과》에 따르면, 1849년에 선원 전원이 골드러시에 합류하기 위해 무단이탈하는 바람에 수송된 샴페인이 샌프란시스코 항만에 버려졌다고 한다. 그로부터 30년 후에 진흙 속에서 꺼낸 자크송 샴페인은 "꽤 괜찮은 풍미"를 간직했고 "코르크를 열었을 때 약간의 거품을 냈다"고 한다.

자크송은 1867년에 100만 병이 넘는 매출을 기록하는 등 전성기를 누렸으나 아이러니하게도 그때부터 내리막길을 걸었다. 1978년에 매각되었을 당시에는 자사 소유의 15헥타르를 비롯한 45헥타르의 포도원에서 조달한 포도를 사용해 45만 병 정도의 매출을 내고 있었다. 회사는 아이 서쪽의 디지 마을로 이전했고, 10년이 지났을 때 시케 노인은 자신의 경영권을 두 아들에게 넘겨주었다. 장 에르베에 따르면 그의 아버지는 "매일 아침 같은 말을 되풀이하는 두 아들에게 진저리를 쳤다"고 한다.

장 에르베는 훌륭한 와인을 만들기 위해서는 세 가지 요소가 필요하다고 말한다. "우선 적절한 테루아르가 필요하지만 그건 순전히 적절한 장소에 태어나는 행운이 따라야 가능한 일이다. 열심히 일하는 것도 당연히 필요하다. 그러나 무엇보다도 적합하지 않은 것을 그대로 지니지 않는 태도가 가장 중요하다." 그 결과, 현재 자크송의 도멘(와인 생산자가 직접 재배하는 포도원—옮긴이)은 29헥타르로 확대되었지만 구매 계약 대상은 30헥타르에서 8헥타르로 줄어들었으며, 생산량은 25만 병으로 대폭 감소했다. 그는 일련의 과정을 설명하며, "남들 말대로 특이한 사업 모델이 맞다"고 덧붙였다. 더 나아가 그는 "37헥타르에서 고작 25만 병만 생산되는 것은 그리 적절치

▼◀ 장 에르베 시케(왼쪽)와 그의 동생 로랑.

▼ 시케 형제는 오크통 발효를 선호한다. 풍미를 더할 목적이 아니라 산소를 더하기 위해서다.

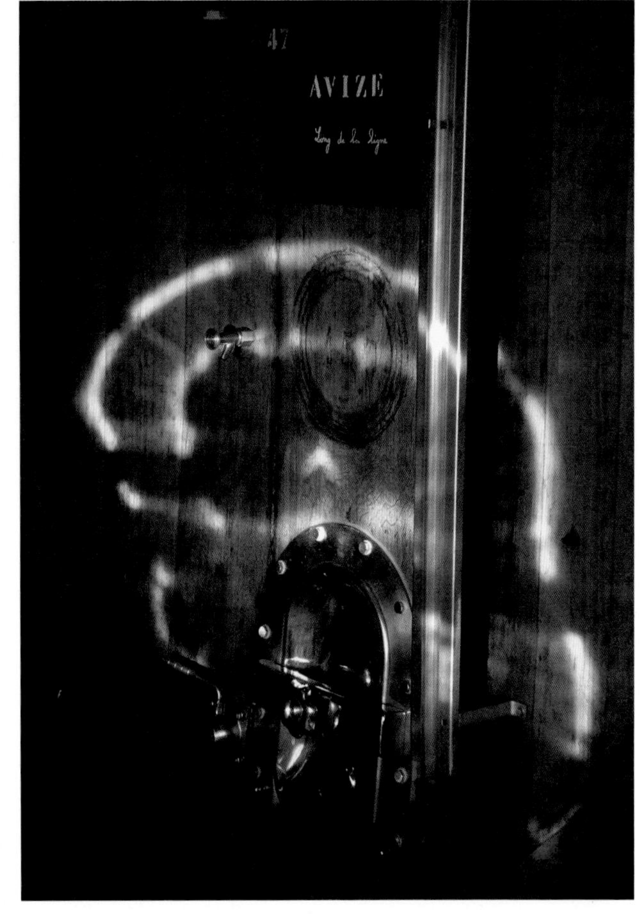

## TASTING NOTES

**샴페인 자크송**
**퀴베 741 엑스트라 브뤼**
**Champagne Jacquesson**
**Cuvée No. 741 Extra Brut**

퀴베 741은 2013년에 수확한 포도를 재료로 하며, 절반 남짓한 샤르도네와 동량의 피노 누아와 피노 뫼니에를 섞어 만든 블렌드 샴페인이다. 그 외에 풍부한 감귤류, 구스베리, 사과 같은 과일 향끼리의 균형을 잡고, 단단하고 산미 있는 여운을 완성하기 위해 리저브 와인을 5분의 1 정도 배합한다.

**자크송 퀴베 737**
**데고르주망 타르디프**
**Jacquesson Cuvée 737**
**Degorgement Tardif**

주로 2009년 빈티지로 구성된 샴페인이다. 7년 6개월 동안 효모 앙금 위에서 숙성된 끝에 흙냄새, 뭉개진 사과 향, 레몬 껍질 향 등의 특성을 띠게 되었으며, 이러한 특성은 기저의 우아하고 미네랄감이 가미된 산미를 보완한다. 그 같은 풍미와 질감의 조합은 멋진 효과를 낸다.

못한 상황"이라고 인정했다. 이는 일반적인 샴페인 하우스가 생산하는 물량의 70% 정도에 지나지 않는 수준이다. 포도원의 수확량이 줄어들었고 자크송은 두 번째 압착 과즙인 타이유를 사용하지 않기 때문이다. 시케 형제는 서서히 유기농법으로 전환 중이며, 장 에르베에 따르면 일종의 선순환으로 접어든 상태다. 포도나무가 전처럼 왕성하게 자라지는 않지만, 질병 저항성이 커져서 한층 더 지속가능해졌다는 이야기다. 물론 샹파뉴 지역에서 친환경 재배가 쉬운 일은 아니다. 가장 큰 문제는 2012년을 비롯해 여러 해 동안 농사에 타격을 준 포도노균병이다.

자크송의 포도원은 발레 드 라 마른과 코트 데 블랑에 자리 잡고 있으며, 그중 절반은 샤르도네, 30%는 피노 누아, 나머지는 갈수록 비중이 줄어들고 있는 피노 뫼니에에 할애한다. 자크송은 양조 과정에서 와인의 산화를 촉진하기 위해 오크통에서 와인 발효를 진행한다. 그러나 자크송에는 여느 샴페인 하우스와는 달리, 정해진 스타일이 없다. 시케 형제는 스스로를 샴페인 하우스의 소유주라기보다 재배자로 여기며, 자기들이 부여한 스타일에 얽매이는 것을 원치 않는다. 장 에르베는 "우리로서는 매년 똑같은 술을 만드는 것이 참을 수 없을 만큼 지루한 일"이라고 말한다.

이러한 철학은 퀴베 700번대 시리즈의 탄생으로 이어졌다. 이는 시케 형제의 유일무이한 블렌드 샴페인이다. 여기에는 일관성을 달성하기보다 복합성을 부여하기 위해 리저브 와인을 사용함으로써 해마다 최상급 블렌드를 창조하겠다는 생각이 깔려 있다. 한 예로 자크송은 2005년에 일부 퀴베 733 샴페인의 출시를 보류하고 나중에 데고르주망 타르디프(dégorgement tardif, 뒤늦은 데고르주망) 샴페인으로 출시한다는 결정을 내렸다. 그 이후로 그 같은 관행은 매년 이어지고 있다. 덕분에 동일한 블렌드로 효모 앙금 위에서 4년 동안 숙성된 샴페인과 9년 동안 숙성된 샴페인이 출시되어, 자크송 애호가들은 그 두 가지 버전을 비교하는 호사를 누릴 수 있다. 이 외에도 자크송은 빈티지 샴페인 등의 몇 가지 샴페인을 추가로 생산하고 있다. 현재 그들이 가장 주력하는 품목은 개성적이지 못한 일반 논빈티지 샴페인과는 차별화되는 퀴베다. 장 에르베는 "우리의 전략은 본질적으로 이기적"이라면서 자크송의 주력 고객에 대해 설명했다. "기본적으로 우리는 자크송의 가장 우수한 고객 두 명을 위해 샴페인을 만든다. 바로 로랑과 나다."

▲ 전통적인 수직형 압착기에서 1차 압착이 끝난 후 2차로 압착된 과즙(타이유)은 양조에 사용되지 않고 팔려 나간다.

▲ 효모 앙금 위에서의 오랜 숙성은 자크송 샴페인에 미묘하고 복합적인 특성을 불어넣는다.

# JOSEPH PERRIER 조제프 페리에

## CHÂLONS-EN-CHAMPAGNE 샬롱 앙 샹파뉴

**조제프 페리에는 여전히 가족 소유로 남아 있고 전통적인 일류 샴페인 하우스 중 하나로 꼽히지만, '다른 페리에'로 불리곤 한다. 그만큼 샹파뉴 지역에서는 페리에라는 이름이 흔하다. 조제프 페리에는 샬롱 앙 샹파뉴의 유일한 주요 샴페인 하우스로서 랭스와 에페르네 같은 샴페인 주요 산지의 동남쪽에 위치한다.**

조제프 페리에의 뿌리는 19세기 초반에 샬롱 쉬르 마른에서 와인을 판매했던 페리에 피스로 거슬러 올라간다. 페리에 가문의 일원인 피에르 니콜라 마리 페리에 주에는 에페르네로 옮겨가 샴페인 하우스를 설립했다. 14년 후인 1825년에 그의 조카 조제프 페리에가 샬롱 쉬르 마른에 샴페인 하우스를 설립했다. 샬롱 쉬르 마른은 유명한 샴페인 하우스 13곳이 자리 잡고 있었을 정도로 중요한 샴페인의 도시였다. 오늘날에는 그중에서 조제프 페리에만이 남아 있다.

1880년대에 조제프의 손자 가브리엘 페리에가 현지의 와인 판매상 폴 피투아에게 사업체를 매각했다. 현재는 그의 증손자인 장 클로드 푸르몽이 조제프 페리에를 운영하고 있다. 매각 후에도 이름이 계속 유지된 것은 조제프 페리에가 프랑스와 서인도제도에서 확고하게 자리 잡았고, 매각 당시에 인도와 영국에서도 널리 알려진 샴페인 하우스였기 때문이다. 그로부터 10년 만에 회사의 새 주인들은 영국의 빅토리아 여왕과 에드워드 왕세자를 고객으로 두게 되었다. 그 당시 조제프 페리에의 당도는 매우 높았을 것이다.



피투아는 자신의 별장이 있는 마른 강변의 퀴미에르(Cumières) 마을에서 9헥타르 면적의 포도원을 사들였고, 인근의 오트빌레와 다메리(Daméry)에도 그가 매입한 포도원이 여전히 가족의 소유로 남아 있다. 피투아는 샴페인 그랑드 마르크 연맹의 초대 총무를 지냈고, 프랑스의 위대한 과학자 루이 파스퇴르와도 친분이 있었다.

샬롱 쉬르 마른은 1차 세계대전 당시에도 별 피해가 없었다. 덕분에 조제프 페리에는 독일군 포병대가 랭스를 파괴하던 때에 기꺼이 크루그 가족을 도와 그들의 와인을 자사 지하 저장고에 숨겨두었다. 그 후 1, 2차 세계대전 사이의 침체기와 2차 세계대전 종전 후의 인수합병 열풍을 겪고도 조제프 페리에는 살아남았다. 푸르몽에 따르면 1960년대에 마른 계곡은 과일 농사를 짓던 곳에서 포도원으로 발전했다고 한다. 그의 삼촌들은 마른 주변인 베르뇌이(Verneuil)에 좀 더 남쪽 방향인 포도원을 사들여 가족 소유의 땅을 21헥타르로 불렸다. 프랑스 육군의 용맹한 대령이었던 다른 삼촌은 흠잡을 데 없는 영어 실력을 바탕으로 영국 시장의 개척에 도움을 주었다.

조제프 페리에의 포도원은 피노 누아와 피노 뫼니에가 주종을 이루지만, 주력 샴페인인 퀴베 로얄 NV 브뤼(Cuvée Royal NV Brut)에는 피노 누아와 피노 뫼니에 외에도 동량의 샤르도네가 배합된다. 퀴베 로얄 NV 브뤼는 달걀노른자색인 뵈브 클리코의 레이블과는 확실히 구분되는 연노랑 레몬 색상 레이블이 부착되며, 매출의 75% 이상을 차지한다. 그 상위급인 퀴베 로얄 빈티지 브뤼(Cuvée Royale Vintage Brut)와 퀴베 조제핀(Cuvée Josephine)은 샤르도네와 피노 누아가 60대 40으로 절묘하게 결합된 샴페인이다.

푸르몽은 빈티지를 선언할지 여부에 대한 결정은 '수확된 포도의 품질'에 달려 있다고 말한다. "우리는 포도 과즙의 산도와 잠재적인 알코올 도수가

◀ 오트빌레 도로변에 있는 조제프 페리에 소유의 포도원. 조제프 페리에는 이곳 외에도 폴 피투아가 1880년대에 그 가까이에 매입한 다메리와 퀴미에르에 포도원을 소유하고 있다.

▼ 마른강의 제방을 따라서 있는 조제프 페리에 포도원의 가을 풍경. 프르미에 크뤼 마을인 퀴미에르 인근이다.

균형을 이루고 있는지 살핀다. 그다음 결정은 블렌딩 작업에 들어가기 전 과즙을 발효시킬 때 이루어진다. 이때 우리는 다양한 마을에서 우리가 자체적으로 재배하거나 사들인 포도로 만든 뱅 클레르(기저 와인)의 품질을 평가한다. 그런 다음 병에 넣기 직전에 술의 품질을 살펴본다. 또한 다른 하우스의 양조 책임자들이 어떠한 움직임을 보이는지 알아본다."

포도가 포도원 바로 옆의 압착기에서 으깨지고 나면 그 과즙은 30분 거리의 샬롱 앙 샹파뉴로 수송된다. 와인 양조장은 오래된 저택으로, 갈리아 · 로마 시대(로마가 갈리아를 지배하던 시기—옮긴이)의 멋진 지하 저장고가 딸려 있다. 2,000여 년 전에 작은 언덕의 측면을 가로로 뚫어서 만든 지하 저장고는 19세기 중반에 3킬로미터 길이로 확장되었고, 이때 환기와 자연 채광을 위한 수직 통로가 뚫렸다.

여느 샴페인 하우스와 마찬가지로, 조제프 페리에는 걸프전쟁 이후 유가가 치솟은 1990년대 중반에 부진을 겪었다. 조제프 페리에가 더 이상 신규 자금을 조달할 수 없게 되자 로랑 페리에가 과반수의 지분을 인수했으나 얼마 후 로랑 페리에도 어려움에 빠졌다. 두 회사의 이름이 너무도 비슷했기에 조제프 페리에가 로랑 페리에의 사업을 보완할 수 있을지 확실치 않았다. 그러나 다행히도 푸르몽의 사촌 알랭 티에노가 구원에 나섰다. 자신의 샴페인 브랜드를 소유한 데다 이후 카나르 뒤셴(Canard-Duchêne)이라는 샴페인 하우스까지 사들인 티에노는 1998년 로랑 페리에를 인수했다. 그렇게 해서 조제프 페리에는 폴 로제와 루이 로드레를 비롯한 소수 정예 가족기업의 대열로 귀환하게 되었다.

그로부터 몇 년 후에 샬롱 쉬르 마른은 샬롱 앙 샹파뉴로 이름이 바뀌었고, 이에 푸르몽은 큰 기쁨을 느꼈다. "그 일로 에페르네와 랭스가 크게 질투했다!"고 말하며 그는 고소해하는 기색을 애써 억눌렀다. "이제 우리는 레이블에 '샴페인'이라는 단어를 두 번이나 쓸 수 있게 되었다."

CHAMPAGNE
JOSEPH PERRIER

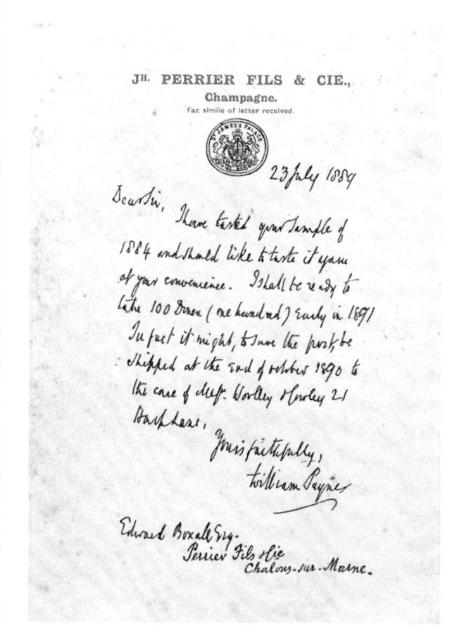

Jh. PERRIER FILS & CIE.,
Champagne.
Fac simile of letter received.

23 July 1889

Dear Sir,
I have tasted your sample of 1884 and should like to taste it again at your convenience. I shall be ready to take 100 Dozen (one hundred) early in 1891. In fact it might, to save the port, be shipped at the end of October 1890 to the care of Mess. Worley & Horley 21 Back Lane,

Yours faithfully,
William Payne

Edward Boxall Esq.
Perrier Fils & Cie
Chalons-sur-Marne.

## TASTING NOTES

**조제프 페리에 퀴베 로얄 브뤼 NV**
**Joseph Perrier Cuvée Royale Brut NV**

퀴베 로얄은 '노란색 레이블'을 부착하고 있어 뵈브 클리코와 자주 비교된다. 절묘하고 산뜻하며 고전적인 아페리티프 스타일의 샴페인으로, 퀴미에르, 다메리, 오트빌레 등의 20개 마을에서 수확한 포도 세 종류를 동량으로 배합한다. 은은한 배 향이 코끝에 맴돌며, 부드러운 질감과 생생하고 신선한 여운이 특징이다.

**조제프 페리에 퀴베 조제핀 2004**
**Joseph Perrier Cuvée Josephine 2004**

마이클 에드워즈가 저서 《샹파뉴 지역의 가장 훌륭한 와인》에서 평가한 바에 따르면, 조제프 페리에의 최상위 샴페인인 퀴베 조제핀은 "무르익어 잘 숙성된 샤르도네를 놀랄 만큼 제대로 표현해내는" 샴페인이다. 2004년 빈티지도 예외는 아니다. 질감은 버터를 방불케 할 정도로 풍부하되 그 향은 레몬처럼 깔끔하고 산뜻해서 완벽에 가까운 균형감과 조화를 이룬다.

◀▲ 샬롱 앙 샹파뉴에 있는 갈리아·로마 시대의 지하 저장고는 19세기에 3킬로미터 길이로 확장되었다.

◀◀ 1920년대에 조제프 스탈이 아르데코(직선적이고 기하학적인 외형, 강렬한 색채가 특징인 1910~1930년대의 예술 양식—옮긴이) 스타일로 제작한 조제프 페리에의 포스터.

◀ 조제프 페리에가 (훗날 국왕 에드워드 7세가 된) 영국 왕세자의 사무실에 보낸 주문 관련 서신. 에드워드 왕세자는 1884년 빈티지를 시음한 후에 1890년 빈티지 100병을 선주문했다.

# KRUG 크루그

## REIMS 랭스

**크루그가 세계 최고의 샴페인인지에 대해서는 견해 차이가 있을 수 있지만, 이곳의 양조 책임자 에릭 르벨과 그의 팀이 해마다 크루그 그랑드 퀴베를 출시할 때 무엇을 목표로 하는지는 분명히 알 수 있다. 세부 사항까지 주의를 기울이는 태도는 그 가격만큼이나 놀라움을 자아낸다.**

크루그 가문의 6대손이자 이사인 올리비에 크루그는 "크루그 샴페인에는 서열이 없다"고 말한다. 여러 빈티지를 블렌딩한 그랑드 퀴베(Grande Cuvée)의 생산에도 빈티지 크루그과 똑같은 관심을 쏟는다는 얘기다. 그뿐이 아니다. 여느 샴페인 하우스와 달리, 크루그에는 저렴한 가격에 그 훌륭함을 살짝이라도 엿볼 기회를 선사하는 논빈티지 샴페인이 없다. 130파운드 정도의 가격이 나가는 그랑드 퀴베는 시장에서 희소하고 특별한 위치를 차지하며 시중에서 잘 찾아볼 수 없다. 크루그의 생산량은 연간 62만 5,000병 미만으로 전체 샴페인 생산량의 0.2%도 채 되지 않는다.

크루그의 이야기는 1834년, 야심 찬 독일 청년 조제프 크루그가 샬롱 쉬르 마른에 있던 당대 최고의 샴페인 하우스 자크송에 취직하면서 시작된다. 얼마 지나지 않아 그는 공동 경영자가 되었으며, 동업자 자크송의 영국인 처제 엠마 앤 조네와 결혼했다. 그는 편안한 은퇴 생활을 누릴 생각이 없었다. 그 대신 랭스에 자기 회사를 차리기 위해 1843년에 자크송을 떠났다. 부업으로 와인 블렌딩을 할 때 알게 된 현지의 와인 판매상이 그에게 도움을 주었다.

조제프는 블렌딩 기술이 품질을 좌우하는 비결이라 생각했고, 그의 빨간색 수첩에 그러한 견해를 적어 넣었다. 올리비에에 따르면 "조제프는 훌륭한 와인을 만들기 위해서는 좋은 근본에서 비롯된 좋은 요소가 필요하다고 생각했다"고 한다. 그가 말한 '근본'은 테루아르, '요소'는 블렌딩에 사용되는 기저 와인이었다. 일부는 몇 년 일찍 생산되어 리저브 와인으로 비축되었으며, 조제프는 그러한 리저브 와인 덕분에 특정 수확 연도의 돌발변수를 극복하고 해마다 최상급 샴페인을 생산할 수 있었다.

1866년 조제프가 세상을 떠나자, 그의 아들 폴이 회사를 맡았다. 그때 크루그 샴페인은 이미 상트페테르부르크, 뉴욕, 리우데자네이루에서 판매되고 있었고, 절반은 영국인이었던 폴 덕분에 영국에서도 기반을 확고히 할 수 있었다. 1880년대에 들어서 폴은 처음으로 몽타뉴 드 랭스의 마이 마을에 있는 20헥타르 면적의 포도원을 사들였다가 크루그 가족의 강점인 블렌딩에 집중하기 위해 다시 매각했다. '그랑드 퀴베'라는 이름은 나중에 붙여진 것이지만, 어쨌든 크루그 샴페인은 설립자 조제프가 본래 꿈꾸었던 이상에 충실히 부합하는 샴페인으로 남아 있다.

오늘날 그랑드 퀴베는 장장 15년에 걸친 여러 연도의 와인을 배합해 만든다. 가장 젊은 와인이라 해도 최소한 5년 동안의 숙성을 거치며 1차 발효는 오크통에서 이루어진다. 데고르주망 이후에 최대 1년의 추가 숙성을

▶▲ 조제프 크루그(독일어 발음으로 요한 요제프 크루크—옮긴이)는 샬롱 쉬르 마른의 자크송 샴페인에서 9년 동안 기술을 연마한 끝에 1843년 자신의 샴페인 하우스를 차렸다.

▲ 설립자 조제프 크루그의 가죽 수첩에는 샴페인 블렌딩 기술에 관한 정보와 생각이 담겨 있다.

▶ 조제프 크루그의 후손인 올리비에 크루그가 퀴베 블렌딩을 하는 모습. 그의 아버지 앙리는 블렌딩 작업을 "교향악곡의 작곡"에 비유했다.

거치는 그랑드 퀴베의 가장 중요한 재료는 아마도 시간일 것이다. 크루그의 가장 큰 자산은 독보적인 리저브 와인 컬렉션과 에릭 르벨의 블렌딩 기술이다. 그는 리저브 와인을 최적의 방식으로 배합하는 기량을 갖추었다. 그랑드 퀴베의 구체적인 조성은 크루그 ID(병 뒤쪽에 있는 여섯 자리 일련번호)를 사용해 확인 가능하다.

크루그 가문의 5대손이자 2013년에 세상을 떠난 앙리 크루그는 음악적인 은유를 즐겨 사용했다. 그는 블렌딩을 오케스트라를 위한 교향곡의 작곡에 비유했다. "오케스트라에서는 바이올린과 첼로부터 플루트, 오보에, 바순에 이르기까지 각각의 악기가 필수적이다. 이 악기들은 제 역할을 다하고 작품 전체의 화음을 이루는 데 기여한다."

한편 올리비에는 크루그 샴페인이 상류층이나 전문가만을 대상으로 한다는 선입견을 떨쳐내려고 애쓰고 있다. "크루그는 자연스러움과 풍요로움을 중시하며, 사람들을 배척하지 않는다. '샴페인과 크루그는 따로 존재한다'거나 '크루그는 다른 샴페인이 멈춘 지점에서 시작한다' 같은 말을 보면 '오만하기 그지없다!'는 생각이 든다. 그런 것은 크루그의 본질이 아니다." 올리비에는 그 같은 생각을 명확히 전달하기 위해 마돈나의 트위터 메시지를 인용했다. "마돈나는 죄책감을 안겨주는 즐거움이 있냐는 질문에 곧바로 '프렌치프라이와 크루그 로제 샴페인'이라는 답을 트위터에 남겼다."

1970년대 초반에 크루그는 마침내 자기 소유의 포도원을 확보했다. 그중에는 메닐 쉬르 오제 마을에 위치한 1.9헥타르 면적의 포도원 클로 뒤 메닐(Clos du Mesnil)도 포함되어 있다. 17세기 말에 베네딕트 수도사들은 이곳에서 포도를 재배했다. 가장 훌륭한 단일 포도원 샴페인을 생산해내는 클로 뒤 메닐의 매입은 코냑 회사인 레미 마르탱과의 동업으로 이루어졌으며, 이러한 관계는 1999년 LVMH의 크루그 인수로 이어졌다. 일각에서는 인수 후에 크루그가 갈 길을 잃은 듯하다는 관측이 나오기도 했다. 그러다 2009년 베네수엘라 출신의 역동적인 경영인 매기 앙리케스가 크루그의 수장을 맡았다. 그리고 오늘날 크루그는 변함없이 빛을 발하고 있다.

◀ 황실 문장이 부착된 크루그의 오래된 대형 술병. '섹(SEC, 프랑스어로 '달지 않다'는 뜻—옮긴이)'이란 단어가 눈길을 끈다. 그 당시 '섹'은 도자주 농도가 리터당 17그램 이상임을 나타냈으며, 오늘날의 기준으로 '달지 않은' 풍미와는 거리가 먼 당도였다.

## TASTING NOTES

### 크루그 그랑드 퀴베 브뤼 NV
**Krug Grande Cuvée Brut NV**

크루그의 자랑이자 기쁨인 그랑드 퀴베 브뤼 NV는 이동 축제 같은 다양성을 선사한다. 최대 200곳의 선별된 포도밭에서 수확한 다양한 포도로 생산하며, 리저브 와인이 최대 절반까지 들어간다. 그 결과 견고하고 풍부한 황금색 샴페인이 탄생했다. 그 핵심에는 말린 과일의 원숙한 풍미가 자리하고 있으며, 섬세한 거품과 구수하고 견과류 같은 향이 특징이다.

### 크루그 2003 브뤼
**Krug 2003 Brut**

폭염이 강타한 2003년 이후, 빈티지 샴페인의 생산에는 극도로 큰 어려움이 따랐다. 결국 1822년 이래로 가장 이른 시기에 수확이 이루어졌지만, 크루그는 빈티지 샴페인을 생산해냈다. 양조 책임자 에릭 르벨의 마법이 입증된 때였다. 그는 그 아름다운 황금색 액체에 브리오슈의 향과, 감귤류와 붉은 과일의 핵심 풍미를 더했다.

◀ 샹파뉴 지역 부동산 중에서 가장 값이 나가는 클로 뒤 메닐 포도원. 크루그는 1970년대 초반에 메닐 쉬르 오제 마을에 있는 이 포도원을 매입했다.

# LANSON 랑송

## REIMS 랭스

**이름난 샴페인 하우스였던 랑송이 1990년대에 겪은 흥망성쇠에는 분명 비극적인 요소가 있었다. 그러나 2006년 이후로 랑송은 독립된 랑송 BCC 그룹의 일부가 되어 새로운 소유주를 맞아들였으며, 모엣 샹동과 뵈브 클리코의 아성에 도전해 이기겠다는 결의로 가득하다.**

랑송은 랭스 출신이며 마른 계곡의 퀴미에르에 꽤 큰 포도원을 소유한 프랑수아 들라모트와 아이에 아버지 소유의 포도원이 있는 마리 클로드 테레즈 드 부르고뉴의 결혼으로 시작되었다. 프랑수아는 자신과 아내가 소유한 포도원에 힘입어 1760년에 샴페인 하우스를 세웠다. 약 40년 후, 그의 막내아들 니콜라 루이 들라모트가 사업을 이어받았고, 니콜라 루이가 몰타 기사단의 기사로 임명되면서 자사 샴페인의 표상으로 그 유명한 몰타 십자가를 사용하겠다는 결정을 내렸다.

랑송 가족은 1837년에야 등장했다. 이때 들라모트 가족과 오랜 친분이 있었던 장 바티스트 랑송이 샴페인 하우스의 책임자가 되었고, 나중에는 단독 소유주로 사업을 물려받았다. 회사의 이름은 랑송 페르 에 피스(Lanson Père & Fils)로 바뀌었다. 장 바티스트의 아들 빅토르 마리 랑송의 지휘 아래 매출이 급증하기 시작했다. 특히 런던의 저명한 와인 판매상 퍼시 폭스가 유통을 담당한 영국에서 매출이 뛰어올랐다. 1900년에는 빅토리아 여왕을 새 고객으로 확보했으며, 그 이후로 영국 왕실 납품허가증을 보유하고 있다.



랑송은 1920년대 말, 랭스 중심부인 쿠를랑시 거리(Rue de Courlancy)에 훌륭한 지하 저장고와 땅을 매입하면서 실질적으로 성장하기 시작했다. 이때 랑송을 지휘한 사람은 빅토르 랑송이라는 막강한 인물이었다. 그는 세계 곳곳을 다니며 인도의 마하라자(과거 인도의 제후—옮긴이)에서 일확천금을 번 호주의 금광업자에 이르기까지 샴페인을 판매했다. 샹파뉴 지역에 있을 때는 가족의 포도원을 본격적으로 확장하기 시작했고, 결국 랑송 소유의 포도원 면적은 208헥타르에 달하게 되었다.

빅토르는 대형 샴페인 판매상 중에서 최초로 로제 샴페인을 개발하고 오브에서 피노 누아를 매입한 사람 중 하나다. 피노 누아는 랑송이 1938년에 처음 출시한 주력 샴페인, 랑송 블랙 라벨 NV 브뤼(Lanson Black Label NV Brut)의 주재료다. 그런 그에게는 다음과 같은 좌우명이 있었다. “나는 나만을 위해 샴페인을 만든다. 내가 마실 수 없는 샴페인을 남들에게 판매한다.” 하루 평균 세 병씩 마셨다는 설이 있는 것을 보면 근거 없는 호언장담으로만은 볼 수 없다.

랑송 가문의 규모가 커지면서 17명의 개인 주주, 다수의 외부 투자자 및 많은 내분 가능성으로 인해 관리하기가 한층 더 어려워졌다. 1970년대에 들어서 랑송의 사돈이자 미국에서 비료 판매로 큰돈을 번 가르디니에 가문이 꾸준히 투자를 하더니 랑송의 지분 전부를 사들였다. 1984년에 가르디니에는 BSN 그룹에 랑송을 매각했고, 매각 후에도 6대손인 장 바티스트 랑송은 수장으로 남았다. 그는 샴페인 사업이 전문적인 대기업의 일부가 되는 편이 옥신각신하는 대가족의 소유로 남는 것보다 유익하다고 주장했지만, 상황은 최악으로 치달았다.

블랙 라벨 덕분에 랑송의 연간 매출은 최대 1,000만 병에 이르렀으며, 1990년 8월에 걸프전쟁이 터졌을 때만 해도 모엣 샹동에 버금갔다. 그러

▲ 담장으로 둘러싸인 1헥타르 면적의 클로 랑송 포도원에서 작업자들이 포도 수확에 나선 모습. 그 뒤편으로 대성당을 배경으로 한 랭스 중심부가 보인다. 2016년에 랑송은 이곳의 포도를 사용해 단일 포도원 퀴베를 만들 것이라고 발표했다.

◀ 클로 랑송 샴페인은 블랑 드 블랑이며, 오크통에서 발효된 후 8년 동안 효모 앙금 위에서 숙성된다. 해마다 평균적으로 8,000병 정도만이 생산된다.

나 걸프전쟁의 여파로 석유 파동이 일어나면서 샴페인 시장은 붕괴했고, 모엣 샹동은 기회를 잡아 이듬해에 랑송을 덮쳤다. 이들은 브랜드나 랭스의 본사 건물에 눈독을 들였다기보다는 랑송의 그 아름다운 포도원을 탐냈다. 그 사실은 모엣 샹동이 재빨리 마른 에 샹파뉴(Marne et Champagne) 그룹에 랑송을 되팔아버릴 때 명확히 드러났다. 마른 에 샹파뉴는 랑송의 브랜드, 본사 건물, 4년 치 비축분을 손에 넣었지만 포도나무는 단 한그루도 얻지 못했다. 더 놀라운 점은 포도원도 없이 모엣 샹동이 6개월 전에 매입한 가격 그대로 랑송을 되팔아버렸다는 사실이다.

오늘날 훌륭한 포도원이 엄청난 가격을 호가한다는 사실과 뒤를 바짝 쫓아오는 경쟁사에 돌이킬 수 없는 타격까지 입혔다는 사실을 감안하면, 모엣 샹동 소유주들에게 매우 유리한 거래였다. 마이클 에드워즈는 저서 《샹파뉴 지역의 가장 훌륭한 와인들》에서 다음과 같이 밝혔다. "유명한 샴페인 하우스가 중요한 포도원을 잃으면 가장 뛰어난 품질의 샴페인을 찾는 과정에서 최상급 외부 포도 공급업자와의 관계를 재정립하고 리저브 와인을 비축하기까지 꼬박 15년은 걸린다는 것이 양조 책임자들의 솔직한 말이다."

그러는 동안에도 랑송은 윔블던의 오랜 후원사로 남아 있다. 날씨와 앤디 머리(윔블던에서 두 차례 우승한 영국의 테니스 선수—옮긴이)의 운이 매출을 좌우하는 요소기는 하지만, 대체로 대회 기간에 블랙 라벨 2만 5,000병이 한 병당 약 70파운드에 판매된다. 영국의 발포성 와인이 그 자리를 노리고 있을지도 모르지만, 현재 랑송의 입지는 탄탄해 보인다.

## TASTING NOTES

### 랑송 블랙 라벨 브뤼 NV
**Lanson Black Label Brut NV**

블랙 라벨은 과거에 높은 당도로 결함을 감춘 채 지나치게 대중에 영합하는 경향이 있었지만, 현재는 훨씬 더 우아한 풍미를 자랑한다. 피노 누아 2분의 1과 샤르도네 3분의 1이 결합한 블랙 라벨을 입에 넣으면 주로 붉은 과일과 레몬 실러법(크림에 과일즙을 넣고 휘저어서 먹는 디저트—옮긴이)의 풍미가 주를 이루며 약한 봄꽃 향기가 살짝 감돈다.

### 랑송 밀레짐 골드 라벨 2005
**Lanson Millésime Gold Label 2005**

양조 책임자인 에르베 당통과 그의 팀은 풍부하고 구운 빵 같은 풍미가 나는 빈티지 샴페인을 만드는 일에 즐거움을 느낀다. 2005년 빈티지에는 대부분 그랑 크뤼 마을에서 수확한 피노 누아와 샤르도네가 거의 동량으로 배합되어 있다. 꿀을 바른 바삭바삭한 빵의 향, 풍부한 질감, 견고한 구조감이 주요 특징이며, 석회질과 미네랄 질감이 남는다.

▲◀ 랑송 저장고의 전통적인 퓌피트르.

▲▶ 매년 윔블던 테니스 대회에서 대략 2만 5,000병의 랑송 샴페인이 한 병당 70파운드에 판매된다. 매출은 상당 부분 날씨와 앤디 머리의 성적에 좌우된다.

◀ 랑송의 양조 책임자 에르베 당통이 지하 저장고의 샴페인을 시음하기에 앞서 색상의 농도를 살펴보고 향을 평가하고 있다.

# LAURENT-PERRIER 로랑 페리에

## TOURS-SUR-MARNE 투르 쉬르 마른

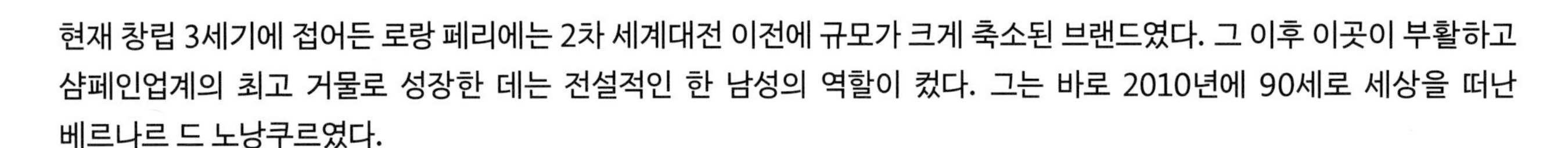

**현재 창립 3세기에 접어든 로랑 페리에는 2차 세계대전 이전에 규모가 크게 축소된 브랜드였다. 그 이후 이곳이 부활하고 샴페인업계의 최고 거물로 성장한 데는 전설적인 한 남성의 역할이 컸다. 그는 바로 2010년에 90세로 세상을 떠난 베르나르 드 노낭쿠르였다.**

1945년 5월 4일, 젊은 탱크 지휘관이었던 드 노낭쿠르는 독일 바이에른의 알프스에 있었다. 히틀러의 산중 은신처인 독수리 요새 바로 밑이었다. 돈과 프티 클라드스트럽의 저서《와인과 전쟁(Wine and War)》에 따르면 드 노낭쿠르는 샹파뉴 지역 출신이고 와인에 대한 지식이 있다는 이유로 산 정상 아래의 동굴을 조사하라는 지시를 받았다고 한다. 히틀러의 와인을 저장해둔 곳으로 추정되는 동굴이었다. 그가 다이너마이트로 강철 문을 폭파한 후 안으로 몸을 비집고 들어가자 그곳에는 놀랄 만큼 많은 와인이 숨겨져 있었다. 샤토 라피트(Château Lafite), 마고(Margaux), 디켐(d'Yquem) 같은 와인 사이로 수백 상자의 살롱(Salon) 샴페인이 보였다. 그때 드 노낭쿠르는 규모는 작지만 화려한 명성을 자랑하는 살롱 브랜드가 자신의 샴페인 제국에 추가되리라고는 상상도 하지 못했을 것이다. 실제로 44년이 흐른 뒤이기는 하지만 살롱은 그의 것이 되었다.

로랑 페리에는 1812년에 앙드레 미셸 피에를로가 양조 책임자인 외젠 로랑의 이름을 따서 설립한 브랜드다. 사업을 물려받은 로랑이 1887년에 사고로 사망하자 그의 아내 마틸드 에밀리 페리에가 운영을 맡았다. 마틸드는 샹파뉴 지역 특유의 강인한 과부였고, 훗날 로랑 페리에가 된 샴페인 하우스를 일구기 시작한 것도 그녀였다. 영국 시장을 겨냥해 "다른 샴페인이 금지될 때 권장되는 샴페인"이라는 광고 문구로 무설탕 샴페인을 출시한 선구자기도 하다. 이 샴페인은 1981년에 로랑 페리에 울트라 브뤼(Laurent-Perrier Ultra Brut)로 부활했다.

1차 세계대전 직전만 해도 로랑 페리에의 저장고에는 60만 병의 샴페인이 비축되어 있었다. 1차 세계대전과 대공황 등의 파국을 겪고 난 1939년에는

▼ 로랑 페리에의 장난꾸러기 동상이 "절대로 물을 마시지 말라"고 경고하지만, 샴페인이 수북이 쌓인 이곳 저장고에서는 손만 뻗으면 물보다 매력적인 대용품을 얻을 수 있다.

그 숫자가 고작 36만 병으로 급감했다. 로랑 페리에의 새 주인인 마리 루이즈 랑송 드 노낭쿠르는 저장고를 벽돌로 막고 그 앞에 성모상을 세워둔 후 참전한 아들들이 돌아오기만을 기다렸다. 맏아들 모리스가 집단수용소에서 목숨을 잃었기에 베르나르에게 로랑 페리에의 재건이 맡겨졌다.

마리 루이즈는 아들 베르나르를 자신의 친정 소유인 랑송으로 보냈다. 그녀는 아들에게 흡족한 수준이 될 때까지 그곳에서 생산의 모든 과정을 익히며 철저한 견습생 기간을 보내라고 지시했다. 1948년, 베르나르 드 노낭쿠르는 직원 20명과 연간 매출이 8만 병인 사업체를 물려받았다. 그리고 양조 책임자 에두아르 르클레르와 그 뒤를 이은 알랭 테리에의 도움으로 신선하고 우아한 하우스 스타일을 개발했다. 특히 NV 브뤼의 샤르도네 비중을 절반으로 늘렸으며, 빵보다 과일 향을 강화하기 위해 특수한 효모 균주를 사용했다. 로랑 페리에는 온도 조절 기능이 있는 스테인리스스틸 발효조를 선구적으로 사용한 하우스였다. 또한 이미 1968년에 파격적으로 로제 샴페인을 내놓기도 했다. 그 당시는 제대로 된 샴페인 하우스라면 어느 곳이나 핑크색 샴페인을 저속한 것으로 간주하던 시대였다. 로랑 페리에는 프로방스의 로제 와인에 사용되는 기법을 선택했다. 이는 레드 와인을 소량 배합하는 것이 아니라 적포도인 피노 누아 껍질에서 색이 배어 나오게 하는 기법이다. 로랑 페리에 영국의 대표인 데이비드 헤스키스는 "우리는 고객이 처음부터 끝까지 과일의 향과 맛을 느낄 수 있을 것이라 확신한다"면서 "우리가 중시하는 요소는 색상이 아니다. 색상은 퀴베마다 다르기 때문이다"라고 설명한다.

◀ 로랑 페리에는 샹파뉴 지역에 소유한 포도원 면적이 110헥타르에 불과해 포도를 자급자족하기가 어렵다. 그러나 베르나르 드 노낭쿠르는 안 좋은 포도밭을 소유하느니 좋은 재배자들과 계약을 맺는 편이 유리하다는 믿음을 잃지 않았다.

▼◀ 로랑 페리에 샴페인 하우스의 사유지에 선 베르나르 드 노낭쿠르.

▼ 1980년대 초에 출시된 울트라 브뤼는 19세기 후반 로랑 페리에가 생산한 제로 도자주 샴페인에서 영감을 얻었다.

로랑 페리에가 보유한 포도원 면적은 필요한 면적의 10분의 1 정도인 110헥타르에 불과했지만, 드 노낭쿠르는 형편없는 포도원을 소유하느니 좋은 재배자와 계약을 맺는 편이 낫다고 생각했다. 따라서 헤스키스는 로랑 페리에의 진정한 비결이 배합에 있다고 믿는다. 그 단적인 예가 52년, 53년, 55년 빈티지의 블렌드로서 1959년에 처음 출시한 그랑 시에클(Grand Siècle)이다. 태양왕 루이 14세 시대의 베르사유 궁전 풍의 샴페인 병에 담긴 그랑 시에클은, 단일 빈티지로 출시된 1985년과 1990년을 제외하면 항상 최고의 해에 생산된 샴페인 세 가지를 배합해 만들어져 왔다. 현재는 그랑 시에클을 텔레비전 광고에서 볼 수 없지만, 1975년만 해도 프랑스에서는 〈어벤저스〉(영국에서 제작된 1960년대 스파이 드라마—옮긴이)에서 스티드 역할을 맡았던 패트릭 맥니가 출연한 로랑 페리에 광고가 6년 동안 방영되었다. 스티드의 조수 역할인 타라 킹(린다 토슨)이 우산으로 악당 무리를 물리치는 동안 스티드가 침착하게 그랑 시에클 병을 여는 내용이다. 로랑 페리에 광고 덕분에 1년 후에 방영된 후속편 〈뉴 어벤저스〉의 제작비용이 마련되었다.

한편 드 노낭쿠르에게는 사업에 적극적으로 참여하는 두 딸이 있다. 헤스키스는 드 노낭쿠르를 "온화하면서도 위대한 사람"이었다고 말하며 지난날을 회상했다. "샴페인에 대한 그의 열정은 눈으로 보일 정도였다. 현재의 모습으로 하우스를 일궈나가던 시절에 그와 함께 일했다면 멋진 경험을 할 수 있었을 것이다."

## TASTING NOTES

**로랑 페리에 브뤼 NV**
**Laurent-Perrier Brut NV**

연간 500만 병 이상 판매되는 주력 샴페인 브뤼 NV는 가벼운 감촉과 상쾌하고 정확한 풍미가 특징이다. 절반 정도의 비중을 차지하는 샤르도네가 복숭아와 서양배 같은 풍미를 더하며, 붉은 사과 향도 은은하게 풍긴다. 브뤼 NV의 한가운데를 가로지르는 특징은 톡 쏘는 산미다.

**로랑 페리에 로제 2010**
**Laurent-Perrier Rosé 2010**

데이비드 헤스키스에게는 색상이 중요하지 않을지 몰라도 로제 2010의 색상은 더할 나위 없이 어여쁜 연어살색이다. 체리와 딸기 같은 과일샐러드의 향을 지나치기 어려우며, 무엇보다도 극도로 섬세하고 부드러운 거품과 젖은 자갈 같은 미네랄감의 여운을 놓칠 수 없다.

▲ 베르나르 드 노낭쿠르의 두 딸인 알렉상드라 페레르와 스테파니 므뇌 드 노낭쿠르. 로랑 페리에의 대표 주주로, 사업에 적극적으로 관여하고 있다.

▶ 로랑 페리에는 19세기 후반 영국에서 판매된 '상 쉬크르(무설탕)' 샴페인을 비롯해, 전혀 달지 않은 샴페인을 만드는 선구자 중 하나다.

A PLEASANT SURPRISE.
"SANS-SUCRE"
Footman: A glass of Champagne Sir!
Nobleman: No thanks, I dare not drink it,
Host: Dont be afraid! try Laurent-Perrier "Sans-Sucre"
and you will change your mind.
THE CHAMPAGNE LAURENT-PERRIER "SANS-SUCRE" is obtainable of all Wine Merchants and Stores, and served at all the leading Hotels, Clubs, and Restaurants throughout the World.
Write for Pamphlet ("post free") to the Head Office, HERTZ and COLLINGWOOD, 38, Leadenhall Street, London, E.C., where the Wine can be tasted.

# MOËT & CHANDON 모엣 샹동

## ÉPERNAY 에페르네

**업계 통설에 따르면, 전 세계 어디에선가 6초에 한 번씩 모엣 샹동 샴페인이 개봉된다. 모엣 샹동이 정확히 얼마만큼 판매되는지는 기밀이지만, 모엣 샹동 임페리얼 브뤼 NV의 연간 판매량이 2,000만 병을 넘어서는 것만은 분명하다. 어마어마하게 많은 판매량이다.**

누가 뭐래도 모엣 샹동은 샴페인의 황제다. LVMH로 불리는 명품 대기업, 루이뷔통 모엣 헤네시의 주력 샴페인이며 샴페인 시장에서 가장 큰 지분을 차지하고 있다. 게다가 나폴레옹이 일평생 모엣 샹동의 고객이었으니 황제의 샴페인이라 해도 과언이 아니다. 실제로 나폴레옹은 모엣 샹동을 설립한 클로드 모에의 손자 장 레미 모에와 친분이 있었다. 1743년에 설립된 모엣 샹동은 오래도록 비발포성 와인에 주력한 샹파뉴 지역에서 최초로 발포성 샴페인을 도입한 하우스 중 하나였으며, 클로드는 샴페인을 사랑한 퐁파두르 부인이 루이 15세의 총애를 받던 시절에 베르사유 궁전에 샴페인을 납품했다.

장 레미는 프랑스가 혁명을 겪고 있던 1792년에 사업을 물려받았다. 모엣 샹동의 샴페인은 구체제와의 연관성에도 불구하고 비난받지 않고 살아남았다. 장 레미는 이미 1801년에 나폴레옹과 조제핀 부부에게 샴페인을 납품하고 있었다.

나폴레옹은 그다음 군사 작전을 계획할 때마다 샴페인을 비축하곤 했다. 1814년에 장 레미는 러시아군의 정찰병이었던 코사크 기병에 대항할 수비군과 저항군을 조직해 나폴레옹이 연합군보다 일찍 에페르네에 다다를 수 있도록 도왔으며, 그 공로로 레종 도뇌르 훈장을 받았다. 뿐만 아니라 장 레미는 이웃들의 재산을 지키기 위해 자신의 저장고를 개방하기도 했다.

그는 1841년에 세상을 떠나면서 아들 빅토르 모에와 사위 피에르 가브리엘 샹동 백작에게 사업을 물려주었다. 샹동 백작은 이미 20여 년 전, 폐허가 된 오트빌레 수도원과 그곳에 딸린 포도원을 사들였었다. 20세기에 접어들 때 에페르네를 방문한 이들은 근로자 1,500명을 보유한 모엣 샹동 샴페인 공장의 큰 규모에 숨이 막힐 정도로 놀랐다. 미국에서 모엣 샹동의 판매를 대행한 조지 케슬러는 1902년에 10만 2,000상자라는 기록적인 물량을 수입했는데, 이는 모엣 샹동이 전 세계에서 올린 매출의 25%가 넘는 수준이었다. 케슬러는 뉴욕과 런던에서 호화스러운 파티로 유명했다. 한번은 사보이 호텔의 정원에 물을 가득 채우고 살아 있는 백조, 오리, 바다 송어를 풀어놓은 베네치아풍의 인공 연못을 조성해 파티를 열기도 했다. 대형 곤돌라에 탄 손님들이 샴페인을 폭음하는 동안 성악가 엔리코 카루소가 세레나데를 불렀다. 이날 저녁의 파티는 초대형 케이크를 젊어진 아기 코끼리의 등장으로 막을 내렸다.

▲ 3대손인 장 레미 모에는 1792년에 사업을 물려받았고, 거의 모든 샴페인 하우스의 토대를 다졌다. 그 과정에서 일생의 벗 나폴레옹으로부터 적지 않은 도움을 받았다.



▶ 1801년 장 레미 모에가 슈이 마을 인근에 지은 샤토 드 사랑(Château de Saran)은 모엣 샹동이 최상위 고객과 손님들을 접대하는 장소로 사용된다.

▼ 19세기 후반 프랑스에서 모엣 샹동 샴페인 공장의 공업 역량은 큰 구경거리였다.

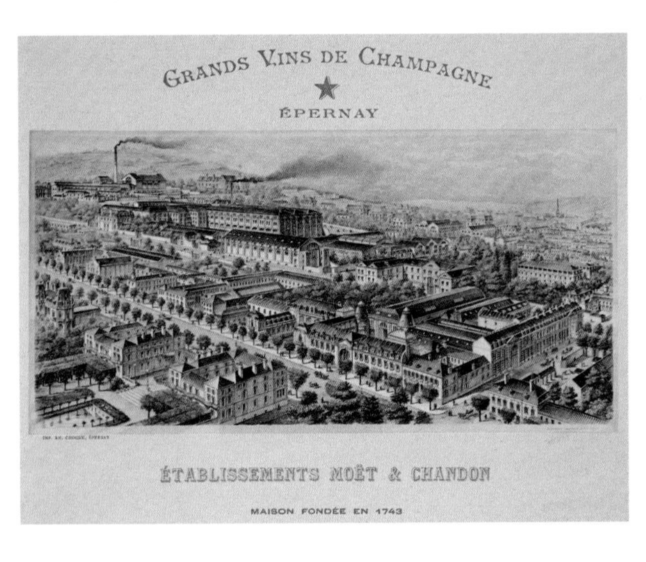

이처럼 과시적 소비의 정점에 서 있던 모엣 샹동은 그 후 로베르 장 드 보귀에 백작이 합류하고 얼마 후에 그가 경영권을 인수할 때까지 내리막길을 걸었다. 보귀에는 역동적이고 선견지명이 있는 지도자로서 모엣 샹동뿐 아니라 샴페인업계 전반을 이끌었다. 경기침체에도 불구하고 1936년에 초호화 퀴베 샴페인인 돔 페리뇽을 출시할 정도로 과감하기도 했으며, 전쟁 동안 샴페인업계를 대표해 히틀러의 와인 총통이었던 오토 클라에비슈를 상대했다. 게다가 재배자를 돕고 샴페인의 장기적인 생존을 도모하기 위해 포도 가격의 대폭 인상에 합의했다.

모엣 샹동의 해외 마케팅 홍보 이사인 아르노 드 세뉴에 따르면 보귀에는 "홍보와 스타 파워의 힘을 처음으로 인식한 재계 지도자 중 하나"였다고 한다. 보귀에는 자신의 브랜드에 유명인의 황홀한 매력을 더하기 위해 그 당시 할리우드의 출연료 순위 상위권에 들었던 모리스 슈발리에를 만나기도 했다.

모엣 샹동과 돔 페리뇽의 양대 체제는 길지 않았다. 보귀에의 회사는 1970년에 메르시에 인수를 필두로 1973년에 뤼나르를 사들였다. 1971년에는 크리스챤 디올(프랑스어 발음으로 크리스티앙 디오르— 옮긴이)의 향수 부문도 인수했다. 현재 LVMH는 전 세계 샴페인 시장의 5분의 1, 미국 시장의 3분의 2를 차지하고 있다.

드 세뉴는 1,180헥타르에 달하며, 모엣 샹동의 포도 수요 중 30%가 넘는 물량을 공급하는 LVMH의 포도원을 언급하면서 "우리는 '클수록 유리하다'는 표현을 좋아한다"고 말한다. LVMH는 지속적인 성공과 성장에 힘입어 경쟁사들의 존경을 이끌어내고 있다.

LVMH가 생산량을 6,000만 병에서 1억 병으로 늘릴 예정이라는 소문도 있다. 다만 그 많은 포도를 어디에서 조달할지, 그로 인해 다른 샴페인 하우스들이 받을 타격은 아직 해결되지 않은 문제로 남아 있다.

◀ 테니스계의 전설 로저 페더러는 모엣 샹동의 글로벌 홍보대사로 활동하고 있다.

▼ 모엣 샹동의 저장고에 쉬르 라트 형태로 누워 서서히 샴페인으로 변해 가고 있는 술병들. 모엣 샹동의 저장고는 이 지역에서 가장 규모가 크며, 에페르네 도로 지하에 약 27미터 길이로 뻗어 있다.

▲ 모엣 샹동이 초창기에 내놓은 화이트 스타(White Star)는 리터당 20그램의 당도인 드미 섹 샴페인이었다. 미국에서만 판매되다가 2012년에 시장에서 철수했다.

▲ 1차 세계대전 당시의 만화. "어르신, 이 샴페인을 가져가고 싶으셨겠죠? 그렇다면 대신에 코르크 마개나 가져가세요."

## TASTING NOTES

### 모엣 샹동 임페리얼 브뤼 NV
**Moët & Chandon Imperial Brut NV**

1869년부터 모엣 샹동의 주력 샴페인 자리를 지키고 있는 브뤼 임페리얼은 복잡하고도 일관성 있는 풍미로 세계 곳곳에서 명성을 누려왔다. 밀짚과 같은 황금색에 반짝이는 녹색이 깃든 외관이 돋보인다. 선명한 과일 향, 풍부하고 감칠맛 나는 미감, 우아한 숙성 풍미가 특징인 브뤼 임페리얼은 지속적으로 입을 끌어당기고 즐겁게 만들다.

### 모엣 샹동 그랑 빈티지 로제 2008
**Moët & Chandon Grand Vintage Rosé 2008**

모엣 샹동은 40년 넘게 빈티지 로제 샴페인을 생산해왔다. 가장 최근에 출시된 로제는 풍부한 과즙의 풍미와 묵직한 바디감이 특징이다. 장미와 산사나무 등의 꽃 향, 회양목과 라임 껍질 등의 식물 뉘앙스, 산딸기, 체리, 블러드 오렌지 등의 신선한 과일 향을 풍긴다.

◀ 1970년대에 시작된 영국의 모엣 샹동 광고에는 아르데코에 대한 향수가 가득하다.

# G.H. MUMM G.H. 멈

## REIMS 랭스

**귀여운 이름과 눈에 띄는 레이블이 특징인 멈 코르동 루주는 1900년대부터 가장 잘 팔리는 샴페인이었다. 그 당시에는 뉴질랜드의 호텔 바에서 미국 뉴올리언스 사창가에 이르기까지 다양한 곳에서 멈을 찾아볼 수 있었다. 최근에 잠깐 부진한 시기를 겪은 후 멈은 페르노리카의 체제에서 명성을 되찾고 있다.**

1930년대의 전설적인 재즈 음악가 젤리 롤 모턴은 "그 시대에는 와인이 물보다 더 지천으로 흘러넘쳤다"고 20세기 초의 뉴올리언스를 회고했다. "내가 말하는 와인은 소테른 같은 와인이 아니라 샴페인이다. 무엇보다도 프랑스에서 건너온 클리코와 영국에서 온 멈의 엑스트라 드라이가 주를 이루었다." 모턴은 멈을 영국산 와인으로 혼동했지만 이름만은 정확히 기억했다. 멈은 1876년 게오르크 헤르만 폰 멈이 출시한 코르동 루주 덕분에 대형 브랜드로 떠올랐다. 붉은색 장식 띠로 유명한 멈의 레이블은 프랑스 대통령이 수여하는 레종 도뇌르 훈장처럼 보여서 눈에 띄고 기억하기도 쉽다. 멈 샴페인은 뉴올리언스 베이진 거리의 모든 매음굴과 재즈 바뿐 아니라 다양한 곳에서 흘러넘쳤다. 이미 1902년에 전 세계적으로 300만 상자 이상이 팔렸으며 미국 매출만 100만 상자를 웃돌았다. 그 당시 샴페인 총매출의 10분의 1에 달하는 수치였다.

독일 라인란트에서 건너온 게오르크 헤르만의 아버지와 두 삼촌은 1827년 랭스에 멈을 설립했다. 그들은 라인란트에서 와인 판매업과 포도원 소유주로 자리를 잡은 사람들이었다. 가족은 1840년에 베르즈네 포도원을 시작으로 샹파뉴 지역의 땅을 사들이기 시작했다. 그들은 포도의 신선도가 떨어지기 전 포도를 압착하기 위해 베르즈네 포도원 바로 옆에 압착 작업장을 지은 선구자기도 했다. 그 당시 경쟁자들 대부분은 발효된 와인을 사들였지만 멈 가족은 재배자에게서 포도를 사들여 직접 양조하는 것을 선호했다.

G.H. 멈은 1913년에 코트 데 블랑을 중심으로 50헥타르 정도의 포도원을 소유한 상황이었다. 불행히도 가족은 다른 독일계 하우스 소유주들과 달리 프랑스 시민권을 취득하지 못했고, 프랑스 정부는 1차 세계대전이 발발하자 멈의 회사를 몰수했다. 1920년에 열린 경매에서 멈은 뒤보네 가문을 포함한 컨소시엄에 팔렸고, 뒤보네의 사위인 르네 랄루가 멈의 이사로 임명되었다. 파리의 젊은 변호사였던 랄루는 샴페인 사업에 대한 지식을 빠르게 익혀나갔고, 그 후 50년 가까이 멈 브랜드를 이끄는 원동력 역할을 했다. 19세기 후반에 게오르크 헤르만이 발휘한 영업 능력 덕분에 코르동 루주는 시드니에서 샌프란시스코까지 전 세계 곳곳에서 즐기는 최초의 글로벌 샴페인 자리를 유지했다.

소유권을 완전히 포기할 수 없었던 기존 소유주 멈 가족은 2차 세계대전 동안 잠시나마 독일의 징발을 통해 회사를 되찾았다. 그러나 얼마 지나지 않아 랄루가 다시 멈을 맡았다. 미술품 수집에 열을 올렸던 랄루는 일본인 화가 레오나르 후지타에게 멈이 1957년에 출시한 신상품 로제 샴페인의 술병을 장식할 장미를 디자인해달라고 의뢰했다. 그 당시는 미국의 증류주 대기업 시그램(Seagram)이 멈의 지분을 사들이고 있던 때였다. 뒤이어 페리에 주에와 하이직 모노폴이 멈의 지분을 사들였다. 얼마 지나지 않아 이들은 멈을 대놓고 지배했고 멈의 유통량은 급증했다. 영국에서 멈의 홍보 활동을 대행한 곳은 시그램이 소유한 와인 체인 오드빈(Oddbins)이었다. 코르동 루주는 신선하고 꽃향기를 풍기며 마시기 편한 샴페인으로 유명

▲ 2대손인 게오르크 헤르만 멈은 1876년 눈에 띄는 빨간색 장식 띠 레이블을 부착한 코르동 루주의 출시를 담당했다. 이미 19세기 후반에 코르동 루주의 전 세계 매출은 300만 병을 넘어섰다.

▼◀ 랭스에 있는 G.H. 멈의 본사. 1827년, 독일 라인란트 출신의 와인 양조업자 가문이 멈을 설립했다.

▼ 베르즈네 풍차. 몽타뉴 드 랭스의 그랑 크뤼 마을 베르즈네를 대표하는 명소로, 멈이 소유한 218헥타르의 포도원 가운데 일부를 내려다본다.

했는데, 피노 누아가 주로 쓰인다는 사실이 믿기지 않을 정도로 산뜻했다. 피노 누아는 멈이 소유한 218헥타르 면적의 포도원 중에서 80%를 차지하고 있으며, 멈의 포도원 중 160헥타르는 아이, 부지, 베르즈네, 크라망을 비롯한 그랑 크뤼 마을 여덟 개에 분포되어 있다. 1960년대에는 이 같은 그랑 크뤼 마을의 피노 누아와 샤르도네를 50대 50으로 배합한 퀴베 르네 랄루(Cuvée René Lalou)가 선보이기도 했지만, 시그램이 멈을 매각하기 전에 판매가 중단되었다. 멈은 2006년에 다시 프랑스인의 손으로 돌아왔으며, 그 이후 페리에 주에를 소유한 페르노리카에 소속되어 있다.

한편 과거의 퀴베 르네 랄루에서 영감을 받은 퀴베가 다시 모습을 드러냈다. 향긋하고 완숙하며 버터처럼 부드러운 스타일로, 멈의 주력 샴페인인 코르동 루주와는 확연히 다른 샴페인이다. 코르동 루주는 20세기 후반에 잠시 매출 부진을 겪었으며, 일부 비판적인 영국 언론인들은 블라인드 테스트에서 캘리포니아산 파생품인 멈 퀴베 나파가 반값 가격에도 불구하고 코르동 루주를 앞섰다고 선언했다. 이에 프랑스인들은 금발을 흑발에 비교하지 말라는 프랑스인 특유의 익살스러운 조롱으로 응수했다. 오늘날 멈 코르동 루주는 양조 책임자 디디에 마리오티와 그의 팀원들 덕분에 크게 개선되었다. 게다가 포뮬러 원의 시상대에서 코르동 루주가 흩뿌려지는 광경이 15년 동안 이어진 끝에 이제 멈은 세계 최초의 완전 전기 자동차 경주대회인 포뮬러 E를 후원하기도 한다.

## TASTING NOTES

**멈 코르동 루주 브뤼 NV**
**Mumm Cordon Rouge Brut NV**

코르동 루주는 프랑스에서 큰 인기를 누리는 샴페인으로 멈 생산량의 90% 정도를 차지한다. 리터당 12그램 정도였던 과거와 비교하면 9그램 정도로 적절한 수준인 현재의 도자주는 기운을 북돋는 신선함으로 이어진다. 이처럼 산뜻한 풍미는 주재료인 적포도(피노 누아 45%, 피노 뫼니에 25%)의 부드러운 질감과 조화를 이룬다.

**멈 브뤼 밀레짐 2006**
**Mumm Brut Millésime 2006**

멈 브뤼 밀레짐 2006은 2006년 여름의 때 이른 폭염과 완벽한 9월 날씨로 인해 충분히 익은 포도를 사용했음에도 오랜 보관이 가능하게 만들어졌다. 피노 누아 3분의 2와 샤르도네 3분의 1을 배합한 와인을 5년 동안 효모 앙금 위에서 숙성한 후에 리터당 6그램에 불과한 낮은 도자주를 주입해 만든다.

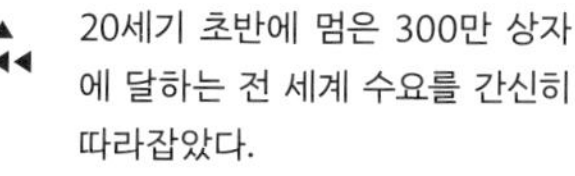

▲◀◀ 20세기 초반에 멈은 300만 상자에 달하는 전 세계 수요를 간신히 따라잡았다.

▲◀ 1930년대 코르동 루주의 광고 포스터. 유명 탄산음료 브랜드(코카콜라)를 연상케 한다.

◀ 멈의 연간 생산량인 500만 병 중 일부. 사진 속의 술병들은 그랑 크뤼 마을이자 멈의 포도원이 있는 부지에서 생산된 것으로 보인다.

# PERRIER-JOUËT 페리에 주에

## ÉPERNAY 에페르네

**페리에 주에 하면 장식적이고 에나멜을 입힌 벨에포크 스타일의 술병이 떠오른다. 페리에 주에의 화려한 이미지는 파리에서 아르누보 사조가 정점에 달했을 때로 거슬러 올라간다. 그 아름다운 디자인은 샴페인의 꽃과 같은 우아함을 상징적으로 보여주지만, 그것이 대중 앞에 모습을 드러낸 때는 1960년대 후반에 이르러서였다.**

톨스토이의 《전쟁과 평화》에 등장하는 피에르 베주호프는 1811년의 대혜성을 세상의 종말을 알리는 불길한 징조로 받아들였다. 그러나 신혼부부였던 피에르 니콜라 페리에와 로즈 아델라이드 주에는 대혜성을 자신들이 갓 설립한 샴페인 회사가 승승장구하리라는 길조로 받아들였다. 부부의 직감은 1811년의 이례적인 풍작으로 뒷받침되었다. 높은 수요 덕분에 부부는 에페르네의 뤼 뒤 코메르스(Rue du Commerce)라는 평범한 거리의 24번지에 회사 부지를 사들일 수 있었다. 19세기 후반에 이르러서 그곳은 샹파뉴대로로 불렸으며, 에페르네 최고의 부촌으로 꼽혔다. 페리에 주에의 엄청난 인기 덕분이었다. 실질적으로 페리에 주에의 기반을 공고히 세운 사람은 부부의 아들로, 1848년에 사업을 물려받은 샤를 페리에였다. 그는 에페르네의 시장이자 시의원이기도 했다.

샤를은 이미 1850년대에 나폴레옹 3세와 외제니 황후를 접대하기 위해 샤토 페리에라는 웅장한 성의 건축을 의뢰할 정도로 부유했다. 페리에 주에가 영국에서 판매되기 시작한 때는 그 한참 전인 1815년으로, 워털루전쟁으로부터 몇 달 지나지 않은 시기였다. 그에 이어 1837년에는 미국으로 수출이 이루어졌다.



10년이 흐른 후에 페리에 주에의 영국 판매 대리인은 도자주가 0인 달지 않은 샴페인의 출시를 주도했지만, 성공을 거두지 못했다. 브뤼는 1870년대에 이르러서야 영국에서 유행하기 시작했고, 그 시기에 페리에 주에는 영국에서 엄청난 수요를 기록했다. 얼마 지나지 않아 영국이 전체 매출의 90%를 차지할 정도였다. 페리에 주에의 애호가 중에는 빅토리아 여왕, 에드워드 왕세자, 오스카 와일드, '세계 역사상 가장 유명한 여배우'로 불렸던 사라 베르나르가 포함되어 있었다. 베르나르는 연극무대와 무성영화에서 활동했던 프랑스 배우였는데, 일설에 따르면 페리에 주에로 목욕을 했다고 한다.

1879년에 샤를이 세상을 떠나면서 조카인 앙리 갈리스가 승승장구하던 회사를 물려받았다. 그 당시는 보불전쟁이 끝나고 유럽이 장기적인 평화와 번영의 시기로 접어든 때였다. 훗날 1차 세계대전의 참화를 겪은 프랑스 사람들이 마음 깊이 그리워하던 시대기도 했다. 파리를 중심으로 문화와 예술이 꽃피었던 이 시기를 벨에포크라 부른다. 이러한 벨에포크 기풍은 페리에 주에 벨에포크의 아름답게 장식된 술병에 고스란히 표현되어 있다.

1902년 갈리스는 유리 공예 장인이자 아르누보 사조의 지도자였던 에밀 갈레에게 페리에 주에 빈티지 샴페인의 술병 디자인을 의뢰했다. 저명한 식물학자이기도 했던 갈레는 자기 집 정원에서 샤르도네의 색상과 꽃의 특성을 반영하기 위해 흰 아네모네를 선택했다. 하지만 갈레의 작품을 대량으로 재

▲ 로즈 아델라이드 주에(위)와 그녀의 남편 피에르 니콜라 페리에(아래)는 대혜성의 해인 1811년에 페리에 주에를 공동으로 설립했다. 대혜성은 회사에 상서로운 길조로 작용했다. 그러나 사실 브랜드를 구축하고 가족의 명성을 드높인 사람은 부부의 아들 샤를 페리에다.

◀ 페리에 주에는 모엣 샹동이나 폴 로제처럼 에페르네에서 가장 멋진 동네인 샹파뉴대로에 본사를 둔 거물급 샴페인 하우스다.

현할 방법이 없었기에 안타깝게도 그 계획은 무산되었다. 그러다 1960년대에 양조 책임자 앙드레 바바레가 저장고 벽장에서 원본 병을 발견한 후, 갈레의 디자인을 재현해 벨에포크 빈티지 퀴베의 술병에 사용하기로 결정되었다. 페리에 주에는 1969년 파리에서 듀크 엘링턴의 70세 생일을 축하하는 의미로 벨에포크 빈티지 퀴베를 출시했다. 대략 500명의 특급 고객들이 번호가 붙은 매그넘 한 병씩을 받았다. 나머지 물량은 파리의 최고급 식당인 맥심과 파리에서 최고로 고급스러운 식료품점 포숑에서 판매되었다. 그 후 벨에포크 빈티지 퀴베에 이어 로제와 블랑 드 블랑이 출시되었다.

그 시기에 페리에 주에의 소유권은 G.H. 멈의 소유주이기도 한 시그램으로 넘어간 상태였지만, 갈리스 가족의 사촌인 미셸 뷔댕이 운영을 담당하고 있었다. 시그램의 영향력 덕분에 페리에 주에의 유통이 힘을 받았다. 돈 휴잇슨의 저서《샴페인의 영광》에 따르면, 특히 미국에서는 "드라마〈댈러스〉에서 주인공 JR 유잉이 페리에 주에를 들이키지 않는 회차가 거의 없을" 정도로 인기 있었다고 한다. 그러다 시그램의 주류 제국이 해체되었고, 페리에 주에는 여러 주인의 손을 거치다가 2006년에 페르노리카의 소유가 되었다. 마침내 프랑스인의 손으로 돌아간 것이다. 페르노리카는 시바스 리갈, 제임슨, 앱솔루트 같은 증류주로 잘 알려진 거대 주류 기업으로 프랑스계 회사다. 2008년에는 크라망의 그랑 크뤼 단일 포도원에서 생산된 포도로 만든 최상급 블랑 드 블랑이 벨에포크의 목록에 추가되었는데, 그 가격은 한 상자당 무려 3만 5,000파운드에 달했다. 무엇보다도 도자주 농도를 결정할 수 있는 맞춤형 샴페인이라는 점이 벨에포크 블랑 드 블랑만의 특징이었다.

오늘날 페리에 주에는 65헥타르 면적의 포도원을 소유하고 있으며, 그중 절반 이상이 코트 데 블랑에 위치한다. 포도 수요의 25%를 충족하기에 부족함이 없는 면적이다. 현재의 양조 책임자인 에르베 데샹은 독자적인 하우스 스타일을 만들어내기 위해 샤르도네의 산뜻한 우아함과 피노 누아의 완숙함과 향을 조화하려 고군분투 중이다.

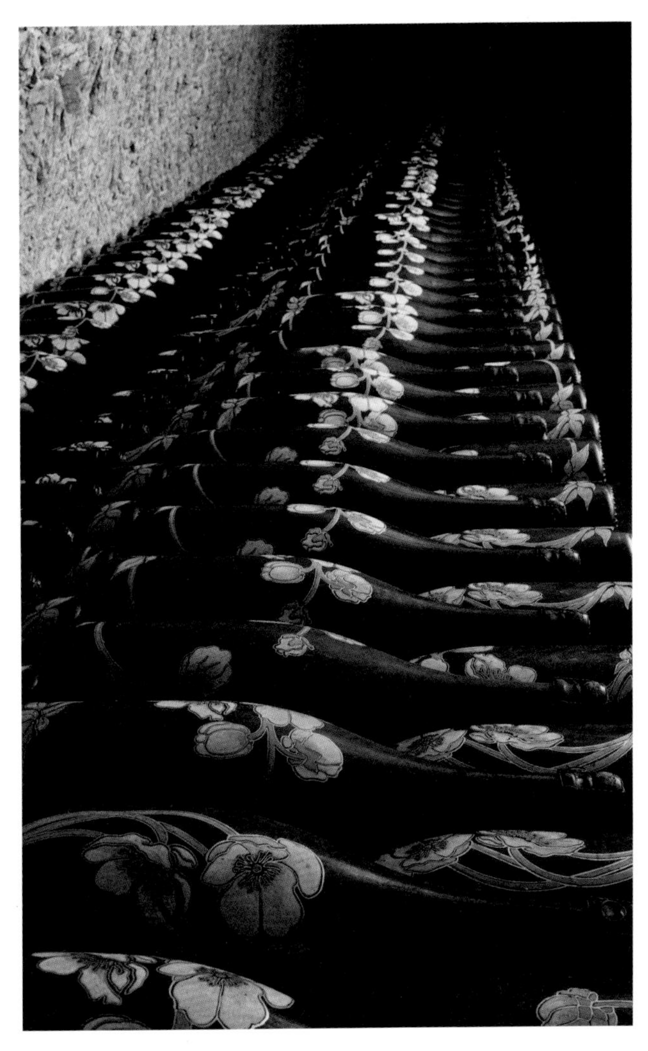

## TASTING NOTES

**페리에 주에 그랑 브뤼 NV**
**Perrier-Jouët Grand Brut NV**

적포도(피노 누아 40%, 피노 뫼니에 40%) 특유의 매끈하고 부드러운 풍미에 레몬 껍질의 향이 신선함을 더하며 복숭아 같은 과일의 향이 골격을 이룬다. 30개월 동안 효모 앙금 위에서 숙성되며 도자주가 리터당 9그램으로, 대단히 복합적이지는 않지만 아련하고 부드러운 매력을 풍기는 샴페인이다.

**페리에 주에 벨에포크 2007**
**Perrier-Jouët Belle Epoque 2007**

페리에 주에 중에서도 아름답기 그지없는 벨에포크로 가면 가격이 훌쩍 뛰어오른다. 구매자는 분명 아르누보 스타일의 아네모네 문양을 보고 그 가격을 지불하는 것이겠지만 어쨌든 벨에포크는 사랑스러운 샴페인이며 풍성하고도 순수한 과일 풍미가 특징이다. 어떻게 해서인지는 몰라도 화사하고 정밀하며 부드러운 풍미를 동시에 전달한다.

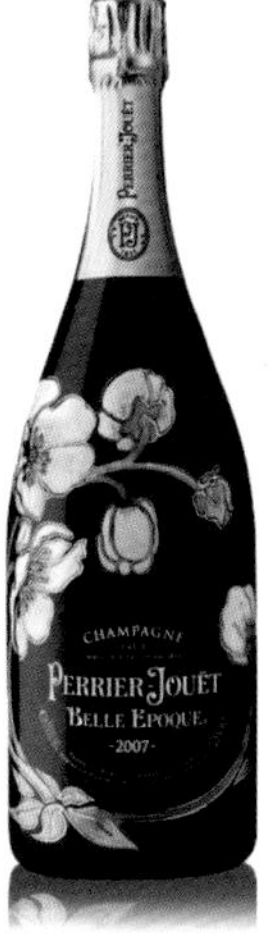

◀▲ 벨에포크 병이 영광스러운 자태로 페리에 주에의 저장고에서 휴식을 취하는 모습. 1902년에 나온 본래의 아르누보 디자인은 그 당시 기술로는 대량으로 재현하기가 불가능했으며, 1969년에야 공식적으로 출시되었다.

◀ 어느 샴페인 하우스를 가더라도 전통적인 퓌피트르가 전시되어 있는 모습을 볼 수 있다. 그러나 오늘날 술병의 대다수는 좀처럼 방문객의 눈에 띄지 않는 초대형 자이로팔레트에서 리들링을 거친다.

# PHILIPPONNAT 필리포나

## MAREUIL-SUR-AŸ 마뢰이 쉬르 아이

**필리포나는 거의 500년 동안 샹파뉴 지역에서 재배자와 네고시앙으로 일해온 가문이었다. 대략 50년 전부터 단일 포도원 샴페인으로 유명해지면서 독자적인 브랜드로 성장하기 시작했다. 기업 소유임에도 여러모로 가족이 운영하는 샴페인 하우스 같은 느낌을 준다.**

샤를 필리포나는 샴페인과 관련해 뿌리 깊은 혈통을 자랑한다. 샤를은 현재 필리포나 샴페인 하우스의 최고경영자이며, 그의 가문의 기원은 1522년으로 거슬러 올라간다. 그해에 조상 한 사람이 스위스 용병 지휘관으로서 군대에서 쌓았던 경력을 포기하고는 자기 소유 포도원이 있는 아이에 정착했다. 1600년대 말에는 이미 그의 후손들이 태양왕 루이 14세의 궁정에 레드 와인을 납품하는 상황이었다. 이들이 정확히 언제 발포성 와인을 생산하기 시작했는지는 확실치 않다. 필리포나 가문은 계속해서 아이에 머무르다가 1910년에 인근 마을인 마뢰이 쉬르 아이로 옮겨갔다.

그로부터 25년 후, 샤를의 종조부가 버려지다시피 한 포도원을 사들였다. 5.5헥타르 면적의 그 포도원은 샤토 드 마뢰이에 딸린 저장고의 일부였으며, 소유주의 파산으로 방치되었다. 경사가 가파르고 남쪽을 바라보며 부르고뉴의 포도원처럼 담장으로 둘러싸인 이곳은 오래전에 우편엽서의 풍경 사진으로 사용되어 이름을 알렸다. 그 우편엽서에서 마른 운하에 반사된 포도원의 모습은 옆으로 누운 샴페인병과 비슷했다. 그 포도원의 이름은 레 클로 데 구아스(Les Clos des Goisses)로, 모든 단일 포도원 샴페인 중에서 가장 높은 평가를 받는 샴페인의 산지다. 클로 데 구아스 샴페인이 출시된 것은 포도원 매입 후 얼마 지나지 않아서였지만 1964년에 오래된 포도나무가 피노 누아로 대체되고 나서야 그 진정한 잠재력이 발휘되기 시작했다.

부분 경사도가 45°에 이를 정도로 햇볕이 최대한도로 내리쬐는 위치에 포도나무를 배치한 데다 비바람이 잘 들이치지 않는 이곳 포도원의 온도는 샹파뉴 지역의 평균 기온보다 1.5°C가 더 높다. 그런 만큼 부르고뉴의 적포도 품종에 최적화된 포도원이라 할 수 있다. 실제로 레 클로 데 구아스는 피노 누아가 3분의 2 비중을 차지해, 3분의 1인 샤르도네를 압도한다. 레 클로 데 구아스에서는 딱 샤를이 원하는 만큼으로 익은 피노 누아를 생산한다. 그는 "샴페인의 품질이 잘 익은 포도에 좌우된다"고 생각하며, "맛있게 먹을 수 있을 정도로 훌륭한 포도가 중요하다"고 말한다.

샤를은 지구 온난화를 인정하면서도 샴페인에는 긍정적인 영향을 주는 요소로 여긴다. "나는 우리가 클로 데 구아스를 통해 전보다 더 푹 익은 포도로도 매우 훌륭한 와인을 만들 수 있다는 점을 입증했다고 생각한다. 기온은 테루아르의 한 가지 요소일 뿐 중요한 요소는 아니다. 토양이 더 중요하다. 오늘날의 샴페인에 문제가 있다면 덜 익은 포도 때문이다." 포도는 생리학적인 완숙도가 최고조에 달할 때 수확된다. 다시 말해 과즙의 산도가 상대적으로 낮을 때다. 그러나 어떤 이유에서든 백악질 토양과 저장고 내에서의 말산 발효 부족으로 인해 약간이나마 존재하던 산도가 올라간다. 특히 도자주 농도가 낮은 샴페인에서 그러한 작용이 두드러진다. 클로 데 구아스는 20년 넘는 기간 동안 엑스트라 브뤼로 출시되어왔다.

레 클로 데 구아스에서는 샤르도네도 재배되는 반면에, 필리포나 소유의 다른 포도원에서는 온통 피노 누아가 재배되고 있다. 피노 누아가 풍성하게

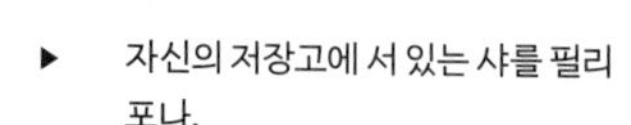
▸ 자신의 저장고에 서 있는 샤를 필리포나.

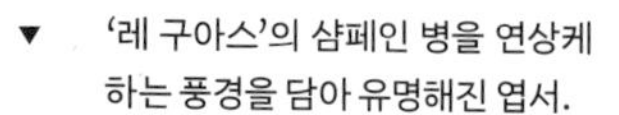
▾ '레 구아스'의 샴페인 병을 연상케 하는 풍경을 담아 유명해진 엽서.

## TASTING NOTES

**필리포나 로얄 레제르브 NV 브뤼**
**Philipponnat Royale Réserve NV Brut**

논빈티지치고는 비교적 풍부한 스타일의 샴페인으로, 배합의 3분의 2를 차지하는 잘 익은 피노 누아가 풍미를 주도한다(3분의 1은 샤르도네다). 또한, 은은한 향신료와 고소한 풍미가 어우러져 신선함이 느껴지는 훌륭한 아페리티프 샴페인이 된다.

**필리포나 클로 데 구아스 2009**
**Philipponnat Clos Des Goisses 2009**

강렬하고 향기로운 샴페인으로, 잘 익은 서양배, 핵과류(복숭아를 비롯해 중심부에 큰 씨가 있는 과일—옮긴이), 밀랍의 향을 풍긴다. 미세한 거품이 끊임없이 혀를 감싸며 부드럽고 우아한 무스를 만들어낸다. 한편 풍성하고 복합적인 미감이 서서히 열어지면서 매우 깔끔한 여운을 남긴다.

◀ 필리포나의 샴페인은 샤토 드 마리이에 있으며, 18세기부터 이어져 내려오는 고풍스러운 저장고에서 숙성을 거친다.

▼◀ 필리포나 가문은 이미 18세기 초반, 루이 14세 궁정에 레드 와인을 납품했다.

자라나는 포도원은 남향 경사지로 이루어져 있으며, 샹파뉴 지역의 중심부인 아이 주변에 위치한다. 필리포나는 17헥타르 면적의 포도원을 소유하고 있으며, 추가로 5헥타르 면적의 포도원을 빌려서 사용하는 중이다. 연간 70만 병의 생산에 필요한 포도 물량의 3분의 1이 그 같은 포도원들로부터 공급된다. 샤를에 따르면 "대부분의 포도를 이 주위에서 구매한다"고 한다. 그는 "풍미의 강도, 잘 익은 피노 누아를 중심으로 한 과일향, 신선함, 토양에서 자연스럽게 비롯되는 미네랄감에 초점을 맞춘다"는 말로 필리포나 특유의 스타일을 설명한다. 그 결과물은 볼랑제처럼 강건하고 대담한 피노 누아 스타일의 샴페인보다는 가볍다.

필리포나는 현재 랑송을 소유한 주류 기업에 속해 있지만, 샤를은 "나는 필리포나 샴페인에 자부심을 느끼기보다 책임감을 느낀다"는 말로 가족의 유산을 강조한다. 그렇다면 필리포나는 얼마만큼 독립적인 샴페인 하우스일까? 샤를은 단숨에 "101% 독립적이다!"라고 대답한다. "내게는 내 소유의 포도, 포도밭, 양조장이 있고 독자적인 자금조달 수단과 유통망이 있다." 모기업 랑송 BCC 그룹이 웬만하면 경영에 개입하지 않는다는 얘기다. 이 같은 접근법은 성공을 거두고 있는 것으로 보이며 필리포나의 다음 세대 후손들이 경영이라는 도전 과제를 떠맡을 의향만 있다면 앞으로도 지속될 가능성이 크다.

# PIPER-HEIDSIECK 파이퍼 하이직

## REIMS 랭스

**빨간색과 황금색이 돋보이는 레이블로 유명한 파이퍼 하이직은 오랫동안 다른 샴페인 하우스와의 차별화를 모색해왔다. 더 나아가 하이직이라는 이름으로 유통되어온 다른 샴페인 하우스와도 거리를 두었다. 파이퍼 하이직을 둘러싼 이야기는 꽤나 흥미진진할 뿐 아니라 그 옛날 할리우드의 생생하고 화려한 매력으로 가득하다.**

처음에는 무엇을 입고 자느냐는 질문에 대한 마릴린 먼로의 답변이 지나치게 음란하다고 여겨져서 신문 지면에 실리지 못했다고 한다. 1952년에야 〈라이프〉 잡지의 보도로, 그녀가 샤넬 넘버 5 한 방울 외에는 아무것도 걸치지 않고 잔다고 답했다는 사실이 밝혀져서 사람들에게 충격을 주었다. 먼로는 으레 같은 질문을 받았으며, 때로는 이 말도 덧붙였다. "잠에서 깨어나면 파이퍼 하이직 샴페인을 한잔 마신다." 그러나 벌거벗은 먼로가 향수만 뿌린 채로 침대에 누워 있는 이미지가 (특히나 샤넬의 마케팅팀 입장에서는) 하도 강렬했던지라 샴페인을 언급한 답변은 대개 주목받지 못했다.

그럼에도 먼로의 샴페인 사랑은 의심할 여지가 없는 사실이다. 특히 그녀는 당시에 미국에서 가장 많은 매출을 올리는 샴페인 중 하나였던 파이퍼 하이직을 선호했다. 먼로는 항상 주방에 한 달 치를 비축해 파이퍼 하이직이 동나는 일이 없도록 만전을 기했다고 한다. 파이퍼 하이직은 1933년에 영화 〈사막의 아들〉을 통해 영화계에 첫선을 보인 이후 할리우드 대형 영화사의 사랑을 받아왔다. 오늘날 파이퍼 하이직은 아카데미 시상식 행사에 샴페인을 공급하고 있으며, 1990년대 초반 이후 매년 프랑스 칸느 영화제를 후원해왔다.

본래 '샴페인 하이직'으로 불렸던 파이퍼 하이직이 설립된 1785년만 해도, 샴페인 하우스의 숫자는 10개 미만이었다. (훗날 프랑스식 이름인 플로랑스 루이로 개명한) 플로렌츠 루트비히 하이직은 고급 직물을 취급했고, 그의 고객 중에는 베르사유 궁전의 신하들도 있었다. 그는 고향인 독일의 베스트팔렌에서 프랑스 북부의 섬유 중심지였던 랭스로 출장을 떠나는 일이 잦았다. 그러다 현지 처녀와 사랑에 빠져 랭스에 정착하기로 결심했다. 그곳에서 몇 년 동안 샴페인 생산에 관여한 끝에 자기 소유의 샴페인 하우스를 차렸다.

플로랑스 루이는 자신의 유일한 자식이 일찍 세상을 떠나자 조카들을 불러 사업에 참여시켰다. 그중 한 사람인 샤를 앙리 하이직은 승리하는 쪽에 싣고 간 샴페인을 판매할 목적으로 흰색 종마에 올라타 나폴레옹의 진격 부대보다도 더 먼저 모스크바에 도착한 것으로 유명하다. 기회주의의 대표적인 사례다! 플로랑스 루이가 1828년에 세상을 떠났을 때 가족기업인 샴페인 하이직은 분열되기 시작했다. 1834년에 조카 두 명이 하이직 모노폴(Heidsieck Monopole)의 전신이 되는 샴페인 하우스를 차리기 위해 독립하자 남은 조카 크리스티앙 하이직이 동업자인 앙드레 기욤 파이퍼와 사업을 이어나갔다. 1년 후에 크리스티앙이 세상을 떠나고 나서 그의 아내는 적당한 애도 기간을 보낸 후 파이퍼와 재혼했다. 미국 시장에서 '파이퍼의 하이직'이란 이름으로 부르는 일이 많았기 때문에 샴페인 하이직은 1845년에 파이퍼 하이직이라는 이름을 공식적으로 채택했다.

그러나 샤를 앙리 하이직의 아들이자 앙리오 가문의 어머니를 둔 샤를 카미유 하이직 역시 1851년에 독자적인 샴페인을 출시하기로 결심하면서 혼란은 한층 더 가중되었다. 현재 찰스 하이직과 파이퍼 하이직이 같은 기업

▲ 샴페인 찰리로도 알려진 샤를 카미유 하이직은 1852년에 처음으로 미국을 방문한 후에 미국에서 샴페인을 유행시킨 인물이다.

▼ 마릴린 먼로는 파이퍼 하이직의 열렬한 팬이었다. 한 달 분량의 파이퍼 하이직을 주방에 구비해놓았다는 소문이 돌 정도였다.

▲ 화려함과 아름다움. 파이퍼 하이직의 독특한 빨간색과 금색 라벨은 할리우드를 위해 제작되었다. 하이퍼 하이직은 오스카상 시상식에 물품을 제공할 뿐 아니라 칸느 영화제의 장기 후원사로 활동하고 있다.

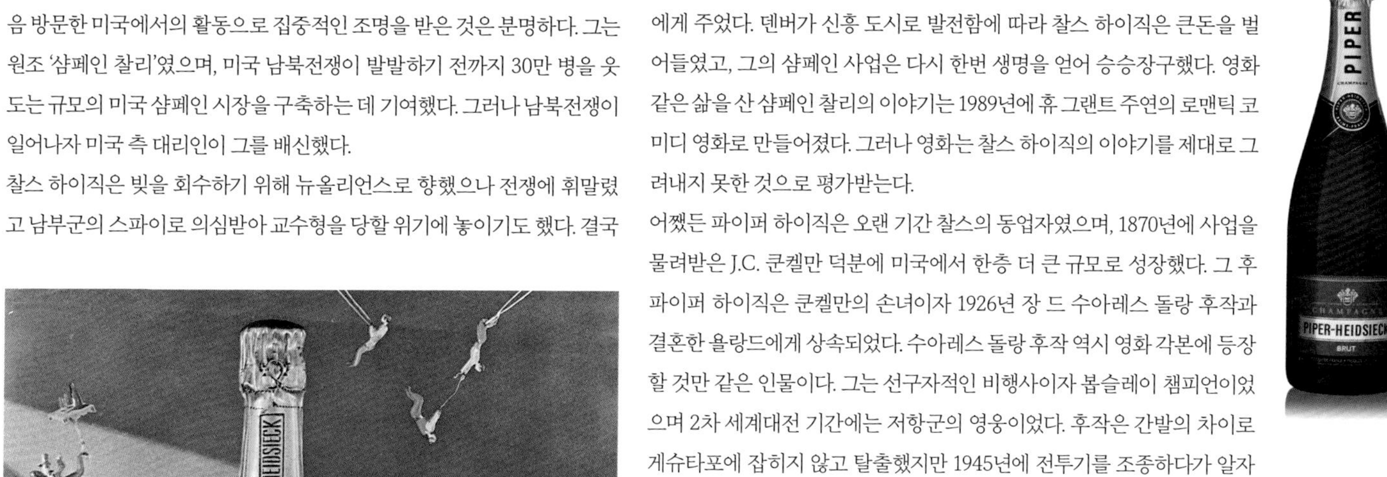


◀ 1935~1936년의 미국 내 샴페인 매출을 기록한 찰스 하이직의 회계 장부. 1920년부터 1933년까지 이어진 금주법이 폐지된 직후다. 매출이 1차 세계대전 이전의 수준으로 회복되기까지는 몇 년이 더 걸렸다.

▼◀ 1950년대의 잡지 광고. 오렌지색에 가까운 샴페인이 눈에 띈다. 얼마 후 파이퍼 하이직은 하이직 계열의 다른 샴페인과 차별화하려면 좀 더 대담한 디자인의 술병이 필요하다는 사실을 깨달았다.

▼▼ 쉬르 라트 방식으로 보관 중인 파이퍼 하이직의 샴페인.

## TASTING NOTES

### 파이퍼 하이직 브뤼 NV
**Piper-Heidsieck Brut NV**

파이퍼의 주력 샴페인인 브뤼 NV 블렌드는 샤르도네의 비중이 15%에 불과한 블랑 드 누아지만, 생각보다 더 산뜻하고 신선하다. 선명하고 생생한 과일 향과 두드러진 레몬 껍질의 풍미에 프랑스 과자 특유의 향을 전달한다.

### 파이퍼 하이직 레어 밀레짐 2002
**Piper-Heidsieck Rare Millésime 2002**

파이퍼의 양조를 책임졌던 레지 카뮈와 세브린 프레르송 고메스는 특히나 이 멋진 빈티지 샴페인에서 강점을 발휘했다. 몽타뉴 드 랭스산 샤르도네와 피노 누아가 70대 30으로 배합된 레어 밀레짐 2002는 균형감이 돋보이는 샴페인이다. 머랭 과자 같은 섬세함과 정밀함을 지녔으면서도 그 핵심에는 말린 과일의 풍부한 풍미가 자리하고 있다. 매끄럽기 이를 데 없는 거품과 오래 지속되는 미네랄 감의 여운 역시 특징이다.

의 소유라는 점을 감안하면 두 곳의 이야기를 함께 소개하는 편이 합당할 것이다. 주로 '찰스 하이직'으로 알려진 샤를 카미유 하이직이 1852년에 처음 방문한 미국에서의 활동으로 집중적인 조명을 받은 것은 분명하다. 그는 원조 '샴페인 찰리'였으며, 미국 남북전쟁이 발발하기 전까지 30만 병을 웃도는 규모의 미국 샴페인 시장을 구축하는 데 기여했다. 그러나 남북전쟁이 일어나자 미국 측 대리인이 그를 배신했다.

찰스 하이직은 빚을 회수하기 위해 뉴올리언스로 향했으나 전쟁에 휘말렸고 남부군의 스파이로 의심받아 교수형을 당할 위기에 놓이기도 했다. 결국 프랑스로 귀국해 무일푼 신세로 지냈다. 그러다 어느 날 갑자기 미국 측 대리인의 동생이 사죄의 의미로 덴버의 3분의 1이나 되는 부동산 소유권을 그에게 주었다. 덴버가 신흥 도시로 발전함에 따라 찰스 하이직은 큰돈을 벌어들였고, 그의 샴페인 사업은 다시 한번 생명을 얻어 승승장구했다. 영화 같은 삶을 산 샴페인 찰리의 이야기는 1989년에 휴 그랜트 주연의 로맨틱 코미디 영화로 만들어졌다. 그러나 영화는 찰스 하이직의 이야기를 제대로 그려내지 못한 것으로 평가받는다.

어쨌든 파이퍼 하이직은 오랜 기간 찰스의 동업자였으며, 1870년에 사업을 물려받은 J.C. 쿤켈만 덕분에 미국에서 한층 더 큰 규모로 성장했다. 그 후 파이퍼 하이직은 쿤켈만의 손녀이자 1926년 장 드 수아레스 돌랑 후작과 결혼한 욜랑드에게 상속되었다. 수아레스 돌랑 후작 역시 영화 각본에 등장할 것만 같은 인물이다. 그는 선구자적인 비행사이자 봅슬레이 챔피언이었으며 2차 세계대전 기간에는 저항군의 영웅이었다. 후작은 간발의 차이로 게슈타포에 잡히지 않고 탈출했지만 1945년에 전투기를 조종하다가 알자스 상공에서 격추되었다. 그 후 후작의 아들이 33년 동안 파이퍼 하이직을 운영했고, 2011년부터는 데쿠르 가족의 소유가 되었다.

# POL ROGER 폴 로제

## ÉPERNAY 에페르네

"여러분, 우리가 싸워 지켜야 할 대상은 프랑스뿐 아니라 샴페인임을 명심하시오!" 윈스턴 처칠이 2차 세계대전 당시에 영국군의 소집을 명령하면서 선언한 말이다. (프랑스와 샴페인 중에서) 처칠이 무엇을 더 중요시했는지는 각자의 판단에 맡긴다.

어떤 이는 처칠이 샴페인이 없어도 프랑스를 구할 가치가 있는 나라로 생각했겠지만, 그랬다면 그만큼 전력을 다하지는 않았으리라고 추측한다. 분명한 사실은 처칠이 샴페인을, 특히 폴 로제를 애호했다는 점이다. 널리 퍼진 주장처럼 그가 정말로 처음으로 구매한 1908년부터 날마다 폴 로제를 두 병씩 들이켰다면 평생 4만 2,000병의 폴 로제를 마셨다는 이야기가 된다. 놀라운 사실은 그뿐이 아니다. 그는 아침이면 물을 탄 조니 워커를 '아빠의 칵테일'로 부르며 홀짝였으며, 초저녁에도 스카치를 마셨다. 게다가 저녁 반주와 식후 브랜디를 마셨으며 하이볼로 하루를 마무리했다고 한다. 그 주장이 사실이라면 그가 영국을 '가장 암울한 시기'로부터 구해낸 것은 둘째 치고 중년을 넘긴 것은 기적이나 다름없다. 그러나 이 같은 일화는 처칠이 일평생 피웠다고 하며 영국 선술집 퀴즈의 단골 질문이기도 한 25만 개피의 여송연처럼, 처칠의 비현실적인 주량과 무쇠처럼 튼튼한 체질이 허풍이 아님을 주장하려는 장치일 가능성이 크다.

흔히 'Pol'이라는 맞춤법으로 알려진 폴 로제는 1849년에 가족이 사는 아이 마을에서 와인 사업을 시작했다. 3년 만에 그는 에페르네로 옮겨 가서 1899년에 두 아들에게 물려줄 때까지 샴페인 로제를 운영했다. 조르주와 모리스는 1877년에 빅토리아 여왕으로부터 영국 왕실 납품허가증을 받았을 정도로 잘나가는 사업을 물려받았고, 가문의 이름을 폴 로제로 바꾸었다. 폴 로제는 파리 샹젤리제와 런던 웨스트엔드의 고급 호텔뿐 아니라 영국 의회에서도 제공되었다. 처칠도 의회에서 폴 로제를 처음 접했을 가능성이 있다.



에페르네의 시장이기도 했던 모리스 폴 로제는 1914년 9월 4일에 도시로 진격해온 독일군을 상대해야 했다. 그는 포로로 잡혔고 1주일 후에 마른 전투에서 패배한 독일군이 물러갈 때까지 네 차례나 처형을 당할 뻔했다. 포탄이 날아다니고 굉음을 내는 동안에도 폴 로제와 그와 친한 페리에 주에 운영자들은 곧바로 수확 계획에 돌입했다. 그러고는 전쟁 내내 해마다 포도를 수확했다. 에페르네는 랭스와 같은 참화를 모면했지만, 1917년 어느 여름날 100개에 달하는 폭탄이 떨어졌고, 에페르네의 모든 시민은 폴 로제와 페리에 주에의 지하 저장고에 피신했다.

폴 로제와 처칠의 관계는 2차 세계대전 당시인 1944년 8월에 파리의 해방을 기념해 열린 파티에서 확고해졌다. 처칠은 오데트 폴 로제에게 완전히 빠져들었다. 오데트는 모리스의 며느리였고 사교계에서 이름난 미인이었다. 두 사람은 친한 친구 이상의 관계였을까? 폴 로제 영국의 대표인 제임스 심슨은 "그가 그녀에게 매력을 느낀 건 확실하다"면서 "하지만 그 이상은 아니었고 누군가의 말대로 '노년기의 순수한 우정'이었다"고 말한다. 처칠은 스스로의 표현대로 세상에서 가장 술이 잘 넘어갈 것 같은 장소로 초대받기만 한다면 맨발로 직접 포도를 으깨겠다고 약속했다. 안타깝게도 그는 에페르네를 방문하지 못했지만, 오데트는 처칠의 생일 때마다 그가 가장 선호한 빈티지(1928년) 한 상자를 보냈다. 물량이 동날 때까지 말이다. 그 대가로 그는 자신이 가장 아끼는 경주마에 폴 로제라는 이름을 붙여주며 오데트에 대

▲ 폴 로제는 연간 생산량이 160만 병 정도인 중간 규모의 샴페인 하우스다. 따라서 직접 소유한 91헥타르 면적의 포도원으로도 필요한 포도 물량의 절반을 확보하기에 부족함이 없다.

▲ 폴 로제 영국의 제임스 심슨 대표에 따르면, 윈스턴 처칠은 에드워드 시대의 전형적인 신사답게 레드 와인이나 화이트 와인을 꺼렸다고 한다. 샴페인을 순은으로 만든 큰 컵에 담아 파인트 단위로 마셨는데, 그 분량은 점심에 두 파인트, 저녁에 한 파인트였다.

한 감사를 표현했다.

폴 로제도 화답했다. 처칠이 세상을 떠난 지 10년이 지난 1975년에 그를 기리기 위해 빈티지 퀴베인 윈스턴 처칠 경(Sir Winston Churchill)을 첫 출시한 것이다. 레이블에는 조문을 표하는 의미에서 검은 테두리 장식을 한참 동안 넣었다. 폴 로제는 1930년대에 철회된 영국 왕실 납품허가증을 다시 받은 2003년에야 비로소 검은 테두리 장식을 제거했다. 그러나 현재까지도 테두리 장식을 제거한 것을 불평하는 영감님들이 있다고 한다.

폴 로제는 아직도 가족 소유다. 이는 무엇보다도 연간 생산량 160만 병에 필요한 포도 물량의 절반을 확보할 수 있는 91헥타르의 포도원을 소유한 덕이 크다. 심슨은 폴 로제가 고객 한 사람의 명성에 과도하게 의존하는 감이 없지 않다는 점을 인정하면서도 이렇게 말한다.

> "모든 사람이 폴 로제가 가족 소유이며
> 처칠이 폴 로제를 마셨다는 사실을 기억하기만 해도,
> 대부분 샴페인 하우스보다
> 훨씬 더 유리한 위치에 놓이는 셈이다."

분명 처칠은 그의 전기를 쓴 작가이자 가장 열렬한 팬이었던 전 영국 총리 보리스 존슨과는 달리, 자신의 악행을 내보이는 일에 거리낌이 없었다. 어떤 사람은 존슨이 처칠을 연상케 하는 허세와 거창함을 지녔다고 주장하지만, 그가 공개적으로 폴 로제를 병나발로 마시는 모습을 보일 리는 만무하다.

▲ 처칠은 자기가 키우는 경주마에 오데트의 성씨를 따서 폴 로제라는 이름을 붙였다. 그녀는 모리스 폴 로제의 며느리로, 1944년 파리 해방 직후에 처칠과 친분을 맺었다.

▼ 폴 로제의 웅장한 본사 건물은 에페르네의 샹파뉴 대로 44번지에 위치한다. 처칠은 그곳을 "세상에서 가장 술이 잘 넘어갈 것 같은 장소"로 표현했다.

## TASTING NOTES

**폴 로제 브뤼 레제르브 NV**
**Pol Roger Brut Réserve NV**

폴 로제가 "완벽한 식전 샴페인"으로 광고한 상품이며, 실제로도 신선하고 생생한 활력을 지녀 미각을 자극한다. 3분의 1 비중을 차지하는 코트 데 블랑의 샤르도네가 우아함을 책임지는 한편, 동량의 몽타뉴 드 랭스산 피노 누아가 붉은 사과를 비롯한 상큼한 과일 향을 더한다.

**폴 로제 브뤼 빈티지 2006**
**Pol Roger Brut Vintage 2006**

그랑 크뤼 포도원에서 최상급의 포도를 선별해 넣은 브뤼 빈티지 2006은 몽타뉴 드 랭스의 피노 누아와 코트 데 블랑의 샤르도네가 각각 60 대 40으로 결합한 샴페인이다. 레몬 향이 지배적이며 분필 같은 미네랄감이 은은하게 느껴진다. 또한 붉은 사과, 아몬드 크루아상, 약한 바닐라 풍미를 낸다. 한마디로 꽤나 매력적인 샴페인이다.

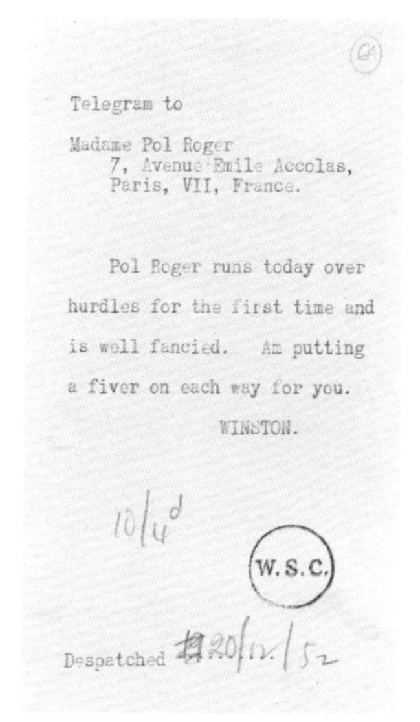

Telegram to

Madame Pol Roger
7, Avenue Emile Accolas,
Paris, VII, France.

Pol Roger runs today over hurdles for the first time and is well fancied. Am putting a fiver on each way for you.

WINSTON.

10/4d

W.S.C.

Despatched 20/12/52

▼▶ 경주마 폴 로제가 1952년 경주에 참여하는 중임을 알리기 위해 처칠이 오데트에게 보낸 전보.

# POMMERY 포므리

## REIMS 랭스

**루이즈 포므리는 비범한 여성으로, 큰 업적을 세운 과부 클리코와 다르지 않았다. 초상화 속에서 상복을 입고 근엄한 표정을 지은 모습만 보면 짐작하기 어렵겠지만, 루이즈는 샴페인 역사상 가장 화려한 브랜드를 구축한 사람 중 하나였다.**

뵈브 클리코는 이미 19세기 중반에 연 매출이 40만 병을 넘어서는 대형 브랜드였다. 브랜드 이름의 기원이 된 바르브 니콜 클리코는 70대의 나이에도 사업에 적극적으로 관여했다. 얼마 지나지 않아 샴페인업계에 바르브 니콜처럼 여러모로 의지가 강한 과부가 한 명 더 등장했다.

이야기는 나르시스 그레노가 1836년에 인수한 소규모 샴페인 하우스 뒤부아 고세(Dubois-Gosset)에서 시작한다. 판매와 마케팅을 책임진 사람은 그레노였지만, 재정적 지원은 랭스에서 직물로 부를 쌓은 가문의 후손 루이 알렉상드르 포므리의 몫이었다. 포므리는 뒤부아 고세의 지분 과반수를 확보했고, 그가 1858년에 세상을 떠나자 그의 아내 루이즈가 소유권을 넘겨받았다. 그때 루이즈는 불혹을 바라보는 나이였다. 포므리와 그레노의 회사는 와인보다 모직물 사업에 치중했으며 그마저도 발포성보다는 비발포성 와인 위주로 취급했다. 그러나 곧 루이즈는 그러한 상황을 바꾸어놓았고 자신의 충실한 부하직원 앙리 바니에과 함께 포므리 샴페인을 대규모로 키워 나갔다. 포므리는 특히 영국에서 큰 인기를 누렸다. 영국은 포므리가 앞장서서 브뤼 샴페인을 유행시킨 곳이었다.

루이즈가 남긴 유형의 유산은 랭스 동부에 위치한 웅장한 본사 건물이다. 이 건물의 지하에는 로마 시대의 채석장을 깎아 만든 저장고와 터널이 18킬로미터 길이로 펼쳐진다. 루이즈가 뤼나르 가문으로부터 사들인 곳이다. 전 주인 클로드 뤼나르가 와인 비축 용도로만 썼던 그곳을 루이즈는 '샴페인 극장'으로 개조하기로 결심했고, 결국 프랑스 최고의 관광 명소 중 하나로 만들었다.

이곳을 찾은 방문객들은 (스코틀랜드 남작의 저택과 디즈니랜드의 건축물을 선별해놓은 듯한) 망루와 첨탑이 모여 있는 광경에 놀란다. 그러다 웅장한 계단을 내려가 저장고에 들어서면 벽에 부조된 조각과 거대한 목재 배합조가 나타난다. 어둑한 저장고 안에는 더블린, 부에노스아이레스, 아바나 등 포므리가 샴페인을 공급해온 주요 도시의 이름을 딴 길 사이로 술병들이 길게 이어져 있다.

한편 루이즈는 지하 저장고 말고도 지상의 포도원을 확보하기 시작했고, 영국인들에게 달지 않은 샴페인을 소개하는 일에 착수했다. 그녀는 양조 책임자 올리비에 다마에게 말했다. "우리는 최대한 드라이하면서도 경직되지 않은 와인을 만들어야 합니다. 입안에서 부드럽고 매끄러운 감각이 느껴져야 해요. (중략) 무엇보다도 반드시 섬세해야 합니다." 다마의 후임인 빅토르 랑베르가 1874년에 만들어낸 포므리 나튀르(Pommery Nature)가 바로 그러했다. 포므리 나튀르는 그로부터 2년 후에 영국에서 판매되었다.

포므리가 브뤼를 '발명'했든 아니든, 포므리 나튀르가 영국인들의 취향을 달지 않은 쪽으로 바꾸는 데 결정적인 역할을 한 것은 분명하다. 프랑스, 독

▲ 존경스러운 루이즈 포므리 부인. 1858년에 샴페인 하우스를 물려받은 그녀는 뵈브 클리코의 바르브 니콜처럼 샹파뉴 지역의 위대한 과부 중 하나가 되었다.

▲ 랭스 동쪽 근교에 넓게 자리한 포므리 샴페인의 본사는 디즈니랜드 마법의 왕국을 닮았다.

▶ 본사 지하 저장고에 보관되어 있는 포므리의 희귀한 빈티지 샴페인. 오늘날 포므리는 연간 500만 병 정도의 샴페인을 생산한다.

일, 그리고 무엇보다도 러시아에서 샴페인은 한참 동안 달콤하고 거품이 나는 후식용 술로 여겨졌다. 반면 영국의 경우, 포므리 나튀르 1874가 출시된 지 20년 정도 지난 후에 한 잡지가 "그 같은 와인을 다시 맛볼 수는 없을 것"이라고 한탄했을 정도로 달지 않은 샴페인을 선호했다. 포므리 부인은 딸 루이즈를 모나코 왕실 그리말디 가문의 친척인 기 드 폴리냐 공작과 결혼시키고 나서 1890년에 세상을 떠났다.

그렇게 해서 포므리는 루이 포므리, 그의 여동생 루이즈, 유력한 가문 출신인 그의 매제에게 상속되었다. 당시 전 세계 매출이 200만 병을 넘어섰고 영국에서 선두를 차지하는 등 사업이 매우 순탄한 상황이었다. 그들은 포므리 소유의 포도원을 300헥타르로 늘렸는데, 이는 모엣 샹동의 포도원에 버금가는 면적이었다.

1907년에 멜히오르 드 폴리냐이 사업을 물려받았고 포므리는 한참 동안 멜히오르 후손들의 소유로 남아 있었다. 그러다 1979년에 비료업계의 거물 그자비에 가르디니에가 포므리와 랑송을 인수했다. 양조 담당자였던 알랭 드 폴리냐을 제외하면 포므리 가문의 모든 후손이 사업에서 배제되었다. 알랭은 훗날 자신의 조상 루이즈를 기념하는 최고급 샴페인 퀴베 루이즈(Cuvée Louise)를 만들어냈다.

가르디니에는 랑송과 포므리의 운영이 만만치 않다는 사실을 인식하고는 결국 1984년 프랑스의 다국적 기업 BSN에 두 브랜드를 매각했으며, 6년 후 BSN은 두 브랜드를 LVMH에 매각했다. 곧 랑송은 다시 팔려나갔으며 포므리는 2002년 폴 프랑수아 프랑켄에 인수되었지만 그때는 이미 모든 포도원을 상실한 상태였다. 오늘날 하이직 모노폴과 프랑켄 샴페인은 자매 브랜드로서 탄탄한 소유주하에 운영되고 있다.

## TASTING NOTES

**포므리 브뤼 로얄 NV**
**Pommery Brut Royal NV**

최근에 포므리는 다소 부진을 겪었지만, 새로운 주인 프랑켄을 만나면서 사업이 개선되었다. 대담한 디자인의 브뤼 로얄은 전통적인 아페리티프 스타일로, 섬세하고 절묘하며 은은한 꽃 향을 풍기는 동시에 그 기저에는 깔끔하고 상쾌한 크랜베리와 붉은까치밥나무 열매의 풍미가 자리한다.

**포므리 브뤼 로제 NV**
**Pommery Brut Rosé NV**

브뤼 로얄과 마찬가지로 크랜베리 풍미를 낸다. 로제 색상은 적포도 껍질이 과육과 짧은 순간 접촉해서 색이 배어 나오는 방식으로 만든다. 포므리의 양조 담당자는 타닌이 스며들지 않도록 주의를 기울였으며, 상큼한 붉은 과일의 핵심 풍미에 이어 토양과 미네랄의 향이 느껴진다.

◀◀▲▲ 로마인이 백악과 석회암을 캐냈던 채석장의 일부. 뤼나르 가문이 저장고로 사용하다가 포므리에 매각했다.

◀▲▲ '지하 저장고의 쥐(프랑스어로 'rat'은 여성이나 어린아이에 대한 애칭으로도 사용함—옮긴이)'로 불리던 포므리의 작업자들이 랭스 지하의 땅굴 속으로 내려가는 웅장한 계단에 서 있는 모습. 일명 '샴페인 극장'인 이곳은 프랑스 최고의 관광 명소 중 하나다.

◀▲ 1868년 7월, 고대의 백악 채석장 몇 군데를 포므리의 저장고로 개조하는 작업이 시작되었다. 19세기 랭스에서 있었던 최대 규모의 건설 공사였다.

◀ 포므리가 소유한 18킬로미터 길이의 터널 안에 있는 현대적인 설치 예술 작품. 터널은 포므리가 샴페인을 공급해온 주요 도시의 이름을 따서 지은 길로 연결된다.

# LOUIS ROEDERER 루이 로드레

## REIMS 랭스

**뒤부아 페르 에 피스(Dubois Père & Fils)에 관해서는 알려진 정보가 거의 없다. 그곳은 1760년에 설립된 소규모 샴페인 하우스로, 1833년에 루이 로드레에게 상속되었다. 새로운 모습으로 탄생한 이곳이 가장 높은 평가를 받는 샴페인 하우스로 성장한 데는 최상급 퀴베 샴페인인 크리스탈의 역할이 컸다.**

루이 로드레(프랑스어 발음으로는 뢰데레에 가까움—옮긴이)는 동시대 다른 판매상들과는 달리 포도 가격이 매우 낮을 때 포도원을 사들여야 한다고 믿었다. 그 당시에는 경제적이지 못한 판단처럼 보였다. 현재 루이 로드레의 소유주이자 운영을 맡고 있는 7대손 프레데리크 루조는 "루이 로드레에게는 최고의 샴페인을 만들겠다는 이상이 있었다. 그리고 그 이상을 실현하기 위해서는 최상급 그랑 크뤼 포도원을 직접 소유해야 했다"고 말한다. 루조의 조상 루이가 처음 매입한 포도원 중에는 베르즈네에 있는 15헥타르 면적의 포도원도 있다. 루조에 따르면, 오늘날 베르즈네 포도원은 샹파뉴 지역에서 피노 누아에 가장 적합한 토양으로 인정받고 있다.

현재 루이 로드레의 포도원은 총 240헥타르에 달한다. 루이 로드레의 포도원은 마뢰이와 아이 등의 마을에 있는 마른 계곡 남향 경사면부터 코트 데 블랑의 샤르도네 생산지와 몽타뉴 드 랭스의 피노 누아 주요 생산지까지 뻗어 있다. 연간 생산량이 300만 병에 이르는 가운데 루이 로드레는 필요한 포도 물량의 70%를 자체 공급한다. 특히 빈티지 샴페인의 경우에는 포도 수요의 전량을 직접 충당하는 중이다. 루이 로드레 포도원의 3분의 2 이상은 그랑 크뤼다.

루조의 증조모이며 여장부였던 카미유 올리 로드레가 포도원을 매입하기 위해 돌아다니던 1930년대만 해도 재배자들이 포도원을 팔지 못해 안달이었다. 그러나 루조도 인정하듯이 오늘날 포도 구매는 무척 까다로운 일이 되었다. 그랑 크뤼 포도나무 몇 줄의 호가만 해도 눈이 휘둥그레질 수준으로 치솟았다. 포도원을 얼마 소유하지 못한 경쟁사라면, 훌륭한 샴페인을 만드는 데는 퀴베가 주조되는 저장고의 역할이 땅의 역할보다 더 크다고 주장할 것이다. 그러나 그들도 내심 루이 로드레의 광대한 포도원을 부러워할 가능성이 크다. 그리고 부러워하는 것이 당연하다.

19세기 후반, 해외 시장에서 영국인 다음으로 샴페인을 많이 구매한 이는 러시아인이었다. 러시아 시장을 처음 개척한 사람은 클리코 부인과 뵈브 클리코의 영업을 담당한 루이 본이지만, 이들의 노력에도 불구하고 다른 샴페인들이 유입되었고 그중에는 루이 로드레도 있었다. 1870년대에 루이 로드레는 러시아 황제 알렉산드르 2세만을 위한 특별한 퀴베 샴페인을 만들어달라는 주문을 받았다. 루이 로드레는 가장 훌륭하고 오래된 포도원을 선택했지만 1876년에 크리스탈을 황제에게 진상했을 때는 그 모든 장점이 엄청난 당분에 묻히고 말았다. 러시아인들은 리터당 106그램의 설탕이 들어가는 코카콜라보다 더 달짝지근한 샴페인을 선호했다.

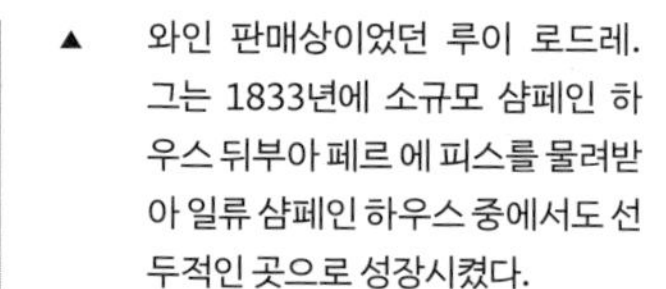

▲ 와인 판매상이었던 루이 로드레. 그는 1833년에 소규모 샴페인 하우스 뒤부아 페르 에 피스를 물려받아 일류 샴페인 하우스 중에서도 선두적인 곳으로 성장시켰다.

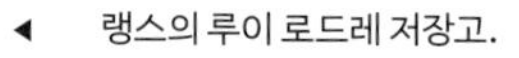

◀ 랭스의 루이 로드레 저장고.

◀◀ 프레데리크 루조는 로드레 가문의 7대손으로서 2006년에 아버지에게서 사업을 물려받았다.

‘크리스탈(Cristal)’이라는 이름은 술병에 사용된 바카라(Baccarat)의 투명한 크리스털 유리에서 유래했다. 황제의 연회에서 리넨으로 감싼 술병이 도드라져 보이도록 크리스털을 사용한 것이다. 한편, 크리스탈의 병 밑바닥에는 펀트라고 하는 움푹 파인 부분이 없었다. 누군가가 병 밑바닥에 수류탄을 숨기지 못하도록 취한 조치였다. 황제의 불안감은 기우가 아니었다. 여러 번의 암살 미수를 끝에 그는 결국 1881년에 암살되었다. 루이 로드레는 그 이후에도 러시아 황실의 공식 샴페인으로 남았고, 1917년에 혁명이 일어나기 전까지만 해도 생산량의 3분의 1이 러시아에서 판매되었다. 물론 볼셰비키(러시아혁명을 일으켜 정권을 잡은 공산주의 급진파—옮긴이)가 외상값을 지급했을 리 없으니 못 받은 대금이 어마어마했을 것이다.

그 후 크리스탈은 더 이상 깨지기 쉬운 바카라 크리스털 유리병에 담기지는 않았지만, 여전히 바닥이 평평한 채로 1924년에 재출시되었다. 금주법과 뒤이은 대공황 때문에 미국 시장을 잃자 루이 로드레는 1930년대 초반에 파산 직전까지 갔다. 카미유가 고인이 된 남편에게서 회사를 물려받은 때였다. 로드레에서 돈이 대량으로 빠져나간 이유는 카미유의 시동생이 러시아혁명이 일어난 후에도 태양왕처럼 호화로운 생활을 했기 때문이다. 그래서 그녀는 그를 해고했다. 루조는 이에 대해 다음과 같이 평한다. “소문이 어떠했을지 상상해보라. 카미유는 여성이었다! 그 당시 여성은 참정권조차 없었다.”

크리스탈의 이야기는 러시아 황제에서 유명한 래퍼들로 이어졌고 특히 래퍼 제이지와의 불운한 공방전으로 정점을 찍었다. 제이지는 2006년에 루조의 발언으로 기분이 상해 한때 가장 선호했던 샴페인을 디스하기 시작했고, 도금한 술병이 특징인 아르망 드 브리냑의 ‘에이스 오브 스페이드’로 갈아탔다. 공교롭게도 그는 현재 아르망 드 브리냑의 소유주기도 하다. 그럼에도 제이지의 비난은 크리스탈의 수요에 별 영향을 주지 못했다. 현재 크리스탈은 대부분 생명역동농법으로 재배된 포도를 원료로 하며, 리터당 9그램의 적당한 도자주가 주입된다. 이는 “그랑 크뤼의 마법을 이끌어낸다”는 루이 로드레의 간결하고 명료한 약속을 지키기 위한 조치다.

## TASTING NOTES

**루이 로드레 브뤼 프르미에 NV**
**Louis Roederer Brut Premier NV**

로드레의 일반 샴페인 브뤼 프르미에 NV는 크리스탈처럼 최고급 샴페인은 아니지만 정교한 구조감, 풍부한 과일 풍미, 섬세하고 고운 거품을 통해 논빈티지 샴페인의 기준을 끌어올렸다. 루이 로드레 소유의 포도원에서 재배된 포도가 절반 이상 들어가며, 동량의 피노 누아와 샤르도네에 20%의 피노 뫼니에가 배합된다. 육두구의 은은한 여운이 코끝에 감돈다.

**루이 로드레 로제 2010**
**Louis Roederer Rosé 2010**

루이 로드레의 빈티지 로제 와인에는 퀴미에르 등의 그랑 크뤼 마을에서 자란 피노 누아 3분의 2에 코트 데 블랑의 샤르도네 3분의 1이 배합된다. 순수하다 못해 시큼하기까지 한 붉은 과일의 풍미가 아몬드와 프랑스 과자의 향기 그리고 비할 데 없이 우아하고 섬세한 거품으로 완화되면서 아름답고 부드러운 면모를 보여준다.

◀▲ 루이 로드레 크리스탈. 세계 최초의 최고급 퀴베 샴페인으로서 1870년대에 러시아 황제 알렉산드르 2세의 주문으로 러시아 황실 전용 샴페인으로 만들어졌다. 1924년에 더 폭넓은 소비자를 대상으로 재출시되었다.

◀ 루이 로드레는 포도원을 정성 들여 확보한 끝에, 현재 샹파뉴 지역에 240헥타르를 소유하고 있다. 필요 물량의 3분의 2 정도를 이곳에서 충당한다.

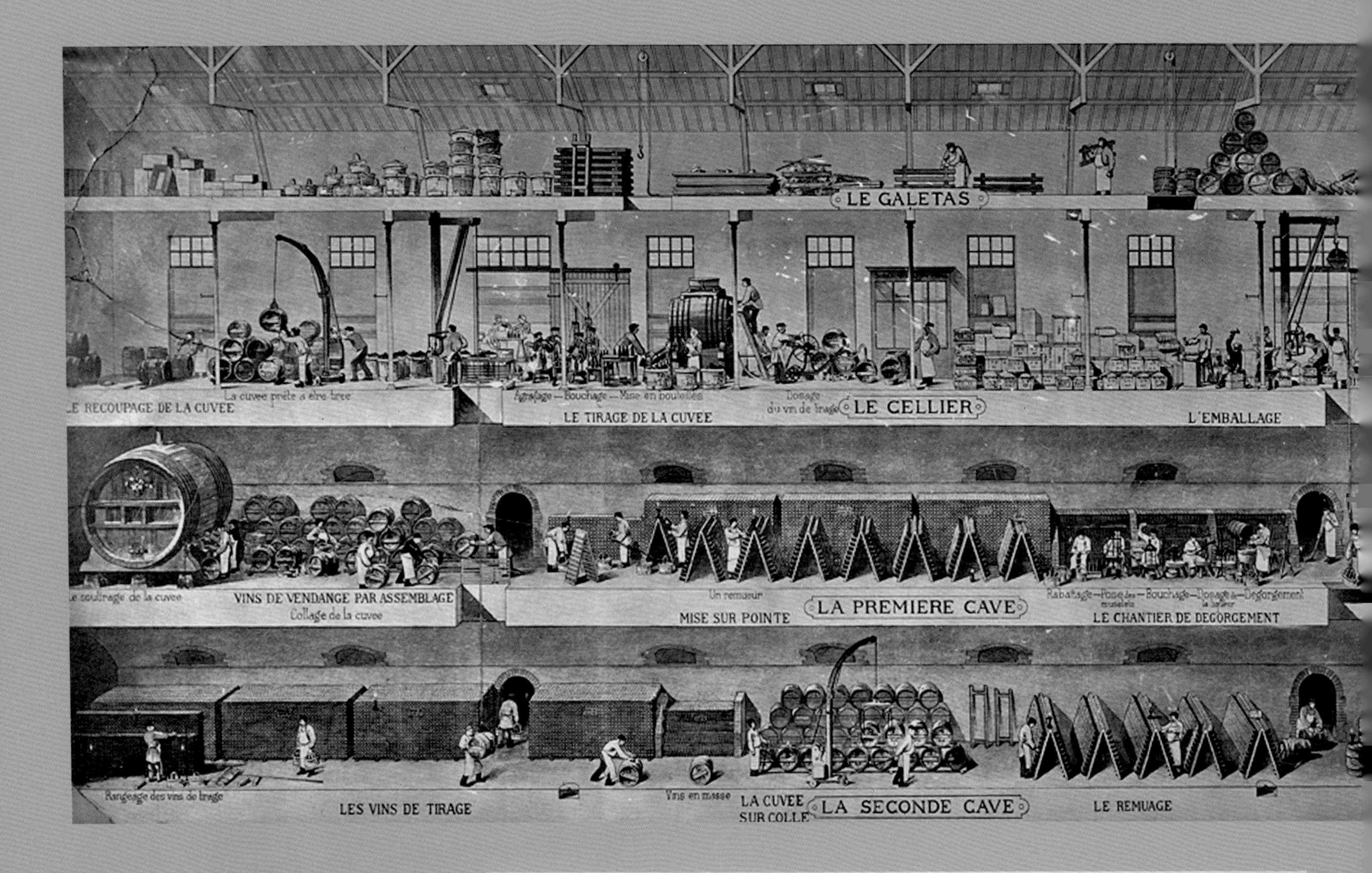


▲ 처마에 매단 코르크 마개 주머니에서 저장고 깊숙이에 리저브 와인을 보관한 큰 술통에 이르기까지, 루이 로드레 지붕 아래의 모든 것.

SOCIÉTÉ BELGE DE NAVIGATION A VAPEUR

A ANVERS

Directeur-Gérant : Mr F. MOENS

Agents-Généraux à Anvers, Alex. Smyers & Co

Agents à St-Pétersbourg, Semenoff & Co

Agent à Liége, Louis RASKIN

**SERVICE RÉGULIER PAR STEAMERS**

ENTRE

**ANVERS, CRONSTADT ET SAINT-PÉTERSBOURG**

**& VICE-VERSA**

Je ______ Capitaine du Bateau à vapeur ______ maintenant à **Anvers**, pour au premier temps favorable aller à **St-Pétersbourg** (Ville), avec faculté de transbordement et d'escales, reconnais avoir reçu dans mon dit navire sous son franc tillac, pour compte de qui il appartiendra, de vous M ______

4860/5256 388 Caisses 23280 bouteilles

5257/5286 30 3600 bouteilles

Ensemble 418 Caisses vin de Champagne

le tout sec et bien conditionné, marqué et numéroté comme en marge, lesquelles marchandises je m'engage de porter dans mon dit navire, *sauf les risques et périls de la mer et machines à vapeur et avec faculté de naviguer avec ou sans pilote et de remorquer et assister les navires dans toutes situations* à ______ aux conditions stipulées ci contre, dont les chargeurs soussignés reconnaissent avoir pris connaissance, où elles seront délivrées à l'ordre de M ______

en me payant comptant pour mon frêt la somme de ______ florins des Pays-Bas ______ plus 15 o/o d'avarie et chapeau et ______ o/o augmentation, en outre pour rembours la somme ______ florins des Pays-Bas ______ plus 10 o/o de prime. Et pour cet effet je m'engage corps et biens avec mon dit navire, frêt et apparaux d'icelui, en foi de quoi j'ai signé ______ Connaissements d'une même teneur, dont l'un accompli, les autres de nulle valeur.

Remboursement fl.
Prime 10 o/o....... »
fl.
Frêt..........
Avarie?.......
Augmentation....
fl.

**ANVERS**, le ______ 1872

Poids, contenu et mesure inconnus, ne répondant pas de la casse, ni du dommage, ni de la rouille franc de coulage.

LE CAPITAINE,

LOUIS RASKIN
AGENCE EN DOUANE
A LIÉGE

Liége — DEMARET-ANTEN, rue de l'Université, 23.

▶ 샹파뉴 지역에서 러시아로의 샴페인 수출은 쉽지 않았다. 1872년 벨기에의 안트베르펜에서 러시아 상트페테르부르크로 운항한 증기선의 일지를 보면, 3,600병이 안트베르펜 항구까지 도보로 수송된 후에 배에 실렸다고 한다.

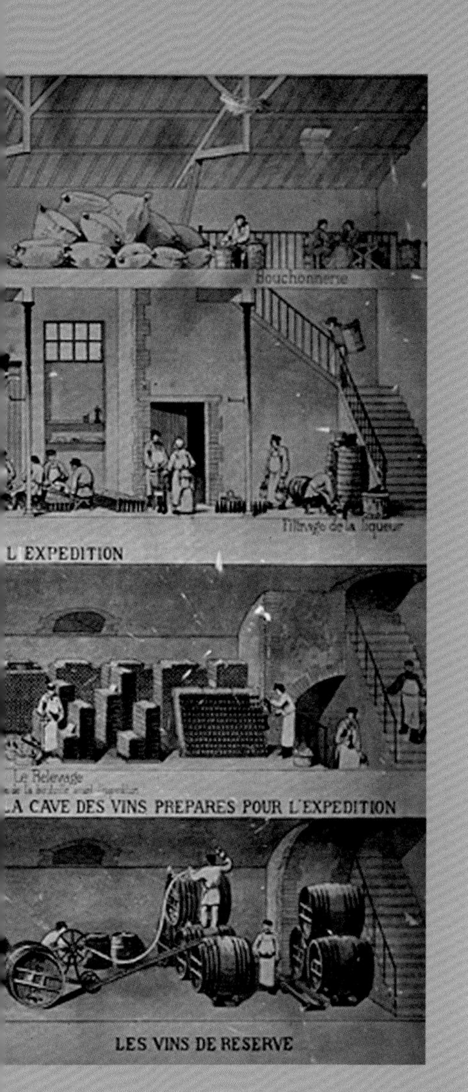

УДОСТОВѢРЕНІЕ.

Канцелярія Министерства Императорскаго Двора симъ свидѣтельствуетъ, что съ Высочайшаго соизволенія, послѣдовавшаго „12" Апрѣля 1908 г. предоставлено владѣльцу торговаго дома въ Реймсѣ „Louis Roederer" L. Olry Roederer званіе поставщика Двора Его Императорскаго Величества, съ правомъ имѣть на вывѣскѣ находящееся на семъ удостовѣреніи изображеніе Малаго Государственнаго герба, съ надписью внизу „Поставщикъ Двора Его Императорскаго Величества — 1908 года".

С. Петербургъ „13" Апрѣля 1908 года.

Начальникъ Канцеляріи Министерства
Свиты Его Величества Генералъ-Маіоръ

Дѣлопроизводитель

▸ 1905년 니콜라이 2세가 루이 로드레에 발급한 납품허가증. 루이 로드레는 1876년에 러시아 황실만을 대상으로 크리스탈을 첫 출시했다. 일반 소비자가 '황제의 샴페인'으로 불린 크리스탈을 구매할 수 있게 된 것은 1917년 러시아혁명으로 러시아 황실이 폐지된 이후의 일이다.

# RUINART 뤼나르

## REIMS 랭스

**메종 뤼나르는 현존하는 샴페인 하우스 중 가장 오래된 곳이다. 200년 넘게 가족 소유로 유지되다가 1963년에 모엣 샹동에 인수되었다. 해외보다는 프랑스 현지에서 더 잘 알려졌으며, 변함없는 품질과 순수함을 자랑하는 블랑 드 블랑으로 유명하다.**

18세기 초반만 해도 발포성 샴페인은 유리병에 담긴 와인의 유통을 금지하는 법의 제한을 받았다. 물론 영국인들은 굴하지 않고 2차 발효를 촉진하고 거품을 일으키기 위해 자신들이 수입한 술통에 설탕을 첨가했다. 그러나 프랑스에서는 유리 와인병의 사용을 금지하는 법이 폐지된 1728년에야 발포성 샴페인이 본격적으로 도입되었다.

랭스의 포목상이던 니콜라 뤼나르는 지체 없이 1729년에 최초의 샴페인 하우스를 설립했다. 처음에는 부업에 불과해서 뤼나르는 생산된 샴페인을 자신의 직물을 사는 단골들에게 선물로 제공했다. 그러나 6년도 지나지 않아 샴페인 하우스는 본업이 되었으며, 1760년에는 연 매출이 3만 6,000병에 달하는 수준에 이르렀다. 그에게 영감을 준 사람은 삼촌이자, 파리 생제르맹 데프레의 베네딕트 수도원에서 공부한 돔 뤼나르였다. 돔이 파리의 왕실 신하들이 샴페인이라는 신종 와인을 즐겨 마시는 것을 보고는 조카에게 '거품이 일어나는 와인'으로 돈을 벌 수 있다고 설득한 것이다.

다른 샹파뉴 지역의 주민들이 설득되기까지는 거의 100년이 더 걸렸으며, 100년이 흐른 후에도 몇몇 완고한 이는 발포성 와인을 거부했다. 그러나 샴페인의 멋진 데뷔작인 장 프랑수아 드 트루아의 〈굴이 있는 점심 식사〉(p.33 참고)를 보면 초창기부터 샴페인을 생산한 사람들이 있었음이 분명하다. 그림 속 식탁에 놓인 술병은 의심할 여지 없이 발포성 와인이다. 그림을 면밀히 관찰한다면 코르크 마개를 튀어 오르게 한다는 뜻의 진정한 발포성 와인인 소트 부숑임을 알 수 있다.

현재 뤼나르의 양조 책임자인 프레데리크 파나이오티스는 그림 속 인물들이 뤼나르를 마시고 있었으리라고 생각한다. 실제로 그림이 제작된 1735년에 발포성 와인을 생산하던 곳은 뤼나르와 샤누안(Chanoine) 두 곳뿐이었다. 뤼나르는 최초로 갈리아-로마 양식의 백악토 지하 저장고에 투자한 샴페인 하우스기도 하다. 현재 터널 형태로 된 이곳은 랭스 지하에 8킬로미터 길이로 뻗어 있다. 그뿐 아니라 뤼나르는 이미 1764년에 로제 샴페인을 내놓은 선구자였다. 그러나 파나이오티스는 과거에 얽매이지 않으려고 애쓴다. "가장 오래된 샴페인 하우스라는 사실은 계속해서 현대적인 면모를 유지해야 한다는 뜻이기도 하다. 우리는 역사를 재창조해야 한다."

파나이오티스는 200년 넘게 샴페인 하우스를 운영해온 뤼나르 가문이

◀ 베네딕트 수도회의 학구적인 수도사였던 돔 뤼나르. 조카에게 '거품이 일어나는 와인'의 장래성이 밝다는 사실을 일깨워주었다.

## TASTING NOTES

**뤼나르 블랑 드 블랑 NV**
**Ruinart Blanc De Blancs NV**

뤼나르는 샤르도네가 '뤼나르의 정수'라고 표현하는 것을 좋아한다. 실제로 짜릿한 산미 그리고 복숭아와 배의 풍미를 특징으로 하는 이 제품은 논빈티지 블랑 드 블랑 중 최고로 꼽힌다. 풍만함까지 느껴지는 까닭은 몽타뉴 드 랭스산 포도의 영향때문일 것이다. 또한 석회암과 젖은 자갈의 여운을 느낄 수 있다.

**돔 뤼나르 블랑 드 블랑 2004**
**Dom Ruinart Blanc De Blancs 2004**

돔 페리뇽처럼 유명하지 않을지는 몰라도 전적으로 그랑 크뤼 샤르도네(3분의 2는 코트 데 블랑산)로 만들어지는 최상급 퀴베로, 진정한 즐거움을 선사한다. 봄꽃과 마지팬의 향을 풍기며 기저에는 활기 넘치는 감귤류 과일의 풍미가 감돈다. 그에 이어 길고도 갈수록 은은해지는 미네랄의 여운이 남는다.

무슨 이유로 땅값이 쌌던 1차 세계대전 이전에 더 많은 포도원을 확보하지 않았는지 의문을 품고 있을지도 모른다. 사실 샹파뉴 지역의 일부 마을은 1910년에 포도 재배지로 지정되는 것에 반대했다. 포도보다 곡물 생산이 더 많은 수익을 냈기 때문이다. 뤼나르 가문이 17헥타르를 소유하기는 했지만, 그마저도 1963년에 모엣 샹동에 인수될 때 확보한 것이다.

한편, 앙드레 뤼나르는 현대 미술을 처음으로 받아들인 샴페인 사업가 중 하나였다. 1896년, 그는 체코 화가 알폰스 무하에게 샴페인을 주제로 포스터 몇 장을 제작해달라고 의뢰했다. 포스터에는 거의 실물 크기의 아름다운 여인이 야성적인 곱슬머리를 늘어뜨린 채 별 모양의 거품이 뿜어져 나오는 샴페인 쿠프를 치켜든 모습이 담겨 있다. art라는 낱말을 포함한 이름에서도 드러나듯이 뤼나르는 예술계와의 관계를 이어오고 있으며, 현재 샌프란시스코에서 교토에 이르기까지 세계 곳곳에서 열리는 예술 박람회의 주요 후원사기도 하다.

1919년 앙드레가 세상을 떠나면서 그의 젊은 영국인 아내 메리 케이트 샬럿 리볼디가 사업을 물려받았다. 뤼나르 드 브리몽 자작부인으로도 알려진 그녀는 1차 세계대전의 참화를 입은 자신의 샴페인 하우스를 재건하는 일을 맡았다. 뤼나르는 독일의 포탄을 맞아 랭스가 초토화되면서 타격을 입은 것도 모자라 러시아혁명 이후에 중요한 시장 하나를 잃고 말았다. 게다가 1년 후에는 다른 시장도 상실하게 된다. 미 의회가 승인한 볼스테드법으로 인해 1920년 1월 금주법이 시행된 것이다. 그 후 5년 동안 자작부인은 아들이 사업을 물려받을 수 있는 나이가 될 때까지 뤼나르를 적자 없이 운영했다.

현재 뤼나르는 몽타뉴 드 랭스의 그랑 크뤼 샤르도네를 비롯해 훌륭한 품질의 포도를 공급받고 있다.

파나이오티스는 뤼나르가 "샤르도네에 주력하는 샴페인 하우스"라는 뚜렷한 정체성을 지닌다고 강조하며, 뤼나르의 스타일을 "향기로운 신선함"으로 표현한다. 분명 뤼나르는 더 널리 알려져야 마땅한 샴페인 하우스다.

▲◀ 로마 시대에 샹파뉴 지역의 연한 백악토를 파내다가 만들어진 지하터널. 로마인들은 백악토를 건설 자재로 사용했다. 뤼나르는 최초로 백악터널을 저장고로 사용한 샴페인 하우스다.

◀ 1729년, 랭스 출신 포목상인 니콜라 뤼나르는 세계 최초의 정식 샴페인 하우스를 설립했다.

Caves Ruinart Père & Fils

Reims

Les Plus Pittoresques de la Champagne

VISITE LIBRE

IMP. F. CHAMPENOIS, PARIS.

◀◀ 1차 세계대전 직전인 1914년에 루이 토쟁이 그린 포스터. 뤼나르의 저장고가 "샹파뉴 지역에서 가장 그림 같은 곳"이라고 선전한다.

◀ 체코 화가 알폰스 무하가 1898년경 뤼나르의 의뢰로 그려 유명해진 아르데코 양식의 포스터.

# TAITTINGER 테탱제

## REIMS 랭스

**테탱제는 암울했던 1930년대에 이렇다 할 기반도 없이 출발했지만, 연 판매량이 600만 병에 달하는 세계 6대 샴페인 하우스로 성장했다. 샴페인업계 사람들은 테탱제의 수장이 감각적이며, 샤르도네를 주재료로 한 테탱제 샴페인처럼 신선하다고 입을 모은다.**

테탱제의 대표, 피에르 에마뉘엘 테탱제는 2014년 〈디캔터〉 잡지와의 인터뷰에서 "섹스는 샴페인의 성공에 매우 큰 역할을 담당해왔다. 그 기원은 루이 14세의 후궁으로까지 거슬러 올라간다"고 말했다. "나는 내 동료들에게 샴페인이 쾌락, 삶의 환희, 유혹, 섹스의 상징이라고 말하곤 한다. 우리가 찬양해야 마땅한 것들이 아닐까?"

샹파뉴 지역의 업계 지도자 중에서 피에르 에마뉘엘은 청량제 같은 존재다. 열정이 넘치며 온화하고 재치가 있다. 그는 조부가 회사를 설립한 후 44년이 흐른 1976년에 가족 사업에 합류했다. 그의 조부 피에르 테탱제는 1차 세계대전 당시에 장교로 참전해 에페르네 인근의 성, 샤토 드 라 마르크트리(Château de la Marquetterie)를 임시 숙소로 사용했다.

전쟁이 끝난 후에 피에르는 그 성과 그곳에 딸린 포도원을 매입했다. 그에 이어 1743년에 설립된 푸르노 샴페인(Champagne Fourneaux)을 인수하고 이름을 테탱제로 바꾸었다. 테탱제 가족은 샹파뉴 백작의 랭스 저택을 매입해 복원한 후 1933년 그곳으로 이사했다. 또한 생 니케즈 수도원의 지하 저장고도 사들였다. 13세기에 건설된 이곳에서는 테탱제의 퀴베 샴페인인 콩트 드 샹파뉴(Comtes de Champagne, 샹파뉴 백작이라는 뜻—옮긴이)가 숙성된다.

2차 세계대전 직전과 종전 후에 피에르와 그의 두 아들은 닥치는 대로 포도원을 매입하기 시작했다. 현재 테탱제 소유의 포도원 면적은 250헥타르에 달하며, 그중 70헥타르는 오브에 있다. 테탱제는 샤르도네와 피노 누아 재배를 위해 대다수 경쟁사보다 훨씬 더 일찌감치 오브에 있는 양질의 포도원을 사들였다.

그 당시 테탱제의 사업을 이끌던 사람은 클로드 테탱제였다. 피에르 에마뉘엘의 아들 클로비스 테탱제는 "신선하고 우아한 풍미의 혁신적인 스타일을 개발한 사람은 클로드였다"고 말한다. "그때만 해도 샴페인은 대체로 피노 품종을 주재료로 했고, 구식 나무 술통에서 숙성되었다. 반면에 테탱제는 세련되고 여성적이며 샤르도네를 주재료로 했다. 나무 향도 없고 조작이 가해지지 않은 데다 매우 관능적이었다."

프랑스는 매우 금욕적이며 알코올을 적대시하는 에벵법을 제정한 나라다. 그런 나라에서 샴페인의 가장 강력한 경쟁 상대는 다른 회사의 샴페인이 아니라 비아그라라는 피에르 에마뉘엘의 주장은 큰 파장을 일으키기도 했다. 샤르도네에 대한 테탱제의 신념은 콩트 드 샹파뉴 블랑 드 블랑(Comtes de Champagne Blanc de Blancs)에서 정점에 달한다. 1952년에 첫선을 보인 빈티

▲ 피에르 에마뉘엘 테탱제. 현 회장이자 설립자 피에르 테탱제의 손자인 그는 1976년에 사업에 합류했지만 1998년에 이르러서야 삼촌으로부터 사업을 물려받았다.

◀ 물결 모양으로 단정하게 정돈된 경사면. 테탱제가 1920년대부터 축적해온 250헥타르 면적의 광활한 포도원 가운데 일부다.

▲ 테탱제는 생 니케즈 수도원 지하의 와인 저장고를 소유하고 있다. 13세기에 만들어진 저장고는 유네스코 세계유산으로 지정되어 있다. 1960년대부터 그 유명한 퀴베 샴페인인 콩트 드 샹파뉴의 숙성이 이루어지는 곳이기도 하다.

지 블렌드 샴페인으로, 아비즈, 크라망, 르 메닐 쉬르 오제를 비롯한 6~7개 그랑 크뤼 마을의 포도를 사용한다. 희미한 향신료 내음과 매끄러운 질감이 느껴지는 까닭은 원액의 5%가 새로운 오크통에서 숙성되기 때문이다. 전체적인 원액은 10년 동안 저장고에서 숙성된다. 1966년에는 콩트 드 샹파뉴 로제가 추가되었으며, 여기에는 몽타뉴 드 랭스의 최상급 포도원에서 자란 피노 누아가 70% 포함되어 있다.

대가족을 이룬 테탱제 가문은 파리의 크리용과 같은 초일류 호텔, 향수 회사, 바카라 크리스털 등을 포함한 그룹을 구축할 정도로 사업 규모를 키워나갔다. 이처럼 재정적인 능력과 포도원이라는 기반이 확충된 가운데 1998년에 피에르 에마뉘엘이 삼촌 클로드에게서 사업을 물려받았을 때만 해도 테탱제의 입지는 바위처럼 굳건해 보였다. 그러나 그 이면에서는 균열이 발생하고 있었다. 2005년에 미국의 어느 호텔 체인이 테탱제를 인수하겠다고 제안했을 때 테탱제 가문의 일곱 개 일족 중 여섯 일족이 찬성표를 던졌다. 그러나 미국인들은 샴페인 사업을 원하지 않았고 얼마 지나지 않아 다시 테탱제를 매물로 내놓았다. 2006년 5월, 크레디 아크리콜 은행의 도움을 받은 피에르 에마뉘엘은 입찰에 참여한 10개의 해외 기업을 물리치고 6억 6,000만 유로에 테탱제를 다시 사들였다. 그는 축하주로 콩트 드 샹파뉴 한 병을 가족과 나눠 마시고는 속옷 차림으로 식탁 주위를 돌며 춤을 추었다고 한다. 클로비스는 아버지와의 민망한 기억을 지워버리기라도 하듯이 마지막 부분에 대해서는 부인했다.

어쨌든 테탱제 가족이 다시 사업을 인수했다는 소식은 샹파뉴 지역에서 환영을 받았다. 그렇다면 가족이 소유한 테탱제는 이제 안정을 되찾은 것일까? 클로비스의 말에 답이 있다. "우리는 최고로 성공적인 5년을 경험했고, 여전히 열의와 야망을 잃지 않고 있다. 우리는 결코 현실에 안주하지 않을 것이다."

▲ 1952년에 테탱제의 최고급 블랑 드 블랑으로 출시된 콩트 드 샹파뉴의 광고. 광고 모델인 그레이스 켈리의 우아한 곡선이 돋보인다.

## TASTING NOTES

**테탱제 브뤼 레제르브 NV**
**Taittinger Brut Réserve NV**

샤르도네를 주종으로 하는 블렌드 샴페인으로, 경쾌하고 부담이 없어 아페리티프로 적절하다. 코트 데 블랑의 크뤼 마을에서 재배한 샤르도네와 오브의 피노 누아가 배합된 브뤼 레제르브 NV는 아카시아와 레몬 셔벗의 섬세한 향을 풍긴다. 혀끝에서는 레몬 껍질 풍미와 매끄럽고도 경쾌한 거품이 느껴진다.

**테탱제 콩트 드 샹파뉴 블랑 드 블랑 2004**
**Taittinger Comtes De Champagne Blanc De Blancs 2004**

콩트 드 샹파뉴의 복합적인 향은 시간을 들여 감상할 가치가 있다. 처음에는 하얀 꽃, 복숭아 꽃, 오렌지 껍질, 자갈의 향이 나타난다. 그런 다음, 레몬과 크랜베리의 신선하고 깔끔한 풍미가 감돈다. 이러한 풍미를 단단히 잡아주는 것은 똬리를 틀고 있다가 시간이 흐르면서 서서히 펼쳐지는 산미다.

◀ 샤토 드 라 마르크트리는 에페르네 인근에 있는 성이다. 적포도와 청포도를 재배하는 포도밭이 모자이크 형태를 이루고 있다고 해서 그러한 이름이 붙었다. 1차 세계대전 당시 젊은 장교 피에르 테탱제의 숙소로 잠시 사용되었다.

# VEUVE CLICQUOT 뵈브 클리코

## REIMS 랭스

**1805년 남편을 여의고 사업을 물려받은 클리코 부인은 불과 한 세대 만에 랭스의 소규모 샴페인 하우스를 스타급으로 올려놓았다. 클리코 부인이 세상을 떠난 지 150여 년이 흐른 현재 뵈브 클리코는 명품 제국 LVMH에 속해 있지만, 아직도 그녀가 남긴 교훈에 따라 운영되고 있다.**

바르브 니콜 클리코 퐁사르댕은 27세에 세 살배기 딸 하나를 둔 과부가 되었고, 사업을 떠맡아야 했다. 그녀의 삶은 영화 각본을 연상케 한다. 용감하게 남성의 세계에 뛰어들어 모든 역경을 극복하며 역사상 가장 막강한 샴페인 브랜드를 구축해나가는 싱글맘은 배우 줄리아 로버츠가 맡을 법한 배역이다. 그러나 이야기가 시작되는 19세기 초반만 해도 '싱글맘'이 아니라 '과부'라는 사실이 결정적이었다.

1722년 필리프 클리코는 샴페인 하우스를 설립했고, 그의 아들 프랑수아 마리 클리코가 매출을 쌓아올린 덕분에 이미 1804년에 6만 병을 판매하기에 이르렀다. 프랑수아 마리의 아내 바르브 니콜은 부유한 포목상이자 랭스 시장을 아버지로 둔 유력 가문 출신이었다. 그녀에게는 안락한 삶이 기다리고 있었다. 그러나 1년 후, 프랑수아 마리는 아내에게 내로라하는 샴페인 기업가로 빛을 발할 기회를 남겨놓고 세상을 떠났다. 그 당시 유럽 대륙은 전쟁으로 인해 발트해 연안과 그 너머 신흥 시장으로의 수출길이 막혀 있었다. 상황은 암울해 보였다. 클리코의 충실한 영업 책임자 루이 본은 바르브 니콜에게 다급히 보고했다. "사업이 지독한 침체 상태입니다. (중략) 가격이 곤두박질치고 있습니다."

그러다 1811년 어느 날, 클리코의 포도밭 상공으로 대혜성이 길게 꼬리를 끌며 나타났다. 바르브 니콜에게 대혜성은 이례적으로 훌륭한 수확을 알리는 길조였다. 1812년 러시아 황제가 프랑스산 와인을 금지했지만, 그녀는 새롭게 얻은 러시아의 열혈 고객들을 소홀히 대하지 않기로 마음을 굳혔다. 그러기 위해 네덜란드 선박을 전세 냈고, 순전히 뵈브 클리코로만 1만 550병을 실어서 발트해의 항구 쾨니히스베르크로 보냈다. 약삭빠른 바르브 니콜은 소식도 기다리지 않고 1주일 후에 다시 1만 2,000병을 실어 보냈다.

기쁨에 찬 본은 그녀가 "모든 경쟁사에게 공포의 대상"이 되었으며 러시아인들이 혜성의 빈티지를 맛보기 위해 "혀를 내민 채" 기다리고 있다고 보고했다. 얼마 후 그는 양조 책임자 앙투안 알로이스 드 뮐러 덕분에 뵈브 클리코가 샘물처럼 맑아졌다고 자랑했다. 뮐러는 특수 제작한 퓌피트르에 술병을 꽂아 돌리는 르뮈아주(효모 침전물 제거) 기법을 완성한 사람이다. 그가 정말로 바르브 니콜의 책상에 구멍을 내 퓌피트르를 만들었는지는 확실치 않지만, 어쨌든 그녀는 매우 뿌듯해했고 그 사실을 비밀로 유지하기 위해 애썼다. 결국 바르브 니콜은 그 일에는 실패했지만, 나폴레옹과 달리 러시아 정복에는 성공했다. 러시아는 영국 다음으로 큰 샴페인 수출 시장이 되었고, 그 덕분에 1850년 뵈브 클리코의 매출은 40만 병을 넘어섰다. 그해에 그녀는 딸과 사위 셰비녜 백작이 사업을 감당할 수 없으리라 판단하고는 동



▼ 랭스에 있는 뵈브 클리코의 본사. 궁전 같은 이곳은 그 이름의 근원이 된 과부 클리코의 과감한 결단력과 러시아에서의 성공을 보여주는 증거물이다.

업자 에두아르 베를레에게 사업을 넘겼다. (세비녜 백작은 도박 빚을 갚기 위해 부유한 장모에게서 돈을 뜯어낼 묘수를 궁리하던 사람이었다.)

바르브 니콜은 1866년에 세상을 떠났지만, 뵈브 클리코라는 브랜드는 베를레와 그의 후손들 세대에까지 이어졌다. 러시아는 물론 미국 시장의 성장 덕분에 1900년에 매출이 300만 병을 넘어선 상태였다. 그때부터 매출이 지속적으로 급증해 현재 1,800만 병에 달하는 것으로 추정된다. 그중 1,500만 병은 1877년에 상표권을 등록한 '옐로 레이블'로서 달걀노른자색 상표로 유명하다. 뵈브 클리코는 다른 회사가 팬톤 137C에 근접하는 색상을 쓰지 못하도록 소송까지 불사하며 옐로 레이블의 노란색을 열성적으로 지켰다. 예외적으로 글렌모렌지(Glenmorangie)의 싱글몰트만이 동일한 색상을 사용할 수 있었는데, 글렌모렌지는 1986년 뵈브 클리코를 인수한 LVMH가 나중에 사들인 브랜드였기 때문이다.

바르브 니콜의 사후 1년이 지났을 때 뵈브 클리코는 그녀를 기리는 의미에서 최초의 최고급 퀴베인 라 그랑드 담(La Grande Dame, 프랑스어로 위대한 부인 또는 귀부인이라는 뜻—옮긴이)을 출시했다. 피노 누아의 비중이 3분의 2인 라 그랑드 담은 아이, 베르즈네, 앙보네, 부지를 비롯해 특별한 그랑 크뤼 재배지 여덟 곳의 포도로 만든다. 이 같은 그랑 크뤼 재배지는 393헥타르에 달하는 뵈브 클리코 소유의 포도원 안에 포함되는데, 자체 포도원은 뵈브 클리코의 생산에 필요한 포도 물량의 20%를 공급하고 있다.

옐로 레이블은 도자주 농도가 리터당 12그램에서 9그램으로 줄어들면서 예전보다 당도가 낮아졌다. 로마노프 황실 사람들이 마셔대던 달콤한 샴페인의 도자주 150그램에 비하면 극히 적은 양이다. 그러나 그 간극을 메우는 신제품이 있으니 리터당 60그램의 당분이 들어간 뵈브 클리코 리치(Veuve Clicquot Rich)다. 호화로운 은빛 병에 담긴 뵈브 클리코 리치는 얼음 위에 부어 가니시와 곁들여 마시는 용도로 개발되었으며, 프로세코에 익숙해져 있을 신세대를 대상으로 한 샴페인이다.

## TASTING NOTES

**뵈브 클리코 브뤼 NV**
**Veuve Clicquot Brut NV**

뵈브 클리코 컬렉션의 중심이 되는 샴페인으로, 세계적으로 유명한 옐로 레이블이 특징이다. 즉각적으로 구분이 가능한 풍미, 힘, 일관성을 지니고 있다. 유연한 구조감과 아삭거리는 붉은 사과의 산미로 다양한 사람에게 즐거움을 주는 믿음직한 샴페인이다. 몇 년 더 숙성하면 복합적인 풍미를 얻을 수 있다.

**뵈브 클리코 빈티지 2008**
**Veuve Clicquot Vintage 2008**

어린 빈티지 샴페인으로, 피노 누아와 샤르도네의 비중이 각각 3분의 2와 3분의 1이며 여기에 극소량의 피노 뫼니에가 추가된다. 도자주는 리터당 8그램이다. 단단하고 생동감 넘치는 기저에 선명하고 우아한 핵과류의 풍미가 더해지며 길게 이어지는 미네랄 향을 남긴다. 그러나 그 특징을 온전히 느끼려면 약간의 시간이 필요하다.

1930년대의 잡지 광고. 오렌지색이 두드러지는 옐로 레이블을 볼 수 있다. 뵈브 클리코의 주력 제품인 옐로 레이블의 연 매출은 1,500만 병 정도다.

샴페인 과부의 시조격인 바르브 니콜 클리코 퐁사르댕. 확고부동한 정신의 소유자였던 그녀는 남편이 세상을 떠난 1805년에 작지만 탄탄한 샴페인 사업을 물려받았다.

뵈브 클리코의 지하 저장고로 내려가는 계단에는 층층마다 뵈브 클리코의 공식 빈티지 연도가 새겨져 있다.

# 샴페인 산업의 오늘

**샴페인 산업은 대단히 광범위하고 복잡하다. 앞서 소개한 것보다 훨씬 더 많은 유명 브랜드가 존재하며, 자카르나 니콜라 푸이야트처럼 협동조합이 생산하는 대중적인 샴페인도 많다. 끝도 없이 다양한 재배자 샴페인도 있다.**

샴페인의 세계를 좀 더 용이하게 탐험하기 위해 샴페인 산업의 구조와 그 발전 과정을 알아보자. 오늘날 약 1만 5,800명의 재배자가 3만 4,500헥타르에 달하는 샹파뉴 지역의 포도원 중 90%를 소유하고 있다. 주요 샴페인 하우스 중에서 포도를 자급자족하는 곳은 없다. 루이 로드레와 볼랑제 등은 필요한 포도의 3분의 2를 직접 충당하지만, 어떤 곳은 자체 포도원이 없다. 샴페인 하우스는 300개 정도며 전체적으로 3,100헥타르 남짓한 포도원을 소유하고 있지만, 샴페인 총판매량의 3분의 2와 수출량의 90%를 책임진다.

1882년에는 샹파뉴 지역의 와인과 그 지리적 기원을 지키기 위해 샴페인 와인 사업 연맹이 설립되었다. 그 당시만 해도 다른 지역의 생산자들이 거리낌 없이 샴페인이라는 용어를 사용했기 때문에 '샴페인'은 오드콜로뉴(쾰른에서 발명된 향수—옮긴이)처럼 보통명사로 변질될 위험이 있었다. 연맹의 문은 마른의 어느 네고시앙(와인 판매업자)에게나 열려 있었고, 기본적으로 샴페인 사업 종사자라면 누구나 회원이 될 수 있었다. 그러다 1964년에 샴페인 그랑드 마르크 연맹이라는 소수 정예 조직이 탄생했다. 본래 연맹은 25개 일류 브랜드로 구성되었고 그중에는 볼랑제, 크루그, 페리에 주에, 루이 로드레가 있었다. 나중에는 카나르 뒤셴과 고세를 포함한 다섯 개가 추가되었다. 샴페인 그랑드 마르크 연맹은 기존 회원이 초대해야만 가입이 가능했다.



샴페인 귀족을 자칭한 해당 연맹이 1997년에 공식적으로 해체된 이유는 회원들이 품질 기준에 합의하지 못했기 때문이다. 그러나 그랑드 마르크라는 말은 여전히 살아남아 규모가 크고 전통적인 브랜드를 가리키는 표현으로 쓰인다. 샹파뉴 지역의 재배자와 해외를 중심으로 샴페인 시장을 장악한 샴페인 하우스의 관계는 늘 복잡했다. 평균 2헥타르 미만의 포도밭을 소유한 재배자 개개인이 대규모 브랜드 소유주들에 비해 약자인 것은 당연하다. 그러나 집합적으로는 분명 수적인 강세를 지닌다. 그 사실을 깨달은 개인 재배자들은 자신들의 핵심 자산인 포도의 최고 가치를 확보하기 위해 협동조합을 결성했다. 이러한 조합 중에는 재배자 수천 명을 아우르는 곳도 있으며, 대규모 샴페인 하우스와 재배자의 중개자로서 중요한 역할을 담당하고 있다.

자체 포도원의 수확량이 목표치 생산에 필요한 포도 물량에 미달하는 대규모 샴페인 하우스들은 협동조합을 통해 대량의 포도나 뱅 클레르(기저 와인)를 한꺼번에 구입할 수 있다. 협동조합이 없었다면 개인 재배자들과 수천 건의 계약을 일일이 체결해야 하는 등 소모적이고 고된 작업이 펼쳐졌을 것이다. 한편 재배자 입장에서의 장점은 협동조합이 최고 가격을 확보하기 위해 영향력을 행사할 수 있다는 것이다. 일반적으로 750밀리리터들이 샴페인 한 병을 생산하려면 1.2킬로그램의 포도가 필요하며, 한 번 압착한 포도만 사용할 경우 1.5킬로그램이 필요하다.

일부 막강한 협동조합은 자체 브랜드를 개발해 기성 브랜드와의 직접 경쟁도 마다하지 않는다. 니콜라 푸이야트는 샹파뉴 지역에서 가장 규모가 크며 5,000명의 회원을 거느린 협동조합의 소유로, 5대 샴페인 브랜드에 속한다. 니콜라 푸이야트가 지금보다도 훨씬 더 큰 규모로 성장할 경우 협동조합에서 포도를 공급받는 일부 샴페인 하우스가 샴페인을 생산하지 못할 가능성도 있다. 한편 수천 명의 포도 재배자 중에서 포도나 뱅 클레르만을 팔기보다 자기 샴페인을 만들겠다는 꿈을 꾸지 않은 사람은 드물 것이다. 포도 수요가 급감해 수익이 줄어든 시기에는 와인 생산이 반드시 필요하다. 어떻게든 남은 포도를 처리해야 하기 때문이다. 반면, 포도 가격이 다른 와인 산지보다 훨씬 더 높은 호시절에는 샴페인 생산에 대한 동기부여가 크게 줄어들 수밖에 없다.

한편 샴페인 수요가 급증하는데도, 적절한 장소에 널찍한 포도원을 소유하고 도전정신까지 있는 재배자가 샴페인 생산에 뛰어들지 않는 이유는 무엇일까? 장비에 드는 선행 투자 비용과 재고에 자금을 묶어두어야 하는 진입장벽이 존재하기 때문이다. 게다가 샴페인 생산은 상대적으로 수월하지만 판매는 전혀 그렇지 못하다.

그러나 새로운 디지털 시대에는 지명도를 확보하기가 훨씬 더 용이해졌다. 또한 수많은 소규모 양조장이나 증류소의 성공 사례에서 보듯이 대형 샴페인 브랜드에 대한 반감이 상당하다. 일부 재배자 샴페인은 테루아르 중심의 전략에 힘입어 일류 소믈리에와 SNS로부터 열광적인 지지를 받고 있다.

▼ 니콜라 푸이야트는 설립 후 40년도 채 되지 않아 1,000만 병을 판매하는 대규모 브랜드가 되었다. 샹파뉴 지역의 최대 협동조합이 소유한 이곳은 전통적인 거물 브랜드를 위협하고 있다.

- 샹파뉴 지역에서 권력의 균형추는 해외를 중심으로 샴페인 시장을 장악한 대규모 브랜드와 포도원의 90%를 소유한 재배자 사이를 오간다. 오늘날 2,000명이 넘는 재배자가 독자적인 상표로 자체 샴페인을 생산한다.

# 또 다른 유명 샴페인 하우스

우리가 주의 깊게 보아야 할 샴페인 하우스가 더 남았다. 이들은 작은 규모의 상점부터 주요 브랜드의 합병 때문에 어려움을 겪고 있는 거물급 브랜드까지 다양한 범위에 걸쳐 있다. 포도원을 상실했지만 새로운 주인을 맞이한 후 명성을 되찾겠다는 결의를 품고 다시 등장한 곳도 있다.

다른 샴페인 하우스는 유럽의 왕실과 공국에 샴페인을 납품하려고 경쟁을 벌였지만 **메르시에(Mercier)**는 당시 증가하고 있던 프랑스 중산층을 공략했다. 외젠 메르시에는 1858년에 소규모 샴페인 하우스 다섯 개를 통합해 독자적인 브랜드를 구축했다. 그는 1871년에 철도로 곧장 접근이 가능한 양조장을 큰 규모로 지었고, 20년 후 그 유명한 홍보 활동을 통해 파리 박람회를 단번에 사로잡았다. 제작에만 7년이 걸린 '세계 최대 크기의 배합조'를 24마리의 흰 수소에 실어 에페르네에서 파리로 끌고 간 것이다. 그 이후 메르시에는 프랑스에서 가장 많이 팔리는 샴페인 중 하나가 되었다. 오늘날에도 프랑스 시장은 메르시에 매출에서 80% 정도를 차지한다. 메르시에가 축적해온 220헥타르 면적의 포도원은 피노 뫼니에가 대부분을 차지한다. 메르시에 브뤼 NV가 부드럽고 앳되며 마시기 편한 스타일을 지닌 것도 그 때문이다. 1970년에 모엣 샹동이 인수한 후 메르시에는 어느 정도 하위 브랜드 같은 취급을 받았지만, 프랑스 국내 시장에서는 여전히 모엣 샹동의 판매량을 훌쩍 앞지르고 있다.

메르시에가 LVMH에 인수된 후 8년이 지났을 때 이번에는 뵈브 클리코가 **카나르 뒤셴(Canard-Duchêne)**을 흡수했다. 카나르 뒤셴은 1868년 몽타뉴 드 랭스의 북쪽에 있는 뤼드(Ludes) 마을에서 설립되었다. 술통 제조업자인 빅토르 카나르와 재배자 가문 출신인 레오니 뒤셴의 결혼으로 탄생한 곳이다. 레이블의 큼직한 문양은 한때 카나르 뒤셴의 고객이었던 러시아 황실의 문장에서 비롯되었다. 그러나 한 세기 후, 카나르 뒤셴은 프랑스의 슈퍼마켓에서 거의 항상 특가 판매 중인 샴페인으로 전락했다. 이때 200만 병 남짓한 생산량의 대부분은 프랑스에서 판매되었다.

2003년 카나르 뒤셴은 한때 샴페인 중개상이었던 알랭 티에노에게 인수되었다(누군가는 구조되었다고 말할지도 모른다). 티에노는 1981년 이래 조용히 샴페인 제국을 구축해온 사람으로, 카나르 뒤셴을 손에 넣으면서 중요성이 커졌다. 양조 책임자인 로랑 페두가 카나르 뒤셴의 하우스 스타일을 새롭게 바꾸었다. 또한 뤼드에 있는 공장 형태의 저장고가 대폭 개선되었다. 한편 티에노의 회사는 1985년에 자체 브랜드인 티에노 샴페인(Champagne Thiénot)을 출범했다. 이곳 역시 페두가 양조 책임자를 담당했다.

대규모 샴페인 하우스인 **G.H. 마르텔(G.H Martel)**은 카나르 뒤셴보다 1년 후인 1869년 에페르네에서 설립되었다. 이곳은 1920년대부터 1979년 세상을 떠나기까지 소유주였던 앙드레 타부랭이 이끄는 시기에 본격적으로 성장했다. 1979년에 회사는 샤를 드 카자노브(Charles de Cazanove) 샴페인을 소유한 가문의 에르네스트 라프노에게 매각되었다. 현재 G.H. 마르텔은 그의 손자 크리스토프가 운영하고 있다. G.H. 마르텔은 직접 소유한 200헥타르 면적의 포도원에서 주로 샤르도네와 피노 누아를 재배하며 필

▲ 외젠 메르시에. 1858년 20세의 나이에 메르시에를 설립해 가장 막강한 샴페인 브랜드 중 하나로 키워낸 인물이다.

◀ 현재 메르시에가 LVMH의 이름으로 소유 중인 220헥타르의 포도원에서는 대부분 피노 뫼니에 품종이 재배되고 있다.

▲ 카나르 뒤셴의 저장고는 한때 LVMH 소유였지만 2003년에 알랭 티에노에게 매각되었다.

요한 포도의 20% 정도를 자급자족한다. 영국이나 미국보다는 프랑스 자국에서 더 유명하며 슈퍼마켓 판매대에서 흔히 찾아볼 수 있는 브랜드다. G.H. 마르텔은 1989년 퀴베 빅투아르(Cuvée Victoire)라는 고급 퀴베 샴페인을 출시했는데 가격 대비 품질이 좋다는 평가를 받고 있다.

몽타뉴 드 랭스 고원의 아름다운 마을 시니 레 로즈(Chigny-les-Roses)에서는 **카티에(Cattier)** 가족이 18세기부터 포도를 재배해오다가 1차 세계대전 후에 샴페인 생산을 시작했다. 카티에는 현재 시니 레 로즈, 릴리 라 몽타뉴, 태시, 뤼드 같은 프르미에 크뤼 마을에 35헥타르의 포도원을 소유하고 있다. 피노 누아의 비중이 절반을 넘어서는 포도원이다. 카티에의 자랑거리는 클로 뒤 물랭(Clos du Moulin) 마을의 2.2헥타르짜리 소규모 포도원이다. 담장을 두른 이곳에서 자라는 포도는 고급 퀴베의 생산에 사용된다. 클로 뒤 물랭 퀴베는 테탱제의 콩트 드 샹파뉴와 마찬가지로 항상 세 가지 연도의 포도를 배합해 만든다. 카티에는 몽타뉴 드 랭스의 샤르도네로도 블랑 드 블랑을 만드는데 전통적인 코트 데 블랑 스타일의 블랑 드 블랑과는 대조적이라는 점에서 흥미롭다.

2000년 카티에는 세계에서 가장 값비싼 샴페인을 만드는 일에 착수했고, 6년 후에 그렇게 생산한 샴페인을 금도금 유리병에 담아 아르망 드 브리냑이라는 이름으로 출시했다. 에이스 오브 스페이드로도 불리는 아르망 드 브리냑은 2006년에 래퍼 제이지가 자신이 사는 뉴욕의 와인 상점에서 그 반짝이는 술병을 포착한 덕분에 널리 알려지게 되었다. 당시는 그가 루이 로드레의 크리스탈을 비난하던 때이기도 하다. 제이지는 그 즉시 자신의 신곡에 "스페이드 녀석"으로 갈아탔다는 내용을 넣었다. 더 나아가 그는 카티에가 계속해서 생산하는 조건으로 아르망 드 브리냑을 인수했으며, 작가 잭 오말리 그린버그에 따르면, 연간 400만 달러가 조금 넘는 수익이 제이지에게 돌아간다고 한다. 그러나 타이슨 스텔저는 저서 《샴페인 가이드》에서 "이 안에 담긴 술이 그 요란한 관심과 상당한 가격을 받을 만한 가치가 있을까?"라고 의문을 제기했고, "너무 젊고 직설적이긴 하지만 조화롭고 꽤 잘 만든" 샴페인이라는 평가를 내렸다. 그의 평가를 보면 한 병당 180파운드 정도의 가격을 받을 정도는 아닌 듯싶다.

**브루노 파이야르(Bruno Paillard)**는 LVMH에 버금가는 주류 대기업 랑송 BCC의 회장이자 최고경영자가 자신의 이름을 붙여 설립한 브랜드로, 카티에보다 한층 더 부담 없는 가격이면서도 높은 평가를 받고 있다. 브루노 파이야르는 아주 오래된 재배자 가문 출신으로 원래 중개상으로 일하면서 와인 사업을 익혔다. 그가 구매한 포도 대부분은 슈퍼마켓용 샴페인에 사용되었다. 그러나 그는 우수한 품질의 포도를 따로 보관했고, 자신의 이름으로 판매하다 1981년에 시범 브랜드를 만들었다. 현대에 들어서 이처럼 아무것도 없는 상태에서 샴페인 하우스를 신설한 사람은 그가 처음이다. 피노 누아를 주종으로 하는 파이야르 샴페인은 음식과 잘 어울리며 오래 보관해 마시기에 적합하다.

몽타뉴 드 랭스에서 남쪽으로 향하다 보면 오랜 역사를 지닌 아이 마을을 만난다. **윌리엄 되츠(William Deutz)**는 볼랑제에서 일하다가 1838년에 아이에 자신의 샴페인 하우스를 차렸다. 되츠 샴페인은 1911년 폭동 때 저장고가 파괴될 정도로 큰 타격을 입었으나 계속해서 가족의 손으로 운영되었다. 그러다 1990년대에 루이 로드레에 인수되었다. 오늘날 되츠는 마른 계곡과 아이의 32킬로미터 반경 내에 있는 200헥타르 면적의 프르미에 크뤼와 그랑 크뤼 포도원에서 포도를 조달받아 사용하는데, 42헥타르가 자체 포도원이다. 주인이 바뀌면서 생산량이 세 배 이상 증가해

▲◀◀ 브루노 파이야르. 현대인으로서는 처음으로 샴페인 하우스를 설립한 사람이다. 그의 샴페인 하우스는 1981년에 설립되었다.

▲▲ 화려한 대용량 샴페인이라고 하면 아르망 드 브리냑을 이길 것이 없다. 30리터 용량의 미다스는 나이트클럽에서 한 병에 억대에 팔린다.

▲ 투명한 금색 술병. 에이스 오브 스페이드라는 별칭으로도 불리는 아르망 드 브리냑은 코트 데 블랑의 살롱 소유 저장고에서 숙성된다. 래퍼 제이지가 소유하고 있다.

200만 병을 넘어섰으며, 루이 로드레에서 임명한 파브리스 로세의 역동적인 지휘 아래 그 어느 때보다도 더 높은 명성을 누리고 있다.

샴페인 폭동으로 파괴된 곳 중에는 샤토 다이(Château d'Aÿ, 아이 저택)도 있었다. 잿더미가 된 이곳은 2년 후에 재건되었는데, 원래는 콜롬비아 출신 외교관 에드몽 드 아얄라가 장인인 마뤼이 자작에게서 받은 선물이었다. 그때 평판이 좋은 포도원 일부도 딸려 왔다. 그로부터 얼마 후인 1860년에 설립된 **아얄라 샴페인**(Champagne Ayala)은 훗날 영국의 조지 6세가 가장 선호하는 샴페인이 되었다. 그러나 2005년 이웃인 볼랑제가 구원에 나섰을 때는 이미 그 명성이 땅에 떨어지다시피 한 상황이었다. 새로운 소유주는 매우 드라이한 아얄라의 스타일에 초점을 맞추었다. 특히 상큼하고 당분이 전혀 없는 브뤼 나튀르에 주력하기 시작했다. 그 외에도 블랑 드 블랑과 최고급 퀴베인 페를 다얄라(Perle d'Ayala)도 평판이 좋다.

스위스 출신인 **드 브노주**(de Venoge) 가문은 과거부터 아이의 이웃 마을 디지와 연이 닿아 있었다. 그러다 앙리 마르크 드 브노주가 이탈리아인 아내와 함께 디지에 정착했고, 1837년에 드 브노주 샴페인을 설립했다. 아들 조제프가 앙리 마르크를 도와 프랑스와 벨기에에서 사업을 전개하는 동안에 다른 아들인 레옹은 미국으로 이민을 떠나 미국 시장을 개척했다. 드 브노주는 1851년에 코르동 블루(Cordon Bleu) 브랜드를 출시했다. 훨씬 더 유명한 멈의 코르동 루주가 출시되기 25년 전이었다. 그때 사업을 운영하던 3대손 가에탕 드 브노주는 샴페인 그랑드 마르크 연맹의 설립자 중 한 명이기도 하다. 시간이 흐르면서 가족 간의 유대가 약해졌고 결국 드 브노주는 랑송 BCC 그룹의 일부가 되었다. 2014년에는 본사를 에페르네의 샹파뉴대로에 있는 웅장한 저택 메종 갈리스(Maison Gallice)로 옮긴다는 발표가 있었다.

메종 갈리스가 지어지기 4년 전인 1899년에 플로랑 드 카스텔란이라는 이름의 자작이 샴페인 하우스를 설립했다. **드 카스텔란**(de Castellane) 샴페인은 대담한 빨간색의 성 안드레아 십자가(X자 모양의 십자가—옮긴이)를 두른 술병을 사용함으로써 멈이나 드 브노주처럼 그저 띠 하나만으로 술병을 장식하는 경쟁사와의 차별화를 추구했다. 게다가 에페르네에 있는 드 카스텔란의 본사 건물은 경쟁사들보다 더 높이 위치해 있으며, 건물 옆의 줄무늬 벽돌 탑에 올라서면 아직도 에페르네 시내가 한눈에 보인다. 현재 드 카스텔란은 로랑 페리에 제국에 속해 있다.

1867년에 설립된 **알프레드 그라시앙**(Alfred Gratien) 역시 에페르네에서 언급하고 넘어가야 할 샴페인 하우스다. 이곳을 설립한 사람은 "샴페인은 오트 쿠튀르(고급 맞춤복—옮긴이)가 패션에서 담당하는 역할을 와인에 대해 해야 한다"고 믿었다. 시간이 흘러 2004년, 그의 후손들은 헹켈 앤 죈라인(Henkell & Söhnlein)에 사업을 매각했다. 소유권이 가족의 손에서 독일 최대의 젝트(Sekt, 독일의 발포주—옮긴이) 생산 기업으로 넘어갔다는 사실은 꽤 큰 놀라움을 주었다. 그러나 니콜라 예거가 계속해서 양조 책임자로 남았다. 이처럼 예거 가문의 사람이 4대째 해당 직책을 맡으면서 알프레드 그라시앙의 전통이 이어지고 있다는 느낌이 강하다.

에페르네에서 D10 도로를 타고 남쪽으로 향하다 보면 퀴, 크라망, 아비즈를 비롯해 코트 데 블랑의 유명한 마을을 통과한다. 이곳이 샤르도네 산지라는 사실은 **살롱**(Salon)이라는 소규모 샴페인 하우스에서 드러난다. 에메 살롱(Aimé Salon)은 그랑 크뤼 마을인 르 메닐 쉬르 오제 한 곳에서 특정 연도에 수확된 샤르도네 한 가지만으로 블렌딩 없이 만든 샴페인을 선보이겠다는 단 하나의 목표로, 1911년에 첫 상품을 내놓았다. 샴페인 하우스 자체는 1차 세계대전 후에 설립되었으며 평균적으로 4~5년마다 빈티지 샴페인을 출시해왔다. 1945년에 젊은 전차 지휘관이었던 베르나르 드 노낭쿠르가 독일 바이에른 알프스에 있는 히틀러의 비밀 지하 저장고에서 발견한 것이 바로 그 전설적인 살롱 1928년 빈티지였다. 전쟁 후에 드 노낭쿠르는 로랑 페리에를 인수했고 마침내 1999년에는 살롱도 사들였다. 로랑 페리에는 살롱의 이웃이자 역시 샤르도네에 치중하는 **들라모트 샴페인**(Champagne Delamotte)도 인수했다. 1760년에 르 메닐에서 설립된 들라모트는 다섯 번째로 오래된 샴페인 하우스다.

▲ 되츠 샴페인은 1838년에 윌리엄 되츠가 아이에서 설립했으며, 현재는 루이 로드레의 소유다.

▼◀ 콜롬비아 출신 외교관이 1860년에 아얄라를 설립했다. 2005년 아얄라가 이웃인 볼랑제에 인수될 때쯤에는 세심한 보살핌이 필요하다는 평가를 받았다.

▼ 드라피에는 여전히 희귀한 포도 품종인 프티 메슬리에(petit meslier)를 재배하는 극소수 생산자 중 하나다. 프티 메슬리에가 배합되는 드라피에 콰튀르 샴페인에는 피노 블랑(pinot blanc), 아르반(arbane), 샤르도네도 들어간다.

코트 데 블랑의 최남단에는 **뒤발 르루아**(Duval Leroy)가 탄생한 프르미에 크뤼 마을인 베르튀가 있다. 미래지향적이고 태양 전지판이 설치된 양조장만 보면 뒤발 르루아가 무려 1859년에 설립되었다는 사실을 전혀 짐작할 수 없다. 이곳은 강인한 여성 카롤 뒤발 르루아의 지휘 아래 가족의 손으로 운영되고 있다. 카롤 역시 1991년에 남편 장 샤를 뒤발 르루아가 39세의 젊은 나이에 세상을 떠나면서 사업을 물려받은 현대판 샴페인 과부다. 뒤발 르루아가 소유한 200헥타르의 포도원은 대부분 베르튀에 있으며 주로 샤르도네를 재배한다. 무엇보다도 뒤발 르루아는 태양 전지판에서도 짐작 가듯이 지속가능한 포도 재배에 전념하고 있다. 이곳은 유기농 포도로 퀴베를 만든 최초의 샴페인 하우스며, 2000년 이후 제초제 사용량을 절반으로 줄여왔다. 현재 80% 정도의 포도를 외부에서 사들여서 연간 550만 병의 샴페인을 생산하고 있다. 샤르도네 중심의 최고급 퀴베인 팜므 드 샹파뉴(Femme de Champagne)는 최상의 연도에만 출시된다.

코트 데 바르 방향으로 내려가다 보면 샤르도네가 피노 누아로 바뀌어가는 광경을 볼 수 있다. 이처럼 이곳에 피노 누아가 주종을 이루게 된 것은 **드라피에**(Drappier)의 조르주 콜로를 비롯한 몇몇 선구자의 활동 덕분이다. 실제로 콜로는 한때 이 지역 포도원을 장악했으며, 인식이 나빠진 가메 품종을 피노 누아로 대체한 공로로, 피노 아버지라는 별칭을 얻었다. 드라피에의 피노 누아 샴페인은 샤를 드골 대통령이 사임 후에 인근의 콜롱베 레 되 제글리즈(Colombey-les-Deux-Églises) 마을에서 노후를 보낼 때 가장 즐겨 마시던 샴페인이기도 하다. 현재 콜로의 외손자 미셸 드라피에가 운영 중이며, 규모 면에서 이 지역의 가장 중요한 생산업체로 꼽힌다. 드라피에는 1803년부터 위르빌(Urville)을 거점으로 활동 중이며 12세기에 지어진 클레르보 수도원의 멋진 아치형 지하 저장고에서 샴페인을 숙성한다. 드라피에의 주력 샴페인은 피노 누아의 비중이 80% 이상인 카르트 도르(Carte d'Or)며, 최고가 제품은 단일 포도원 샴페인인 그랑드 상드레(Grande Sendrée)로, 로제로도 나온다.

◀ 드 카스텔란의 정교한 벽돌 탑은 에페르네의 명소다.

▼◀ 1991년 카롤 뒤발 르루아가 사업을 물려받은 이후 뒤발 르루아의 연간 생산량은 550만 병으로 증가했다.

▼▼◀ 드 브노주 샴페인은 1837년에 스위스 출신인 앙리 마르크 드 브노주가 설립했다. 현재는 랑송 BCC 그룹의 소유다.

▼ 살롱은 메닐 쉬르 오제에서 블랑 드 블랑 샴페인만을 생산한다. 베르나르 드 노낭쿠르는 1945년에 히틀러의 비밀 와인 저장고에서 살롱 샴페인을 발견했고, 결국 54년 후에 살롱을 인수했다.

발레 드 라 마른의 조각보 같은 포도원에 구름을 뚫고 태양이 빛을 비추고 있다.

# 샴페인 협동조합

**유럽 전역에는 맹목적으로 물량을 추구하느라 품질 선별을 꾀하지 않는 협동조합들이 있다. 샹파뉴 지역도 예외는 아닐 것이다. 그럼에도 샹파뉴에는 우수한 협동조합이 놀랄 만큼 많으며, 그랑드 마르크에 견줄 만큼 여러모로 열정적이고 숙련된 샴페인 생산자들이 소속되어 있다. 이들의 샴페인은 블라인드 테스팅에서 항상 빛을 발하며 가격 대비 훌륭한 품질로 시장에서 주목받는다.**

**마이 그랑 크뤼**(Mailly Grand Cru)는 대공황 당시인 1929년에 몽타뉴 드 랭스의 북쪽 경사면에 위치한 그랑 크뤼 마을 마이의 재배자들을 보호하기 위해 설립된 협동조합이다. 창단한 이들은 가브리엘 시몽과 그 외 24인으로, 이들이 백악 저장고를 손으로 직접 파기 시작해 40년에 걸쳐 완성했다는 사실에서 그 의지를 짐작할 수 있다. 오늘날에는 총 74헥타르를 소유한 회원 70여 명이 소속되어 있다. 마이에 있는 그랑 크뤼 포도원의 3분의 1이 이곳에 소속된 셈이다. 와인의 북방한계선인 샹파뉴 지역에서는 매년 좋은 와인을 만들려면 여러 지역의 포도를 배합해야 한다는 것이 통념이다. 다행히 아이 마을과 마찬가지로 마이는 다양한 경사지와 지형을 갖추고 있어 포도 수확의 변동성에 대비하기 적합하다. 마이 그랑 크뤼는 최상급 피노 누아가 대부분을 차지하는 500여 개 구획의 포도원 덕분에 블렌드 샴페인의 생산에 적합한 폭넓은 스펙트럼을 보유하고 있다.

마이 그랑 크뤼는 자체 상표로 생산량의 90%를 판매하지만, 최상급 포도만 떼어놓고 70%를 샴페인 하우스에 판매하는 **샴페인 팔머**(Champagne Palmer)가 훨씬 더 일반적인 협동조합에 부합한다. 이곳은 2차 세계대전 후 재배자 일곱 명의 주도하에 설립되었으며, 현재 40개 마을에 걸쳐 총 365헥타르를 소유한 회원 200여 명이 소속되어 있다. 주로 몽타뉴 드 랭스의 그랑 크뤼와 프르미에 크뤼 마을에 이들의 포도원이 있다. 팔머라는 영어 이름이 어디에서 유래했는지 정확히 아는 사람은 없지만, 영국의 헌틀리 앤 팔머스 비스킷에서 영감을 받았을 가능성도 있다. 이것은 샹파뉴 사람들이 전쟁 후 최고로 평가했던 비스킷이기 때문이다. 현재 팔머는 연간 판매량이 50만 병으로, 소규모 협동조합 중에 최고로 꼽히는 곳 중 하나다.

그러나 둘 다 알리앙스 그룹의 주력 브랜드인 **자카르**(Jacquart)와 비교하면 왜소하게 느껴진다. 알리앙스는 1994년에 세 개의 대형 협동조합을 통합해 만든 곳으로 현재 1,800명의 회원을 거느리고 있다. 자카르 자체는 1960년대 초반에 불과 30명의 재배자로 시작되었으나 점차 회원 숫자가 증가했으며, 64개 마을에 걸친 총 1,000헥타르의 포도원이 이들 소유다. 자카르는 연간 300만 병 넘게 샴페인을 생산하며 영국, 미국, 일본에서 탄탄한 매출을 올리고 있다. 이곳 저장고에는 뵈브 클리코에서 2010년에 합류한 젊고 유능한 양조 책임자 플로리안 에즈낙이 있다. 한편 생산량의 3분의 1은 인기 제품인 모자이크 브뤼 NV(Mosaique Brut NV)다.

코트 데 블랑의 가장 큰 협동조합은 아비즈의 **위니옹 샹파뉴**(Union Champagne)다. 그 산하에서 13개 이상의 협동조합이 1,200만 병에 달하는 샴페인을 생산한다. 이곳 회원들이 소유한 포도원은 총 1,200헥타르이며, 대부분 최상급 마을에 있다. 이곳 회원들이 소유한 코트 데 블랑의 포도원에서는 샤르도네가 주종을 이루지만, 몽타뉴 드 랭스의 포도원에서는 피노 누아도 일부 재배한다. 위니옹 샹파뉴는 자체 상표를 붙인 샴페인을



▼ 1929년에 설립된 마이 그랑 크뤼 협동조합은 현재 74헥타르의 포도원을 소유하고 있으며 70명의 회원이 그곳에서 포도를 재배한다.

250만 병 정도 판매하고 있다. 특히 주력상품인 드 생 갈(De Saint Gall)은 막스 앤 스펜서(중간 가격대 이상의 식품, 의류 등을 취급하는 영국의 유통업체—옮긴이)를 통해 영국에서 높은 매출을 올리고 있다. 남은 포도는 모엣 샹동, 테탱제, 파이퍼 하이직 같은 샴페인 하우스에 판매된다. 유명 샴페인 하우스들은 최상급 포도를 얻기 위해서라면 기꺼이 최고가를 치르기 때문에 위니옹 샹파뉴의 최상급 포도가 돔 페리뇽이나 테탱제의 콩트 드 샹파뉴에 들어갈 가능성도 있다.

코트 데 블랑과 가까운 르 메닐 쉬르 오제는 크루그의 클로 뒤 메닐 블랑 드 블랑으로 유명한 곳이며, **샹파뉴 르 메닐**(Champagne Le Mesnil)의 본거지다. 샹파뉴 르 메닐은 매우 고급스러운 협동조합으로, 이 유명한 그랑 크뤼 마을에서 동쪽을 향한 경사면에 300헥타르 정도의 포도원을 소유하고 있다. 평균 소유 면적은 적지만 이곳의 회원 553명은 자기 소유 땅을 공동 소유 땅처럼 취급한다. 한편 샹파뉴 르 메닐은 자체 상표를 붙인 샴페인을 연간 12만 병 남짓 판매하고 있다.

대규모 협동조합인 **니콜라 푸이야트**(Nicolas Feuillatte)는 샹파뉴 르 메닐과 완전히 다르다. 샹파뉴 지역에서 가장 큰 협동조합으로 5,000여 명의 회원이 총 2,250헥타르를 소유하고 있다. 2013년에 매출이 1,000만 병을 넘어선 가운데 모엣 샹동과 뵈브 클리코에 이어 세 번째 순위를 차지했으며, 프랑스 슈퍼마켓에서 가장 잘 팔리는 샴페인이다. 이름의 주인인 니콜라 푸이야트는 전후 미국의 인스턴트커피 열풍에 편승해 거액을 벌어들인 후에 샹파뉴의 포도원 12헥타르를 사들여 1976년에 샴페인을 출시한 인물이다. 10년 후 자신의 브랜드를 협동조합에 매각했지만 미국 등지에서 계속 브랜드 홍보대사로 활동했다. 그는 지난 2014년에 세상을 떠났다. 푸이야트의 거대하고 번쩍이는 본사 건물은 슈이 마을에 있으며, 에페르네나 랭스에 있는 궁전 같고 세기말 느낌이 드는 샴페인 하우스의 본사들과는 극명하게 대비된다.

그 모든 것은 1846년에 과부가 되어 에페르네의 샴페인 하우스를 맡게 된 클로드 조제프 드보의 품위 있는 세계와 극과 극으로 다르다. 세 명 이상의 과부가 **샹파뉴 드보**(Champagne Devaux)를 운영했으며, 마지막 과부는 1951년에 세상을 떠났지만 드보라는 이름은 오브의 주요 협동조합이 소유한 일류 브랜드로 남았다. 한때 위니옹 오부아즈(Union Auboise)로 불렸으며, 현재 로랑 질레라는 활력 넘치는 인물이 운영하고 있다. 이곳의 회원 800명은 총 1,384헥타르의 포도원에서 주로 피노 누아를 재배한다.

▲◀ 자카르의 인상적인 본사 건물. 자카르는 대략 1,800명의 회원을 거느린 초대형 알리앙스 협동조합 그룹의 주력 브랜드다.

▲ 1920년대 샹파뉴 드보의 광고 포스터. 당시에는 개인이 소유했지만 현재는 오브에서 가장 큰 협동조합이 소유한 브랜드다.

▼ 초대형 협동조합 니콜라 푸이야트는 5,000명의 회원이 소유한 약 2,250헥타르의 포도원을 이용할 수 있다.

# 재배자 샴페인

샹파뉴 지역에는 레콜탕 마니퓔랑으로 불리는 소규모 샴페인 생산자만 2,000명 이상이 있다. 그런 만큼 샹파뉴를 방문하면 낯선 이름이 많아 샴페인을 선택하기가 혼란스러울 수 있다. 반면 영국 번화가에서의 샴페인 구매는 훨씬 더 수월하다. 이곳 상점들은 검증된 브랜드를 엄선해 제공할 뿐 아니라 자체 상표를 붙인 저가 샴페인도 소량 판매한다. 눈여겨볼 만한 재배자 샴페인을 알파벳순으로 소개한다.

아비즈의 **아그라파(Agrapart)**는 가장 오랫동안 재배와 생산을 겸해온 가족 중 하나다. 파스칼과 파브리스 형제는 4대째 레콜탕 마니퓔랑(포도 수확과 와인 배합을 겸하는 사람—옮긴이)을 담당해오고 있다. 고향 아비즈, 오제, 크라망, 와리(Oiry)에 걸쳐 있는 10헥타르 면적의 포도원은 유기농이나 생명역동농법 인증을 받지는 않았지만 최대한 자연적인 농법을 따른다. 이곳에는 중년을 훌쩍 넘긴 포도나무들이 대부분이며 그중 일부는 70세가 넘는다. 게다가 이곳의 샴페인은 3년 이상 효모 앙금 위에서 숙성되며, 빈티지 샴페인의 경우 7년의 앙금 숙성을 거친다. 파스칼은 천재적인 양조자로 극찬받아 왔지만 정작 본인은 그러한 칭찬에 어깨를 으쓱하며 테루아르와 날씨의 변화에 공을 돌린다.

좀 더 북쪽에 있는 몽타뉴 드 랭스의 부지 마을에서는 아그라파와 비슷한 규모의 포도원을 소유한 **폴 바라(Paul Bara)**를 찾을 수 있다. 부지의 재배자였던 바라 가족은 100여 년 전부터 샴페인 하우스와 현지 협동조합에 차례로 공급해오다가 2차 세계대전 이후부터 본격적으로 자신들이 만든 샴페인을 병입해 판매하기 시작했다. 이들은 나이 많은 피노 누아 나무의 재배에 일가견이 있으며, 바라 밀레짐(Bara's Millésime), 콩테스 마리 드 프랑스(Comtesse Marie de France), 스페셜 클럽(Spécial Club) 등과 같은 피노 누아 기반의 샴페인을 생산 중이다.

레콜탕 마니퓔랑 중에는 이단아들이 적지 않다. 그중 **야니크 도야(Yannick Doyard)**의 멋지고 개성적인 샴페인은 충성스러운 팬들을 확보했다. 야니크 도야의 생산량은 불과 5만 병 남짓이며, 그 안에는 전통적인 방식의 로제 샴페인 외유 드 페르드리(Oeil de Perdrix, 자고새의 눈처럼 연한 핑크색 와인을 뜻함—옮긴이)와 리터당 60그램의 설탕이 들어가 단것에 중독된 제정 러시아인들마저 흡족해할 퀴베, 라 리베르틴(La Libertine) 등이 있다.

프랑시스 에글리(Francis Egly)는 부지에도 포도밭을 소유하고 있지만 주로 앙보네와 베르즈네에서 활동하는 레콜탕 마니퓔랑으로, 그가 소유한 **에글리 우리에(Egly-Ouriet)**는 몽타뉴 드 랭스 전체에서 가장 귀한 취급을 받는 샴페인 중 하나다. 그가 생산하는 샴페인으로는 피노 뫼니에로만 만드는 레 비뉴 드 브리니(Les Vignes de Vrigny)와 블랑 드 누아의 전설인 레 크레에르 비에유 비뉴(Les Crayères Vieilles Vignes) 등이 있다. 적은 생산량,

▲▲ 앙리 구토르브 가족은 1차 세계대전 당시에 묘목장을 설립한 이후, 아이와 인근 마을에서 20헥타르의 포도원을 축적해왔다.

▲ 라르망디에 베르니에의 피에르 라르망디에는 생명역동농법을 선호한다. 그의 가족은 15헥타르의 포도원을 소유하고 있다.

◀ 대형 샴페인 하우스는 샴페인 시장에서 얼굴마담 역할을 담당할지는 몰라도, 전체 포도원의 90%를 소유한 재배자들에게 의존할 수밖에 없는 상황이다.

12헥타르에 불과한 포도원, 탐욕스러운 팬클럽 때문에 새로 나올 때마다 곧바로 품절되는 샴페인이기도 하다. 한편 코트 데 블랑에 있는 퀴 마을의 **지모네**(Gimonnet) 가족은 28헥타르나 되는 포도원을 소유하고 있으며, 그 역사가 무려 18세기 중반으로 거슬러 올라가는 재배자다. 결국 1935년에 피에르 지모네의 이름으로 샴페인을 판매하기에 이르렀다. 이곳 포도나무의 평균 수령은 40세 이상인 만큼 수확량이 다소 적으며 상대적으로 푹 익은 과실이 맺힌다. 그 덕분에 지모네 형제는 대부분의 다른 샴페인 생산자들과는 달리 설탕을 첨가하지 않는다. 이들은 볼랑제처럼 샴페인의 일부를 리저브 와인으로 비축해 배합에 사용한다.

볼랑제의 본거지인 아이에는 **앙리 구토르브**(Henri Goutorbe) 가족이 있다. 원래 이들은 필록세라의 공격을 받은 포도원에 새 포도나무를 이식하기 위해 1차 세계대전 동안에 묘목장을 운영한 가족으로 더 유명했다. 어느 모로 보나 성공적인 사업이었고 그 덕분에 가족은 아이와 그 이웃 마을에서 20헥타르 남짓한 포도원을 확보할 수 있었다. 구토르브 가족은 훌륭한 피노 누아를 사용해 고급스러운 퀴베 트라디시옹 NV(Cuvée Tradition NV), 퀴베 프레스티주(Cuvée Prestige), 환상적인 스페셜 클럽 그랑 크뤼(Spécial Club Grand Cru)를 생산한다. 모든 샴페인은 효모 앙금 위에서 3년 이상 숙성된다.

**라르망디에 베르니에**(Larmandier-Bernier)에서는 피에르 라르망디에가 2000년부터 생명역동농법을 시도해왔다. 그는 대부분 술을 오크통에 넣어 야생 효모로 발효한다. 라르망디에 가족은 오제, 아비즈, 크라망을 비롯한 코트 데 바르의 마을에 15헥타르의 포도원을 소유하고 있다. 샤르도네가 주종을 이루거나 단독으로 들어가는 라르망디에 샴페인은 상큼하고 미네랄감이 있으며, 도자주가 낮은 샴페인으로 빛나는 명성을 쌓아왔다.

랭스 근처 괴(Gueux) 마을에는 **제롬 프레보**(Jérôme Prévost)가 1987년에 물려받은 피노 뫼니에 포도원이 있다. 그의 포도원은 면적이 2.2헥타르에 불과해 독자적인 레콜탕 마니퓔랑의 기반이 되기에는 부족한 감이 있었다. 그러나 프레보는 약 10년 후에 앙젤므 셀로스의 격려에 힘입어 독자적인 샴페인 생산에 나섰다. 현재 프레보의 강렬하고 향신료 풍미가 나며 통 숙성을 거치는 샴페인은 열렬한 팬덤을 거느리고 있다.

**자크 셀로스**(Jacque Selosse)라는 이름으로 샴페인을 판매하는 앙젤므 셀로스는 아비즈, 크라망, 오제의 수확량이 시원찮은 포도원을 물려받은 후에 아이, 앙보네, 마뢰이의 소규모 포도밭을 추가했다. 그의 샴페인은 부르고뉴의 최상급 와인 양조장에서 사용했던 오크통에서 발효되며 뚜렷한 흙냄새를 풍겨 호불호가 갈린다. 어떤 이는 술이 변질되고 산화되어 나는 향이라 주장하는 반면에 그 향을 열정적으로 선호하는 사람들도 있다. 어쨌든 자크 셀로스 샴페인은 한결같은 스타일과 라이프스타일 공략형 마케팅을 특징으로 하는 대형 브랜드에 대한 명쾌한 반격처럼 느껴진다.

**에릭 드 수자**(Erick de Sousa)는 아비즈, 오제, 르 메닐 쉬르 오제, 그로브(Grauves)에 있는 9헥타르 면적의 그랑 크뤼 포도원을 기반으로 1986년에 레콜탕 마니퓔랑의 길을 감행했다. 수자의 포도나무들은 생명역동농법으로 재배되며 트랙터 대신에 말이 동원된다. 다른 주요 레콜탕 마니퓔랑과 마찬가지로, 그는 기존 와인에 매년 새로 생산된 와인을 배합해서 견과류와 오크 향을 더하는 솔레라 시스템을 이용해 퀴베 데 코달리(cuvée des Caudalies)라는 최상급 샴페인을 생산하고 있다.

마지막으로 소개할 **빌마르**(Vilmart)는 몽타뉴 드 랭스의 릴리 라 몽타뉴 마을(Rilly-la-Montagne)에서 생산되는 재배자 샴페인이다. 그 기원이 1890년으로 거슬러 올라가지만 한참 뒤인 최근에야 널리 알려지게 되었다. 르네 샹과 로랑 샹 부자가 1989년부터 운영해오고 있으며, 이들이 그해에 만들어낸 쾨르 드 퀴베(Coeur de Cuvée)는 샤르도네 비중이 80%를 차지하는 샴페인으로 복합적이고 풍부하면서도 상쾌한 풍미를 지닌다. 쾨르 드 퀴베와 동급은 아니지만, 입문용 샴페인이며 피노 누아 기반인 그랑드 레제르브(Grande Réserve) 역시 상당히 인상적이다.

▲ 빌마르가 생산하는 쾨르 드 퀴베가 저장고에서 숙성되는 모습. 르네와 로랑 샹 부자가 1989년에 창조해낸 샴페인이다.

▼◀ 자크 셀로스가 생산하는 샴페인은 호불호가 갈리는 샴페인으로 유명하다. 자크 셀로스 샴페인은 부르고뉴 최상급 양조장에서 사용된 중고 오크통에서 발효된다.

▼ 에릭 드 수자가 생산한 샴페인 병의 잔여 앙금. 재배자 수자는 1986년에 샴페인 생산을 시작했으며 흔히 셰리주 생산에 사용되는 솔레라 시스템으로 퀴베 데 코달리를 생산한다.

● 스페인 북동부의 카탈루냐 페네데스 지역에서 카바에 사용되는 포도를 재배하는 포도원. 카바는 프로세코처럼 21세기 초반에 전 세계적으로 급격한 성장세를 보인 발포성 와인이다.

# PART 4

# 세계 여러 나라의 발포성 와인

샴페인이 흔한 발포성 와인에 그치지 않고 성장해 고유한 술로 자리매김한 까닭은 그 비범한 특징 덕분이다. 물론 샴페인의 가격과 명성에 자극받은 이들이 동일한 방법과 포도로 샴페인을 모방하려는 시도는 계속되고 있다. 실제로 눈을 가리고 시음해보면 그중 일부는 실제 샴페인과 사실상 구별이 되지 않기도 한다. 반면에 어떤 모방품은 단순히 거품만 일어날 뿐 경박하고 우스꽝스럽기 그지없다.

# 이탈리아의 프로세코

**21세기 초반만 해도 이탈리아인과 독일인이 아닌 이상, 그 당시 영국에서 갑자기 폭발적인 인기를 끌기 시작한 프로세코가 무엇인지 아는 사람이 드물었다. 2008년 세계 금융위기 때 일명 '침체기의 샴페인'으로 불렸던 프로세코는 생각보다 훨씬 더 오랫동안 인기를 끌고 있다.**

"인력을 감축하고 이익이 감소하는 상황에서 멋진 행사를 열고 샴페인을 흥청망청 제공하는 모습을 보이는 것은 금물이다." 자선단체 〈아트 앤 비즈니스〉의 대표 콜린 트위디가 2011년 연례 시상식 파티가 열리기 전날에 한 말이다. 그에 이어 "올해 시상식에서는 프로세코의 코르크가 개봉될 것"이라면서 "아쉽게도 샴페인은 없다"고 덧붙였다.

왠지 경기 불황기에 샴페인은 부적절해 보인다. 화려하고 결코 차분하지 않은 이미지를 지닌 탓이다. 그러나 이는 2014년경 전 세계 판매량이 샴페인을 앞설 정도로 급부상한 프로세코의 인기를 설명하기에는 여전히 부족하다. 2018년경 프로세코의 총생산량은 대략 6억 병이었다. 이 수치만 보더라도, 이탈리아 북부 베네토의 발포성 와인인 프로세코가 어려운 시기에 샴페인 대신 마시는 값싼 술이라는 인식을 뛰어넘어 성장했다는 사실을 짐작할 수 있다.

프로세코는 다른 발포성 와인과 마찬가지로 19세기 후반에 샴페인의 영향을 받아 탄생한 술로, 안토니오 카르페네라는 사람이 현지 화이트 와인을 병입 발효해 만든 데서 비롯되었다. 화학과 교수인 그는 1876년 베네치아 북쪽의 코넬리아노에 이탈리아 최초의 와인연구학교를 설립했다. 20년 정도 지나서 이탈리아 북서부의 와인 양조자 페데리코 마르티노티가 발포성 와인을 한층 더 간단하게 만드는 새 방식을 개발해 특허를 얻었다.

마르티노티는 샴페인처럼 병입 후 장기간의 2차 발효, 리들링, 데고르주망, 술 보충 등의 과정을 거치며 시간을 허비하느니, 그 모든 작업을 밀봉된 탱크 안에서 진행하는 것이 낫겠다고 생각했다. 탱크에 효모를 주입하고 와인 안의 이산화탄소를 보존하기 위해 지속적으로 압력을 주는 것이다. 이러한 탱크 발효는 샤르마 방식 또는 마르티노티 방식으로, 아스티 스푸만테나 프로세코 같은 이탈리아 발포성 와인의 고유한 특징이 되었다.

프로세코라는 용어가 처음으로 술병에 사용되기 시작한 것은 안토니오 카르페네의 아들 에틸레 카르페네가 1924년에 '프로세코 아마빌레 데이 콜리 디 코넬리아노(Prosecco Amabile dei Colli di Conegliano)'라는 발포성 와인을 선보였을 때다. 그러나 프로세코는 그 후 50년 동안 느린 성장을 보였으며, 베로나와 베네치아 등 베네토 지역의 술집에서 축하주 정도로 마시는 현지 와인에 그쳤다. 그 시기에 샹파뉴 지역에서 프로세코라는 이름

◀◀ 프로세코의 시조 안토니오 카르페네. 그가 만든 최초의 프로세코는 샴페인을 본뜬 것이었고, 탱크 발효는 그 이후에 도입되었다.

◀ 글레라 포도송이. 이탈리아 북동부에 있는 프로세코 산지 이외의 지역에서도 글레라를 재배할 수 있고, 이를 이용해 발포성 와인을 만들 수 있다. 프로세코라는 이름을 붙일 수 없는 것이 유일한 제약이다.

▶ 프로세코 수페리오레 DOCG로 분류되는 술의 주요 산지는 트레비조 북부에 위치한 원뿔 모양 구릉이다.

을 한 번이라도 들어본 사람이 있다 하더라도 극소수에 불과했을 것이다.
프로세코를 최초로 받아들인 외국인은 독일인이었다. 그들은 휴가 여행 때 프로세코를 발견하고는 그 맛을 간직한 채 고향으로 돌아갔다. 그렇게 해서 프로세코는 독일 국내에서 생산된 젝트와 매출 경쟁을 벌이기 시작했다. 영국인들은 특별한 일이 있어야 발포성 와인을 개봉했지만 독일인들은 저렴한 발포성 와인이 있으면 무슨 구실을 만들어서라도 코르크를 땄다. 이 같은 독일인들의 성향 때문에 프로세코의 본고장에서는 큰 갈등이 일어나기도 했다.
프로세코의 본래 명칭은 프로세코 DOC였으며, 트레비소 바로 위의 코넬리아노와 발도비아데네(Valdobiadene) 부근의 원뿔 모양 구릉에서 생산된 술을 뜻했다. 반면에 베네치아의 평원에서 까다로운 규정 없이 생산된 발포성 와인은 프로세코 IGT라 불렀다. 프로세코라는 용어의 남용에 치를 떨었던 구릉 위의 생산자들에게는 이러한 의미 구분이 매우 중요했다. 덜 까다로운 규정 덕분에 넉넉하게 생산된 프로세코 IGT는 제대로 된 대접을 받지 못한 채 대량으로 수출되어 정체를 알 수 없는 와인과 혼합되었고, 독일의 슈퍼마켓에서 낮은 가격에 판매되었다.
최후의 결정타는 2006년에 어느 오스트리아 기업이 캔에 프로세코를 담아 출시한 리치 프로세코(Rich Prosecco)였다. 이 회사는 모델로 기용한 패리스 힐튼에게 황금색 물감을 칠한 나신으로 제품을 홍보하게 했다. 007 시리즈 영화인 〈007 골드핑거〉 속의 장면을 베낀 광고였다. 힐튼은 미국에서 데이비드 레터맨이 진행하는 심야 토크쇼에 출연해 프로세코가 이탈리아 샴페인이라고 설명했다. 레터맨은 "이탈리아의 샴페인이라고요? 캔에 담겼는데요? 샴페인을 캔에 넣었다고요?"라고 속사포처럼 외쳤다. 그러자 "섹시한 술이죠. 들고 있으면 멋져 보여요"라는 대답이 돌아왔다. 시청자들이 그녀의 말에 동의했을 가능성은 크지 않았을 것이다.
이에 이탈리아인들은 "집어치워!"라고 외쳤고 갑자기 행동에 나섰다. 프로세코 DOC 등급은 트리에스테에서 베로나까지의 지역으로 확대되었고 기존 지역은 프로세코 수페리오레 DOCG로 상향 조정되었다. 생산량이 감축되었고 대량 수출은 금지되었다. 결정적으로 프로세코에 쓰이는 포도에는 글레라(Glera)라는 새 이름이 생겼다.
트리에스테 근처에 프로세코라는 이름의 작은 마을이 포착되었는데, 이는 이 지역 전체가 샹파뉴처럼 보호받을 수 있다는 사실을 의미했다. 지역 바깥에서 프로세코를 생산하고자 한다면 그 대신 글레라라는 이름을 붙이거나 아니면 이탈리아 법의 심판을 받아야 했다. 현재까지 브라질이나 호주산 프로세코가 그 나라 현지에서 이따금씩 판매되는 경우를 제외하면 이탈리아의 조치는 성공을 거두고 있다.
원산지 보호 조치가 있은 뒤, 프로세코는 가장 큰 시장인 미국과 영국에서 급성장해 현재 샴페인과 스페인산 카바를 합한 것보다 더 큰 매출을 올리고 있다. 프로세코의 매력은 탱크에서 발효되는 점 외에도 샴페인과는 다른 포도를 사용하는 것에서 알 수 있듯이, 굳이 샴페인을 모방하려고 하

▼ 2차 발효는 압력을 가한 스테인리스스틸 탱크에서 불과 30일 동안 이루어진다.

지 않는 데 있다. 프로세코는 거품이 풍부하며 가볍고 일상적으로 마실 수 있는 술이다. 대표적인 프로세코 생산 기업 조닌(Zonin)의 총책임자 마시모 투치는 "드레스코드에 비유해, 샴페인이 '연미복'이라면 프로세코는 '스마트 캐주얼'"이라고 말한다. 샴페인보다 좀 더 부드럽고 알코올 함량이 조금 낮은 만큼 숙취도 덜하다. 게다가 대부분 샴페인이 브뤼인 것과는 다르게 프로세코는 주로 엑스트라 드라이로 상대적으로 단맛을 지닌다. 이 같은 프로세코의 인기는 소비자들의 기호가 그렇게까지 드라이하지 않을 수도 있다는 점을 시사한다.

▼ 이탈리아 최대 규모의 와인 기업 조닌은 흔한 프로세코와 차별화되는 강력한 브랜드 구축에 힘쓰고 있다.

▶ 2006년에 패리스 힐튼이 그 악명 높은 캔을 들고 선 모습. 그녀는 "섹시한 술"이라면서 "들고 있는 모습이 멋지다"고 단언했다.

# 스페인의 카바와 각국의 발포성 와인

**프로세코가 혜성처럼 등장하기 전에는 카바가 예산이 빠듯한 사람들을 위한 샴페인 대용품이었다. 카바는 포도 품종만 다를 뿐 샴페인과 똑같은 방법으로 만든다. 오늘날 인도를 비롯해 거의 모든 와인 생산 국가가 발포성 와인을 만들고 있다.**

이탈리아인들이 한창 프로세코를 개발하고 있던 1872년에 주제프 라벤토스는 유럽 각국 여행을 마치고 스페인으로 돌아와 페네데스의 코도르뉴에 있는 가족 소유 양조장에서 발포성 와인을 만들었다. 이때 그가 만든 술이 최초의 카바였다. 그러나 스페인어로 지하 저장고를 뜻하는 이 용어가 쓰이게 된 것은 나중이고, 처음에는 '코도르뉴 샴페인'이라는 이름으로 홍보되었다. 곧 다른 생산자들도 가세해 브랜드를 만들고 판매에 나섰다.

20세기 대부분 동안 샴페인 생산자들은 그러한 활동을 샴페인의 유명세에 편승하려는 시도로 간주했다. 반면에 스페인을 비롯한 다른 나라의 발포성 와인 생산자들은 '샴페인'이 발포성 와인을 총칭하는 용어가 되었다고 주장했다. 알다시피 결국에는 프랑스가 싸움에서 승리했다. 더 나아가 프랑스 샴페인 생산자들은 1994년에 EU 내에서 '샴페인 방식(méthode champenoise)'이라는 표현의 사용을 금지시키는 데 성공했다. 샴페인 방식이 무엇인지 합의된 정의가 없다는 이유에서였다. 카바라는 용어는 1970년대부터 사용되었는데, 그때도 고급 발포성 와인을 의미하지는 않았다. 카바는 샴페인을 본떠 만든 술이지만 오늘날 불명예스럽게도 탱크에서 발효되는 프로세코와 정면 경쟁을 벌이는 위치에 처해 있다. 실제로 카바는 9개월 동안 효모 앙금 위에서의 병 발효를 거치는 데 따른 추가 비용에도 불구하고 벼락출세한 프로세코보다 더 낮은 가격에 판매될 때가 많다.

카바는 전통적으로 스페인의 세 가지 청포도 품종으로 만든다. 사렐로(xarel-lo)는 구조감을 형성하고, 파렐라다(parellada)는 일종의 크림 같은 질감을, 마카베오(macabeo)는 신선함과 산미를 더한다. 이 세 가지 품종은 일찍 수확할 경우 상당히 균형 잡힌 특성을 지닌다. 1959년 이후 카바에는 데노미나시온 데 오리헨(DO)이라는 특유의 원산지 표시가 붙게 되었으며, 현재는 샤르도네의 배합도 허용한다. 한편 장밋빛의 카바 로사도(cava rosado)에는 피노 누아, 가르나차(garnacha), 카베르네 소비뇽 등을 사용한다.

▼ 페네데스의 덤불 형태로 정리된 포도나무들. 페네데스의 날씨는 건조하고 덥다.

이론적으로는 카바의 생산 영역은 북동부의 리오하(Rioja)에서 서부의 엑스트레마두라(Extremadura)까지 여덟 개 지역을 아우를 정도로 광활하다. 그러나 현실적으로 카바는 카탈루냐 지역의 와인으로서 바르셀로나로부터 해안으로 이어진 페네데스 지역에서 95% 정도가 생산된다. 중심지는 알트 페네데스(Alt Penedes)의 산트 사두르니 다노이아(Sant Sadurní d'Anoia)로서 카바의 양대 브랜드인 코도르뉴와 프레시넷(Freixenet)의 본사가 있는 곳이다. 이 두 브랜드의 가격 전쟁, 슈퍼마켓 자체 레이블을 달고 나오는 카바의 범람, 일부 저렴한 카바의 거친 풍미와 시큼한 효모 냄새 등은 카바의 이미지 하락으로 이어졌다.

카바 규제위원회에 따르면, 2017년 세계 각국에서 판매된 2억 5,000만 병 중 12% 정도만이 최상급이었다고 한다. 품질이 가장 우수한 카바는 최소한 24개월 동안 숙성을 거치며, 레세르바(Reserva)나 그란 레세르바(Gran Reserva) 등급을 받는다. 고품질을 지향하는 생산자는 많지만, 대량으로 유통되는 저렴하고 대중적인 카바와의 차별화에 어려움을 겪고 있다. 이들의 고심 끝에 다양한 분리 운동이 일어났고, 그 결과물 중 하나가 EU의 인증을 받은 코르피나트(Corpinnat) 브랜드다.

코르피나트의 회원들은 페네데스 내의 특정 지역에서 유기농법으로 포도를 재배하며 최소 18개월 동안 숙성을 거친 발포성 와인을 생산한다. 코르피나트에 소속된 생산자 사비에르 그라모나는 2018년 영국 〈가디언〉과의 인터뷰에서 "우리는 DO 제도를 저버리고 싶은 것이 아니다. 다만 이 분야에 종사하는 농민 5,000명이 살아남기 위해서는 가치를 높일 필요가 있다. 샹파뉴 지역에서는 5헥타르를 소유한 농민이 벤츠 자동차를 타고 다닌다. 그러나 이곳에서는 같은 면적을 소유한 농민이 생계를 유지하기도 빠듯하다"고 말했다.

그러나 최근 수십 년 동안 카바의 품질이 점차 개선되면서 인식에 변화가 찾아왔다. 다른 발포성 와인과 비교해 상대적으로 따뜻한 날씨에서 포도가 재배되

▲ 수작업 리들링을 기다리고 있는 코도르뉴 술병들. 실제로 이 공정은 관광객들의 눈이 닿지 않는 곳에서 산업용 자이로팔레트를 통해 기계 작업으로 이루어진다.

◀ 코도르뉴의 최대 경쟁사 프레시넷의 홍보용 차량. 카바를 채워 넣었다고 한다.

므로 와인의 균형을 맞추기 위해 설탕을 첨가할 필요성도, 포도원에 살충제를 사용할 필요성도 덜하다. 스타일 측면에서 카바는 매우 드라이한 경향이 있지만 스페인 사람들은 그러한 특성 때문에 카바가 음식과 잘 어울린다고 생각한다. 런던에서는 음식에 카바를 곁들이는 식당이 늘고 있다.

한편, 프랑스에서 발포성 와인은 샴페인을 넘어 크레망이라는 대안으로 확장되었다. 샴페인처럼 병 발효를 거치는 크레망에는 루아르 크레망(Crémant de Loire), 달자스 크레망(Crémant d'Alsace), 피레네산맥의 기슭에서 생산되는 리무 크레망(Crémant de Limoux) 등이 있다. 리무 드 블랑케트(Blanquette de Limoux)로도 알려진 리무 크레망은 원래 블랑케트 와인(Vin de Blanquette)으로 불렸으며, 세계에서 가장 오래된 발포성 와인이다. 생틸레르 수도원의 수도사들이 만들었던 블랑케트 와인은 원래 달콤하고 탁한 술이었으며, 1531년에 처음 등장했을 때부터 거품이 일어나는 발포성 와인이었을지도 모른다. 이제는 맑고 달지 않지만, 여전히 리무 현지의 모작(mauzac) 포도로 만든다.

독일에서는 젝트라는 발포성 와인이 방대한 양으로 생산된다. 도이처 젝트(Deutscher Sekt, 독일 품종 포도로만 만든 젝트—옮긴이)로 불리는 종류를 제외하면, 대부분 다양한 품종의 포도로 만들어 탱크에서 발효한다. 주류 전문 저술가이자 와인 전문가인 패트릭 슈미트는 리슬링(Riesling) 포도로 만든 젝트는 "진한 사과와 라임 풍미와 더불어 신선하고 살짝 꽃향기가 나는 경향이 있으며, 술이 효모 앙금과 얼마 동안 접촉하느냐에 따라 빵의 향이 약간 느껴지기도 한다"고 주장한다. 이와 대조적으로 독일의 염가 발포성 와인인 샤움바인(Schaumwein)이 있다. 직역하면 '거품 와인'이라는 뜻이며, 탄산을 주입해 만드니 가능한 한 피하는 편이 좋다.

이탈리아에는 프로세코나 아스티 스푸만테도 있지만 다양한 병 발효 발

◂◂ 샹파뉴에서 700킬로미터 떨어진 생틸레르 수도원. 발포성 와인의 탄생지로 알려져 있다.

◂ 이탈리아에서 가장 많이 판매되는 병 발효 발포성 와인은 트렌티노의 산기슭에 있는 포도원에서 나온다.

▾ '와인의 도시'를 뜻하는 바인슈타트. 독일 남서부 바덴뷔르템베르크주에 있는 이곳은 포도원으로 둘러싸여 있다.

포성 와인이 존재하며, 그중 가장 유명한 제품이 프란차코르타(Franciacorta)다. 프란차코르타의 영역은 2,200헥타르로 크지 않으며, 북부 이탈리아의 파도바(Padova)와 이세오 호수(Lago d'Iseo) 사이에 자리 잡고 있다. 로마 시대부터 포도원이 있었지만, 이곳에서는 계속 비발포성 와인이 생산되었다. 그러다 1961년이 되어서야 베를루키(Berlucchi)의 양조 책임자 프랑코 칠리아니가 발포성 와인을 만들어냈고, 처음에는 피노 디 프란차코르타(Pinot di Franciacorta)라는 이름을 붙였다. 2014년에 이르러 프란차코르타의 생산량은 1,600만 병을 넘어섰으며 그중 대부분이 밀라노를 중심으로 한 롬바르디아 지역에서 소비되었다.

프란차코르타는 효모 앙금 위에서 최소한 18개월의 숙성을 거쳐야 하며 리제르바의 경우에는 숙성 기간이 60개월이 걸린다. 포도 품종은 50% 이상의 피노 네로(pino nero, 피노 누아의 이탈리아식 표기—옮긴이)나 샤르도네, 50% 이하의 피노 비앙코(pino bianco)를 사용한다. 현재 프란차코르타는 트렌토 DOC(Trento DOC)의 추격을 받고 있는데 샴페인과 비슷한 트렌토 DOC은 돌로미티산맥의 기슭에서 생산되며, 페라리(Ferrari)가 대표적인 브랜드다. 언뜻 멋진 자동차가 연상되는 이름이지만 실제로는 엔초 페라리의 자동차 브랜드보다 27년이나 앞서 설립된 곳이다.

다시 프랑스로 돌아가 보자. 샴페인과 비슷한 프랑스산 발포성 와인의 문제는 '진품'의 모방 브랜드라는 인식을 떨쳐버리기 어렵다는 데 있다. 물론 모엣 샹동이 1970년대에 아르헨티나와 미국 캘리포니아에 차례로 세운 보데가스 샹동(Bodegas Chandon)과 도멘 샹동(Domaine Chandon)으로 시작된 대형 샴페인 하우스의 해외 생산업체 같은 경우에는 문제 될 일이 없었다. 모엣 샹동 고객층의 일부를 그 연장선상에 있는 신세계의 모방품에 빼앗겼을 수는 있지만 새로운 소비자를 대량으로 영입할 기회도 무궁무진했다. 그러한 계획은 샴페인의 저력을 입증하듯이 성공했고, 머지않아 멈, 테탱제, 루이 로드레 등도 전초기지를 세우기 위해 캘리포니아로 향했다.

까다로운 와인 비평가들이 블라인드 테스트에서 멈 샴페인과 멈의 캘리포니아산 염가 버전인 퀴베 나파를 비교 시음하고는 퀴베 나파가 낫다는 결론을 내렸을 때 프랑스 사람들은 전혀 동요하지 않았다. 주요 샴페인 브랜드의 관계자는 "솔직히 나라면 금발과 흑발을 비교하지는 않을 것"이라고 비웃었다. 한편 모엣 샹동은 1986년에 호주 야라 밸리의 낡은 낙농장 그린 포인트를 인수해 사업을 시작했다. 이때는 그 뒤를 따르는 다른 샴페인 하우스들이 없었다. 사실 호주에는 태즈메이니아를 중심으로 독자적인 발포성 와인 산업이 탄탄하게 구축되어 있다. 뉴질랜드의 경우, 병 발효 발포성 와인 생산업체가 100곳 이상으로 특히 말버러의 소비뇽 포도원은 처음부터 발포성 와인을 염두에 두고 조성된 곳이다. 오늘날 뉴질랜드산 발포성 와인 대부분은 샴페인의 전통적인 세 가지 품종으로 만든다.

▲ 모엣 샹동은 샴페인 하우스로는 최초로 1973년 나파 밸리에 해외 생산업체를 세웠다.

◀ 멜버른 근처의 야라 밸리는 1986년부터 모엣 샹동의 호주 생산업체인 도멘 샹동이 자리하고 있는 지역이다.

프레시넷은 카탈루냐의 도시이자 카바 생산의 중심지인 산트 사두르니 다노이아에 기반을 두고 있는 곳으로, 병 발효 발포성 와인의 생산업체로는 세계 최대 규모를 자랑한다.

# 영국의 발포성 와인

앞서 샴페인이 영국과 프랑스의 합작품으로, 프랑스가 기저 와인을, 영국이 튼튼한 유리를 제공하고 여기에 영국이 약간의 설탕을 첨가했다는 이야기를 했다. 이제 이야기는 다시 원점으로 돌아왔다.

2015년 후반에 테탱제가 샴페인 하우스 최초로 영국산 발포성 와인을 만들기 위해 영국의 대행업체인 해치 맨스필드와 손을 잡고 잉글랜드 켄트의 사과 과수원이었던 곳을 사들였다는 소식이 전해졌다. 테탱제는 샴페인 30만 병을 생산하기 위해 40헥타르의 토지에 샤르도네, 피노 누아, 피노 뫼니에를 심었다고 한다.

이전에도 영국 언론은 틈만 나면 그와 비슷한 이야기를 되풀이해서 다루었고, 프랑스인들이 샹파뉴 지역의 기후 온난화를 걱정하다 못해 해협 건너 영국의 포도원을 답사하고 다니는 모습을 보여주었다. 그들이 아무런 소득 없이 돌아갔다는 사실은 〈데일리 메일〉 같은 신문사들이 들뜬 보도를 하면서도 얼버무리고 넘어간 내용이었다. 그러다 테탱제의 소식이 나오면서 그 기대는 현실이 되었다. 2018년에 처음으로 포도를 수확했고, 2024년에는 첫 번째 와인이 도멘 에브르몽(Domaine Evremond)이라는 이름으로 출시될 예정이다. 그럼에도 테탱제는 해팅리 밸리라는 영국의 발포성 와인 생산업체와 손잡은 프랑켄 포므리와의 접전에서 패하고 말았다. 프랑켄 포므리는 영국산 발포성 와인 루이 포므리(Louis Pommery)를 이미 판매하고 있으며, 테탱제와 마찬가지로 햄프셔의 40헥타르 면적 포도원에서 포도를 재배하는 중이다.



피에르 에마뉘엘 테탱제는 영국산 발포성 와인이 언젠가 샴페인의 경쟁 상대가 될 가능성이 있냐는 질문에 프랑스인다운 답변을 내놓았다. "우리는 훌륭한 사물이나 사람의 국적을 따지지 않는다. 국적이 어떻든 모차르트는 모차르트고 앨릭 기니스도 그대로 앨릭 기니스다. 브리지트 바르도도 마찬가지다."

그러나 2017년을 기준으로 생산량이 400만 병에 달한 영국산 발포성 와인 생산자들의 생각은 다르다. 이들은 블라인드 테스트에 술을 제출해 프랑스 샴페인을 압도하는 경험을 그 무엇보다도 좋아한다. 이 모든 것은 1980년대 후반에 웨스트서식스의 나이팀버에서 시카고 출신인 샌디 모스와 스튜어트 모스가 사과를 재배하라는 조언을 무시하고는 발포성 와인을 만들기 위해 전통적인 샴페인 포도 3종을 심은 일에서 비롯되었다. 10년 후에 나이팀버 클래식 퀴베 1993(Nyetimber Classic Cuvée 1993)이 샴페인을 포함한 발포성 와인 중 세계 최고로 선정되어 세계적인 주류연구소 IWSR의 트로피를 받았다. 영국 와인협회의 마케팅 이사인 줄리아 트러스트럼 이브는 "이때 비로소 사람들이 흥미를 느끼고 주목하기 시작했다"고 말한다.

그녀는 "최고의 발포성 와인으로 인정받고 있는 샴페인과 맞먹는 경쟁력을 갖추고 경연 대회에 참여하는 것은 절대적으로 중요한 일"이라면서 그 같은 행사에서 승리하면 "분명 영국산 발포성 와인이 저만큼 높은 위치에 있다는 것을 해외에 입증할 수 있다"고 덧붙인다. 그러나 그곳에 도달하기까지의 여정은 만만치 않았다. 여기서 로마인이 영국에 처음으로 포도나무를 심었으며, 1085년에 기록된 영국 토지 대장에 무려 42개의 포도원이 등장했다는 사실을 돌이켜볼 필요가 있다. 그러다 '중세 온난기' 이후에 날씨가 뚜렷이 추워지면서 와인 산지 북방한계선이 프랑스로 내려가

▼ 2015년 피에르 에마뉘엘 테탱제(오른쪽)는 영국의 수입상 해치 맨스필드와의 합작을 기쁘게 선언했다. 같은 해에 샴페인 하우스로는 최초로 영국의 포도원에 투자했다.

기 시작했다. 그러자 수입산 와인이 저렴해지고 구하기 쉬워졌다.
이미 1950년대에는 영국산 와인이 독특한 취미로 취급되었고, 심지어 농담거리가 되기도 했다. 영국산 와인을 만든다는 것은 게르만어권의 추운 날씨에 맞춰 육종된 교잡 품종을 사용해 발효된 포도주스를 만들 수 있다는 것을 입증하는 일에 지나지 않았다. 다만 그럴 필요가 있는지는 종종 논의의 대상이 되었다.
영국산 와인은 대개 비발포성 와인이었지만, 영국이 샹파뉴 지역과 가깝다는 사실은 분명 영국에서도 발포성 와인을 시도해볼 가치가 있다는 것을 시사했다. 상대적으로 중립적이고 산도가 높은 와인이 기저 와인으로

◀◀ 2008년 햄프셔에서 설립된 해팅리 밸리는 5년 후에 첫 와인을 출시했다.

◀ 나이팀버가 1993년 IWSR 시상식에서 '세계 최고의 발포성 와인'으로 우승한 것은 영국 발포성 와인의 분수령이 되었다.

▼ 서식스 풀버러 인근 웨스트 칠링턴의 포도원에서 수확된 포도는 나이팀버로 향한다.

2017년 4월 서식스 리지뷰의 타오르는 촛불들. 솟아나는 싹을 늦봄의 서리로부터 보호하기 위한 조치다.

필요했는데 여름이 적당히 더운 영국 남부에서는 그러한 와인을 생산하는 일이 어렵지 않았다. 이 외에 토양에도 실마리가 있었다. 샹파뉴 코트 데 블랑의 지표면을 뚫고 나온 것과 똑같은 석회암층을 도버의 백악 절벽과 사우스다운스에서도 찾아볼 수 있기 때문이다.

적합한 토양 위의 적합한 경사지 즉, 충분한 햇볕이 내리쬐고 가능한 한 악천후의 영향을 받지 않는 곳을 선택한 다음에 샤르도네, 피노 누아, 피노 뫼니에의 클론 중에서 가장 적합한 것을 심는다면 훌륭한 발포성 와인을 생산해낼 가능성이 크다. 이는 나이팀버뿐 아니라 리지뷰, 캐멀 밸리, 채플 다운, 허시 히스, 코츠 앤 실리 등을 비롯해 상을 받는 영국 생산자들이 점점 더 증가하고 있다는 사실로도 입증된다.

지구 온난화도 도움을 주는 요소일 것이다. 그러나 어느 영국인 생산자의 말처럼 턴브리지 웰스(영국 남동부 켄트의 자치구—옮긴이)가 제2의 에페르네라고 하는 것은 도가 지나친 주장이다. 많은 사람의 지적대로 영국 남부 해안이 샹파뉴와 지척에 있다고는 해도 기후가 온화하고 해양성이라 대륙성 기후에 가까운 샹파뉴와는 차이가 난다. 마찬가지로 몇몇 생산자는 자기네 포도원의 백악토와 샤르도네의 환상적인 궁합을 열띤 어조로 자랑하지만 이를테면 나이팀버 포도원의 토양은 주로 모래와 진흙으로 이루어져 있다.

현재 영국에는 콘월에서 노섬벌랜드에 이르기까지 500곳이 넘는 상업용 포도원이 존재하며, 그중 최북단에서 발포성 와인을 생산하는 곳은 리즈시 안에 있는 레븐소프다. 2017년 기준으로 영국의 포도원 면적은 총 2,500헥타르였으며 그중 75%가 서식스, 켄트, 햄프셔에 있었다. 그러나

◀ 영국의 포도원은 기하급수적으로 증가하고 있으며, 언젠가는 샹파뉴의 포도원 면적(3만 4,500헥타르)에 가까워질 것으로 보인다.

▼ 샹파뉴 코트 데 블랑의 지표면을 뚫고 나온 것과 같은 석회층이 영불해협 건너 도버의 백악 절벽에도 존재한다.

2018년에 이스트 앵글리아 대학이 낸 보고서에 따르면, 포도원의 숫자는 기하급수적으로 증가할 것이라고 한다. 이미 잉글랜드와 웨일스의 토지가 50제곱미터 구획 단위로 조사 분석을 거쳤고, 잠재적인 '최상급 포도 재배지'가 3만 5,000헥타르 가까이 파악되었다. 특히 에식스와 서퍽이 가능성 큰 곳으로 간주되었다.

그 면적은 샹파뉴 지역의 포도원 면적인 3만 4,500헥타르와 거의 동일하지만 수확량과 품질 측면에서 환상적인 수확 연도로 꼽혔던 2018년을 제외하면, 평균적으로 영국의 1헥타르당 생산량은 프랑스의 절반 정도다. 그러나 불과 6년 전만 해도 여름이 춥고 습하면 나이팀버 등지의 생산자들은 포도를 전혀 수확하지 않는 결단을 내렸다. 위 보고서의 제1 저자 앨리스터 네스빗 박사는 "포도 재배와 와인 생산에 진출하는 것은 소심한 사람이 할 만한 일이 아니다. 높은 투자비용과 상당한 위험이 따른다"고 결론지었다.

그렇다고는 해도 현재 영국산 와인에 대한 소문이 자자하고 영국 생산자들의 자신감이 커지고 있는 것은 분명한 사실이다. 트러스트럼 이브는 해마다 100만 개 넘는 포도나무가 심어지고 있다면서 "우리는 경이로운 성장률을 경험하는 중"이라고 말한다. 영국 와인협회는 그러한 성장률에 근거해 추정하고 미국 오리건주 와인 산업의 경험을 모델로 삼았을 때 2040년에 이르면 영국 와인 산업이 4,000만 병의 매출을 통해 10억 파운드 가치를 지니게 될 수 있다고 내다본다. 게다가 그중 발포성 와인이 족히 75%를 차지하리라는 전망이다. 그렇게 되면 2017년 물량 기준으로 샴페인의 최대 수출 시장인 샹파뉴가 타격을 입을 수밖에 없다. 당연히 다른 샴페인 하우스들도 샹파뉴의 10분의 1도 되지 않는 돈으로 토지를 사기 위해 테탱제와 포므리의 뒤를 이어 수표책을 들고 영불해협을 건너갈 것이다. 한편 영국 남부 해안의 농민들은 순무 밭을 포도원으로 전환한 다음에 크루그나 돔 페리뇽과 경쟁할 만한 술을 생산하리라는 꿈을 꿀 수 있게 되었다.

당분간은 영국의 발포성 와인이 밀월 기간을 누릴 것으로 보이지만, 앞으로 나아갈수록 변덕스러운 날씨뿐 아니라 수많은 난관에 부딪힐 것이다. 다음 단계에서는 샴페인의 그늘에서 벗어나 독자적인 정체성을 얻겠지만, 샴페인이 300년이나 앞서 출발했다는 점을 감안하면 그 과정은 느리게 전개될 것이다. 사실 영국의 발포성 와인은 샹파뉴와 비슷한 석회질 테루아르에서 자란 동일한 종류의 포도를 사용해 같은 방법으로 생산됨에도 미묘하게 다르다. 나이팀버의 양조자이며 2018년 인터내셔널 와인 첼린지에서 올해의 발포성 와인 양조자로 상을 받은 셰리 스프릭스는 영국의 포도 재배 기간이 좀 더 길기 때문에 이 같은 차이가 난다고 말한다. 서식스에서는 발아에서 수확까지의 평균 기간이 대략 105일인 데 비해 샹파뉴에서는 95일이다. 또한 여름철 일조 시간이 약간 더 긴 것도 영향을 끼친다.

트러스트럼 이브는 "영국산 발포성 와인의 특징은 산미와 신선함이 주도하는 순수함인 반면, 샹파뉴에서는 자가분해에 좀 더 초점을 맞추는 것 같다"고 말한다. 샹파뉴가 오랜 병 발효를 통해 구운 빵, 특히 브리오슈의 향을 내는 데 중점을 둔다는 얘기다. 그러나 블라인드 시음회에서 영국과 프랑스의 발포성 와인이 경쟁을 벌인다면 그 둘을 구별해내기는 매우 어려울 것이다. 그러한 시음회는 계속될 테고 머지않아 분명 샹파뉴산 테탱제와 영국산 테탱제를 테스트할 것이다. 무엇이 이길까? 그 결과는 장담할 수 없다.

◀▲ 리지뷰의 발포성 와인에는 1662년 사상 최초로 전통적인 발포성 와인의 생산 과정을 기록한 영국인 과학자 크리스토퍼 메렛을 기리는 의미에서 그의 이름이 표시된다.

▼ 2018년, 켄트 소재의 채플 다운은 100만 병까지 생산이 가능한 영국 최대 규모의 포도원을 조성한다는 계획을 발표했다.

- 샴페인과 축하가 밀접하게 연결되어 있다는 사실은 기쁠 때 샴페인 잔을 부딪치는 것만 보더라도 알 수 있다.

# PART 5

# 문화와 전통 그리고 샴페인

20세기 초반에는 샴페인 코르크의 펑 소리가 곧 누군가의 도착을 알리는 신호로 통했다. 작가, 화가, 영화감독들은 샴페인을 부, 지위, 타락, 악행을 상징하기에 안성맞춤인 장치로 보았다. 샴페인은 오랜 세월에 걸쳐 술 이상의 의미를 지니고 있었다.

# 프랑스 문화 속 샴페인

E. 드브레라는 샴페인 하우스는 오래전에 사라졌지만, 그 이름은 1891년 봄 파리 곳곳을 장식했던 화려하고 거품 넘치는 포스터에 남아 있다. 화가 피에르 보나르가 그린 그 포스터에는 굵고 구불구불한 글씨체로 '프랑스 샴페인'이라는 제목이 적혀 있다.

보나르의 포스터(p.42 참고)는 풍만하고 젊은 여성이 황홀감에 입을 벌리고 눈을 감은 채 거품이 뿜어져 나오는 술잔을 쥐고 있는 모습을 묘사한다. 여성의 몸은 드레스에서 빠져나오다 못해 그림에서 빠져나올 것만 같다. 그녀는 프랑스식 '삶의 환희'의 본질 그 자체다. 샴페인의 유명세와 전 세계적인 성공은 분명 프랑스인들에게 자부심의 원천이다. 샴페인은 세계 곳곳에서 프랑스산 발포성 와인의 대사 역할을 하며, 재치와 매력으로 넘치는 프랑스의 국민성을 매력적이고 상징적으로 보여준다. 볼테르는 "이 신선한 술의 거품은 프랑스 국민의 진정한 우수성을 드러낸다"고 했고, 화가 보나르의 동시대 작가였던 아돌프 브리송은 샴페인이 "우리 프랑스인의 모습대로 만들어졌으며 프랑스인의 지성처럼 빛난다"고 주장했다.
물론 샴페인은 프랑스 사회의 전부가 아닌 일부만을 반영할 뿐이다. 콜린 가이는 저서 《샴페인이 프랑스의 것이 되었을 때》에서 프랑스혁명 당시의 인쇄물을 소개한다. '형제 협정(L'Accord fraternel)'이라는 제목의 그 인쇄물에는 군인, 성직자, 평민을 대표하는 세 사람이 서로에게 건배하는 모습이 담겨 있다. 삼각뿔 모자를 쓴 평민 남성은 평범한 레드 와인이 담긴 잔을, 성직자는 부르고뉴 와인 잔을 들고 있다. 반면에 귀족을 상징하는 군인은 우아한 샴페인 잔으로 건배한다. 형제애와 자유는 넘쳤을지 몰라도 평등은 그리 찾아볼 수 없는 광경이다. 사실 샴페인은 갈망의 대상으로서 항상 특권층의 술로 인식되어왔다.
샴페인 브랜드들은 빅토리아 여왕이며 러시아 황제 같은 유럽 군주의 '명령에 따른' 계약을 따내기 위해 경쟁을 벌였다. 그와 동시에 브랜드 주인들은 딸들을 구체제 가문에 시집보내고 그 과정에서 작위를 얻었다. 그러한 가문들이 '상인은 미천한 졸부에 지나지 않는다'는 우려를 털어낸 데는 현실적인 이유가 있었다. 낡은 대저택을 수리하고 살아가려면 거액이 들었기 때문이다.
신흥 중산층의 소득이 상승하고, 이와 동시에 저장 기술의 발달로 유리병

▲ 1920년대 영국의 잡지 광고. 볼랑제 스페셜 퀴베의 왕실 납품허가증을 자랑스레 드러냈다.

◀◀ 장밋빛 뺨을 한 퐁파두르 부인은 루이 15세의 후궁으로 샴페인의 열렬한 팬이었고 샴페인만이 여성의 아름다움을 더하는 술이라고 주장했다.

◀ 초창기에는 열기구와 관련을 맺었던 샴페인이 나중에는 동력 비행기와 제휴하는 단계로 발전했다. 그림은 1909년 랭스 북부의 평원에서 있었던 세계 최초의 항공 회의를 홍보한 포스터다.

이 폭발할 위험이 현저히 낮아져 그 안에 거품을 담는 비용이 줄어들었다. 19세기 후반에 이 두 가지 요소가 만나면서 샴페인의 인기가 도약했다. 샴페인 코르크의 '펑' 소리처럼 누군가가 '도착'했음을 알리기에 적합한 방법은 없었다. 이는 영국 브리스틀에서 미국 볼티모어에 이르기까지 전 세계적으로 통하는 진실이었지만 샴페인의 판매 방식에는 매우 프랑스적인 요소가 있었다. 브랜드들이 왕실의 명령으로 왕궁에 샴페인을 납품하고 레이블에 멋진 문장을 넣었다고는 해도 주요 수요층은 증가 추세에 있던 중산층이었다. 전 세계 중산층 소비자들은 무엇보다도 패션, 음식, 술에 있어서는 프랑스인들의 취향을 따랐다.

샴페인이라는 말은 프랑스어로 남성형 명사지만, 프랑스에서 샴페인 브랜드의 광고 모델로 뽑혀 성적 매력을 십분 발휘한 이들은 여성이었다. 오늘날에는 어떤 술을 광고하든 침실에서의 능력을 북돋워준다는 식으로 암시하는 것이 금지되어 있다. 적어도 매우 엄격한 에벵법이 적용되는 프랑스에서는 그러하다. 그러나 과거에는 관련법이 훨씬 더 느슨했다. 예전에는 잔 다르크나 프랑스 공화국의 상징인 마리안 같은 영웅적인 존재 외에도 요부 차림의 모델이 끝도 없이 술 광고에 등장했다. 그들은 세련되고 노련하며 유혹적인 매력으로 가득한 모습이었다. 남성들은 그 사악한 거품이 코르셋을 끄르는 일에 도움이 되리라 생각했고, 여성 입장에서는 루이 15세의 후궁이었던 퐁파두르 부인의 말대로 샴페인만이 아무리 마셔도 아름다움이 손상되지 않는 술이었다.

샴페인은 전 세계 대부분 지역으로 보급되었으며, 프랑스 다른 지역과 해외에서 샴페인이라는 명칭을 사용하려는 세력들로부터 샹파뉴 지역을 보호하기 위해 CIVC, 그 이전에 있었던 관련 협회들, 프랑스 정부가 힘을 합쳤다. 현재 샴페인의 연간 총판매량은 50억 유로에 달한다. 샴페인은 식음료 부문에서 프랑스 최대의 수출 품목이며, 가격으로 따졌을 때 모든 프랑스 와인 수출 물량 중 3분의 1을 차지한다. 원산지 보호를 받는 주류 중에서 샴페인은 스카치에 이어 두 번째로 큰 성공을 거둔 술이다. 다른 프랑스 와인은 한 세대 만에 프랑스 국내 소비량이 절반이나 줄어들고 신세계 와인의 경쟁을 받아 고전을 면치 못한 반면에 샴페인은 승승장구하고 있다.

샴페인은 가장 사적인 것에서부터 가장 공적인 것까지, 차분하고 가족적인 세례식에서 새 대형 여객선의 명명식에 이르기까지 축하의 모든 순간에 스며들어 있다. 지구 반대편의 어느 조선소일지라도 새 선박을 물에 띄울 때는 선체를 향해 프랑스 샴페인을 공중으로 던져서 산산조각 내는 의식이 진행된다. 그러한 진수식 때 카바나 프로세코를 사용한다는 것은 상상도 할 수 없는 일이다.

샴페인 브랜드는 족히 150년 동안의 실전 경험을 통해 프랑스의 명품 마케팅 기법을 완성하는 데 기여했다. 특히 LVMH가 가장 대표적인 사례로, 이 거대 명품 기업은 크루그, 돔 페리뇽, 뵈브 클리코 등의 샴페인 브랜드를 거느리고 있다. 미국의 와인 경제학자 마이크 비세스는 샴페인에 대해 이렇게 고찰한다. "샴페인이 유명한 까닭은 단순한 술에 그치지 않기 때문이다. 샴페인은 실제로 명성(과 호화로움) 그 자체다."

▲ 새 선박이 샴페인으로 세례를 받는 것은 세계 방방곡곡의 관례다. 이때 프로세코를 사용한다는 것은 상상조차 할 수 없다.

▲ 샴페인은 프랑스가 명품 마케팅 기법을 완성하는 데 기여했으며, 가장 대표적인 사례로 유력 명품 기업인 LVMH가 있다.

# 미술과 문학에 묘사된 샴페인

**스콧 피츠제럴드가 쓴 《위대한 개츠비》의 초반부에서 화자 닉 캐러웨이는 자기가 사는 롱아일랜드의 이웃에게 호감을 느낀다. 이 소설의 후반부에서 이웃 개츠비의 파티에 참석한 그는 샴페인이 여전히 흘러넘치는 와중에도 불쾌한 기운이 스며든 것을 감지한다.**

캐러웨이는 초반부에서 이렇게 관찰한다. "이웃집에서는 여름 내내 밤마다 음악이 흘러나왔다. 그의 파란 정원에는 속삭임과 샴페인과 별들 사이로 남자들과 여자들이 불나방처럼 찾아왔다 떠났다."
그러나 후반부에는 다음과 같은 내용이 나온다.

> "똑같은 사람들
> 적어도 똑같은 부류의 사람들이 있었고,
> 샴페인도 똑같이 넘쳐났다.
> 전과 같이 다채롭고 다양한 조성의 소음이 들렸지만
> 나는 공기 중에서 불쾌함을,
> 전에 없이 거슬리는 기운이 만연해 있음을 느꼈다."

소설의 시간적 배경은 1920년대다. 재즈 시대가 최고조에 이르렀던 시기이고, 원칙적으로는 금주법의 시행으로 미국인은 술을 마시지 않아야 했다. 그러나 샴페인 아니라면 그 무엇으로 개츠비라는 눈부신 사교계 명사의 매력과 지위를 나타낼 수 있었겠는가? 실제로 소설 속에서 개츠비에게는 주류 밀매로 큰돈을 벌었다는 소문이 따라다닌다. 사실 다른 술로는 그만큼 상징적인 효과를 낼 수 없다. 게다가 소설가들에게 샴페인은 항상 부, 퇴폐, 방종의 대명사였다. 에벌린 워는 《쇠퇴와 타락》에서 옥스퍼드 대학의 벌링던 클럽을 풍자하면서 볼랑제 클럽이라는 별명으로 불렀고, 그 동아리 회원들을 "유리병이 깨지는 소리에 시끄럽게 환호하는 상류층 인간들"로 묘사했다.



샴페인은 판매자 입장에서도 매력이 있다. 아서 밀러의 희곡 《세일즈맨의 죽음》에서 윌리 로먼의 아들 해피는 식당에서 만난 젊은 여자의 관심을 끌기 위해 다음과 같이 말한다. "난 샴페인을 파는 사람인데 내가 파는 브랜드를 한번 맛보세요." 그러더니 웨이터한테 그녀에게 샴페인 한잔을 가져다주라고 지시한 다음에 그녀가 잡지 표지에 나왔음이 분명하다고 치켜세운다. 그러고는 "프랑스 사람들이 뭐라고 하는지 알아요? 샴페인이 안색을 곱게 하는 술이라고 말하죠"라고 덧붙인다. 해피의 진짜 직업은 동네 상점에서 일하는 보조 판매원의 보조이므로 관객은 그의 말이 말짱 거짓말이라는 것을 안다.

한편 오스카 와일드는 희곡 《진지함의 중요성》에서 자신이 가장 좋아하는 페리에 주에를 언급했고, 심지어 '감히 이름을 말할 수 없는 사랑'을 위해 유죄선고를 받고 나서도 감방에서 페리에 주에 한 병을 배달시켰다. 1900년 임종을 앞두고는 마지막 한잔을 부탁하더니 의사를 향해 "아아, 난 죽을 때도 분에 넘치게 죽는군요"라고 탄식했다 한다.

그로부터 4년 후, 러시아의 극작가 안톤 체호프 역시 세상을 떠나면서 샴페인을 마셨다. 이 마지막 순간은 그의 아내가 쓴 편지에 남아 있다. "그 사람은 잔을 들고 나를 향해 특유의 그 멋진 미소를 짓더니 '참으로 오랜만에 샴페인을 마시는군'이라고 말했습니다. 마지막 한 방울까지 남김없이

▼ 세기말에 파리에서 작업했던 체코의 화가 알폰스 무하는 포스터 기법에 전환을 일으켰다. 모엣 샹동을 위해 그린 고전적인 석판화 포스터가 그 대표적인 결과물이다.

마시고 나서 살며시 왼쪽으로 돌아누웠고 곧 영원한 침묵에 잠겼습니다."
샴페인에 대한 수많은 문학작품 속 언급 중에서도 가장 멋진 것은 그레이엄 그린의 소설 《이모와의 여행(Travels with My Aunt)》에 나오는 명언이다.

"진실을 찾는 사람에게는 샴페인이 거짓말 탐지기보다 낫지.
샴페인을 마신 사람은 마음을 터놓게 되고
앞뒤 가리지 않고 말하게 되는 반면에
거짓말 탐지기는 고작 성공적인 거짓말에 걸림돌이 될 뿐이야."

소설 초반부에서 오거스타 이모는 파리행 비행기의 일등석을 타야 하는 이유가 "샴페인을 공짜로 마음껏 마실 수 있어서 차액을 벌충할 수 있기 때문"이라고 말한다.
샴페인이 묘사된 미술작품은 문학작품에서 언급된 것보다 적지만, 피에르 보나르 같은 후기 인상주의 화가들이 활동했던 19세기 말 파리에서만큼은 그러한 미술작품을 만날 수 있다. 보나르가 1889년 〈프랑스 샴페인〉이라는 제목의 광고 포스터로 경연에서 우승한 것은 그가 변호사를 그만두고 화가로 전직한 계기가 되었다. 그 유명한 석판화는 여러 장 인쇄되어 파리 곳곳에 붙었으며 다른 화가들에게도 영감을 주었다. 다양한 샴페인 브랜드의 광고 포스터에 라파엘전파 분위기의 미인들이 온갖 모습으로 등장했다.
영국의 화가 월터 크레인은 지금은 사라진 지 한참 지난 샴페인 하우스 오(Hau)를 광고하기 위해 우화적인 여성 형상을 그렸다. 가을을 연상케 하는 황금색 포도나무로 휘감긴 여성이 어깨에 술 항아리를 올려두고 쭉 뻗은 손으로 샴페인 쿠프를 들고 있는 모습이다.
한편 체코의 화가이자 장식 예술가인 알폰스 무하는 19세기에서 20세기로 넘어갈 때쯤 파이퍼 하이직과 모엣 샹동의 광고 포스터를 작업했다. 무하는 모엣 샹동 포스터에서 드라이한 모엣 샹동 임페리얼의 본질을 보여주듯이, 흑발 여성이 목까지 올라오는 드레스를 입고 화려한 보석으로 치장한 모습을 묘사했다. 모엣 샹동 화이트 스타에 대해서는 핑크 드레스 차림으로 어깨를 드러낸 금발 여성을 관능적인 모습으로 그려냈다.
보나르의 석판화는 그의 친구 앙리 드 툴루즈 로트레크에게도 영감을 주었다. 툴루즈 로트레크은 1889년 몽마르트르 언덕 아래에 문을 연 물랭루주를 다룬 그 유명한 연작에서 보나르와 마찬가지로 강렬한 석판화를 그려냈다. 그는 샴페인을 직접적으로 다루지 않았고, 예술가의 전통에 따라 압생트 술을 애호했지만 그의 작품은 파리의 밤을 상징하기에 이르렀다. 카바레 극장인 물랭루주는 음탕함과 세련됨이 공존했던 시대를 상징하는 명물이었다. 샴페인은 이와 같은 파리 밤 문화의 이미지를 포착해 세계 곳곳에 퍼뜨렸다. 벨에포크를 촉진한 동시에 그 이미지를 원동력으로 삼았다.
물랭루주보다 20년 앞서 문을 연 폴리베르제르 역시 파리의 명소였다. 에두아르 마네는 1882년에 이곳을 주제로 마지막 대작이자 자신의 최고작으로 꼽히는 〈폴리베르제르의 술집A Bar at the Folies-Bergère〉을 남겼다. 이 그림에는 슬픈 눈을 한 여종업원이 착시 현상을 일으키는 대형 거울을 뒤로하고 서 있다. 여자는 허공을 바라보는 것처럼 보이지만 우리는 이내 그녀가 정장용 모자를 쓴 남자와 마주하고 있다는 사실을 깨닫는다. 그녀 앞에는 여러 병의 샴페인과 오렌지가 담긴 그릇이 놓여 있다. 오렌지는 그녀가 매춘부임을 암시한다.

▲▲ 샴페인을 사랑했던 오스카 와일드는 특히 페리에 주에를 몹시 마음에 들어 했다. 심지어 1895년 징역형을 시작했을 때 감방으로 페리에 주에 한 병을 배달시켰을 정도다.

▲ 안톤 체호프는 오스카 와일드가 죽은 지 불과 4년 후에 와일드처럼 샴페인을 맛보고 나서 세상을 떠났다.

◀ 에두아르 마네의 〈폴리베르제르의 술집〉에서 반짝이는 금빛 덮개를 씌운 샴페인 병과 거울 속의 거대한 샹들리에는 호화롭고 고급스러운 매력을 전달하지만 여종업원의 눈은 전혀 다른 이야기를 하고 있다.

▸ 1866년 여름에 영국 리즈의 프린세스 콘서트홀에서 초연된 후 인기를 끈 유행가, 〈샴페인 찰리〉

▸▸ 2013년 아리아나 그란데는 자신의 트위터 팔로워 1,000만 명을 위해 〈핑크 샴페인〉이라는 노래를 유튜브 동영상으로 발표했다.

AG
AG
AG

# 스크린에 비친 샴페인

**오랫동안 영화제작자들에게 샴페인은 황홀한 매력, 퇴폐, 부를 상징하는 기호였다. 샴페인의 화려함과 거품은 왠지 영화 화면을 위해 만들어진 것처럼 느껴지며, 샴페인 코르크 특유의 펑 소리 역시 영화에 매력을 더한다.**

카메라는 파티에서 샴페인을 마시는 손님들을 담기 위해 뒤로 물러나거나 유리잔 속에서 춤추는 거품을 포착하기 위해 클로즈업을 한다. 유성영화가 나오기 직전인 1928년에 앨프리드 히치콕이 발표한 무성영화 〈샴페인〉을 보면서 관객들은 '펑' 소리를 상상해야 했다. 영화의 도입부와 끝부분에는 히치콕 감독이 특수 제작한 대형 샴페인 잔의 바닥을 통해 촬영한 장면이 나온다. 이 영화는 "가볍고 경박하며 허황된 등장인물을 긴장감 있고 극적인 사건 사이에 배치"했으며, 주인공 베티 밸포어의 "놀랍도록 명랑하고 매력적인 성격을 보여줄" 기회가 될 것이라고 홍보했다. 그러나 비평가들은 동의하지 않았고 히치콕 역시 나중에 "그 영화에는 들려줄 이야기가 없었다"는 것을 인정했다.

그보다 훨씬 더 성공한 영화는 1939년에 개봉한 그레타 가르보의 첫 장편 코미디 〈니노치카〉였다. 이 영화에서 가르보는 파리에 온 소련의 근엄한 관료 역할을 맡았는데, 한 프랑스 백작이 샴페인의 힘을 빌려 그녀를 유혹한다. 전함의 진수식에서만 샴페인을 접했던 그녀는 "책에서 읽은 바로는 샴페인이 독한 술일 것 같았어요. 하지만 매우 섬세한 술이군요"라고 말하며 한잔 가득 마신다. 그러고는 하는 말. "이 술을 마시고 취하는 사람도 있나요?" 말할 필요도 없이 그녀는 만취하고 만다.



그로부터 1년 후에는 제임스 스튜어트, 캐리 그랜트, 캐서린 헵번이 한 팀이 되어 매혹적인 스크루볼 코미디 영화 〈필라델피아 스토리〉에 출연했다. 2015년 재개봉 당시, 영화평론가 피터 브래드쇼는 "재미와 재치가 샴페인 거품처럼 솟아오르면서도 이야기와 연기에 사람을 현혹하는 매력이 있다"고 평가했다. 한 장면에서는 성가신 기자 역할의 스튜어트가 영화 역사상 가장 우아한 만취 상태로 등장한다. 그는 어느 날 밤, 차를 몰고 그랜트의 집 진입로에 들어선 후 술병과 종이컵을 들고 차에서 내린다. 그러더니 "신데렐라의 유리 구두. 그것이 바로 샴페인이죠. 샴페인 앞에서는 모든 사람이 평등해져요. 당신을 나와 동등한 지위로 만들어요"라고 외친다.

바로 이 시기에 애정 영화의 정점인 〈카사블랑카〉가 등장했다. 이 영화에서 샴페인은 작은 단역을 맡는다. 주인공 릭 블레인(험프리 보가트)은 일자 룬트(잉그리드 버그먼)에게 "앙리가 우리한테 이걸 한 병 마시고 세 병을 더 마시래. 독일인들이 조금이라도 마시기 전에 샴페인으로 정원에 물을 줄 거래"라고 말한다. 이 영화는 나치가 랭스의 와인 총통 오토 클라에비슈를 통해 샴페인을 독일로 빼내기에 분주했던 1942년에 개봉되었다.

샴페인과 영화의 따뜻했던 만남은 전쟁 후에 사무적으로 변화했다. 영화사는 거품이 일어나는 술을 원했고, 이내 브랜드 주인들이 영화에 나오는 영광을 위해 기꺼이 값을 치르리라는 사실을 파악했다. 할리우드의 매력이 워낙 컸던 데다 샴페인 하우스 간의 경쟁이 치열했기 때문이다. 그러한 점에서 007시리즈를 능가할 프랜차이즈 영화는 없었다. 원작자 이언 플레밍은 테탱제를 좋아했고, 그가 창조한 소설 속 주인공이 선호하는 샴페인도 테탱제였다. 그러나 테탱제의 영화 경력은 독을 탄 샴페인이 나오는 1963년 작 〈007 위기일발〉로 끝나고 말았다. 이때 클로드 테탱제가 해당 영화를 제작한 브로콜리 집안과는 더 이상 엮이지 않겠다고 거부했다는

말이 있다. 이후 돔 페리뇽이 그 자리를 채웠고, 007 시리즈 중 최악으로 꼽히는 대사를 이끌어내는 역할을 했다. 이를테면 참을 수 없이 거만하고 잘난 척하는 본드가 "이봐, 돔 페리뇽 53년산을 3°C로 마시는 것처럼 해서는 안 될 일들이 있는 법이야"라면서 "그건 귀를 가리지 않고 비틀즈를 듣는 것만큼이나 나쁜 짓이지"라고 말한다.

〈007 죽느냐 사느냐〉가 개봉했던 1973년에는 볼랑제가 이미 영화 속에 파고들었고 그 이후 계속해서 그 자리를 지켰다. 곧이어 로저 무어가 주인공 본드 역할을 맡게 되면서 볼랑제 샴페인에 대한 유치하고 중의적인 농담이 잇따라 등장하기 시작했다. 본드는 〈007 문레이커〉에서 능글맞은 미소를 띤 채 CIA 요원 홀리 굿헤드에게 "볼랑제네요? 이게 만일 69년산이라면 당신이 날 원한다는 거겠죠"라고 말한다. 샴페인 생산 연도에 대한 이러한 말장난은 제임스 본드의 편과 악당을 구분해내는 수단으로 쓰였다. 〈007 뷰 투 어 킬〉에서 로저 무어가 연기한 본드가 샴페인을 한 모금 마시고는 볼랑제 75년산이라는 것을 맞히자 탐정 아실 오베르진은 감탄을 연발한다. 샴페인의 브랜드와 연도를 알아맞힌 것만 보고 이 우스꽝스러운 이름의 프랑스 탐정은 본드가 밝힌 정체를 믿어버린다.

돌이켜보면 007 시리즈는 자기 풍자의 수렁으로 빠지기 전에 때맞춰 구제되었다. 그러나 이는 제작비용 덕분이다. 제임스 본드 세트장에서는 다양한 브랜드가 고용되었다가 해고되었다. 〈007 스카이폴〉에서 하이네켄 맥주는 '깜빡하면 놓칠 수 있는' 정도로만 등장했으나 영화제작비 9,800만 파운드 중 30% 가까이를 충당해주었다.

한편, 1920년대만 해도 스콧 피츠제럴드처럼 샴페인을 사랑하는 작가들조차 자기 소설에서 특정 브랜드를 언급하지 않았다. 그러나 배즈 루어먼이 2013년에 리메이크한 〈위대한 개츠비〉에서 세트 디자인을 맡은 캐서린 마틴은, 피라미드 분수 형태로 쌓아올린 샴페인 잔에서 흘러내리고 초대형 술병에서 따라지는 샴페인이 모엣 샹동이어야만 한다고 판단했다. 부와 낭비를 상징하는 장치로 발타자르나 네부카드네자르 사이즈의 샴페인만큼 적합한 것은 없었다. 모엣 샹동을 소유한 LVMH는 그 결정에 기뻐했을 테지만 제작사인 워너브라더스와의 계약 내용은 철저히 비밀에 부쳐졌다.

마지막으로 1992년에 개봉한 코미디 영화 〈웨인즈 월드〉 역시 언급할 만한 영화다. 이 영화에서 카산드라(티아 카레레)는 "난 샴페인을 한 번도 마셔본 적 없는 것 같아"라고 말한다. 그 말에 벤자민(롭 로)이 "사실 샴페인은 모두 프랑스 거야. 지역 이름이기도 해"라고 대답한다. CIVC라도 그만큼 효과적으로 메시지를 전달하지는 못했을 것이다.

◀ 주인공 역할의 그레타 가르보는 코미디 영화 〈니노치카〉에서 멜빈 더글러스의 매력에 굴복한다.

◀◀ 1942년에 개봉한 고전영화 〈카사블랑카〉에서 험프리 보가트가 "당신의 눈동자에 건배하겠소"라고 하자 잉그리드 버그먼이 그의 눈을 뚫어져라 바라보는 장면.

▼◀ 〈007 골드핑거〉에서 제임스 본드(숀 코너리)가 질 매스터턴(셜리 이턴)과 사랑을 나누는 와중에 돔 페리뇽의 온도가 적당한지 확인하는 장면.

▼ 스콧 피츠제럴드의 원작 소설과 달리, 배즈 루어만이 2013년 리메이크한 〈위대한 개츠비〉에는 모엣 샹동이라는 구체적인 샴페인 브랜드가 잔뜩 등장한다.

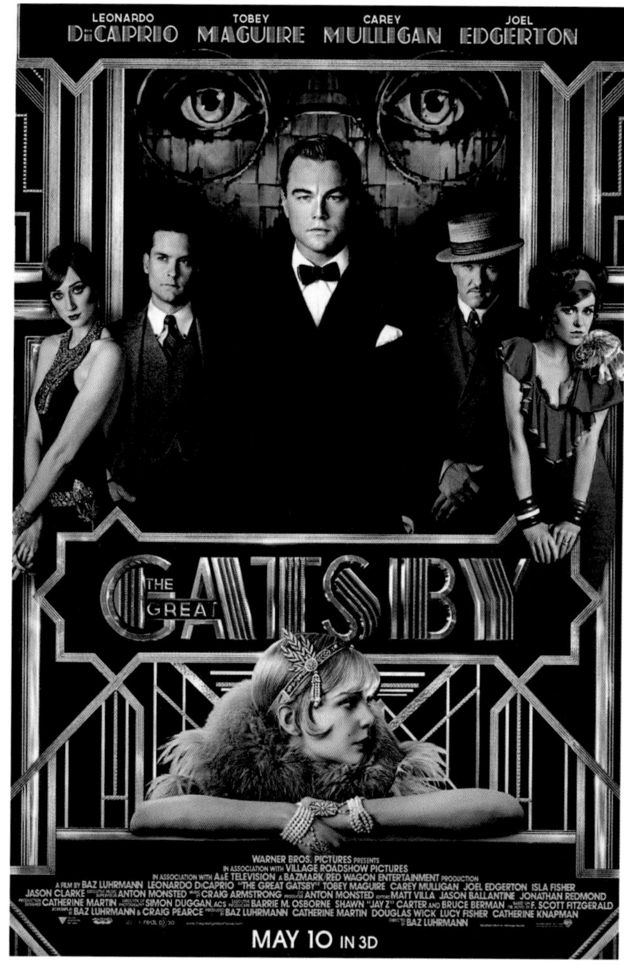

▸ 영화평론가들에 따르면, 히치콕이 1928년에 발표한 무성영화 〈샴페인〉에는 활력이 부족하다. 미국의 연예 잡지 〈버라이어티〉는 이 영화에 대해 "약 2킬로미터 길이의 죄 없는 필름을 다리와 클로즈업으로 채우기 위한 구실"이라고 평가했다.

▸▸ 007 시리즈 속에서 본드는 돔 페리뇽과 테탱제 등의 샴페인을 마시는 모습을 보였지만, 최근에는 볼랑제 샴페인을 고수하고 있다.

THE CHAMPAGNE OF JAMES BOND

QUANTUM OF SOLACE

IN CINEMAS ONLY

CHAMPAGNE CRÉATION - REIMS

# 샹파뉴로의 초대

예로부터 샹파뉴는 와인 산지 중 접근성이 가장 뛰어난 지역으로, 상인에서 순례자, 나치에 이르기까지 수많은 집단이 거쳐 갔다. 2015년 샹파뉴는 유네스코 세계유산에 등재되었으며, 오늘날의 방문객들은 목가적인 풍경을 즐기고 무엇보다 샴페인을 마음껏 마시기 위해 이곳을 방문한다.

영불해협을 잇는 해저터널의 프랑스 쪽 입구로 나와 넉넉히 3시간 동안 차를 몰고 가면 샹파뉴의 심장부에 도착한다. 또한 비행기를 타고 파리 샤를드골 국제공항에 도착해 테제베 열차를 이용하면 랭스까지 30분 만에 갈 수 있다(주의할 점은 현지에서는 Reims를 '랭스'나 '림스'가 아니라 '라안스' 정도로 발음한다는 사실이다. 이때 받침은 '앙'과 '안'의 중간 정도로 발음한다). 랭스는 샹파뉴 지역의 상업 중심지이며, 가장 오래된 뤼나르, 고급 샴페인의 대명사 크루그와 루이 로드레, 그 밖에 포므리와 테탱제 같은 주요 샴페인 하우스의 본사가 있는 곳이다. 소문에 따르면, 10억 병 정도의 샴페인이 랭스 거리 아래의 미로 같은 지하 저장고 안에서 조용히 2차 발효를 거친다고 한다.

랭스에는 로마인이 만든 북문 즉, 마르스의 문이 아직도 자리하며, 남쪽의 생 레미 수도원과 제수이트 대학도 마찬가지다. 그러나 1차 세계대전 동안에 독일군이 쏜 포탄으로 그 외에는 거의 모든 것이 파괴되고 말았다. 1920년대에 건축물들이 아르데코 양식으로 재건되고 대성당이 복원되면서 랭스는 같은 지역의 다른 중세풍 도시들이 지닌 역사성을 자연스레 잃게 되었다. 긍정적인 점은 랭스의 갈리아-로마 양식의 지하터널이야말로 보존 상태가 가장 뛰어나다는 사실이다. 특히 테탱제의 지하터널이 그렇다. 또한 포므리 지하 저장고에서는 인상적으로 부조된 조각을 찾아볼 수 있다. 포므리 가문의 옛 저택은 샹파뉴에서 가장 호화로운 부티크 호텔인 레 크레예르로 개조되었다.

비공식적인 '샴페인 수도'는 랭스에서 남쪽 방향으로 기차를 타고 30분이 걸리는 에페르네다. 에페르네는 랭스의 8분의 1 정도 크기며, 포도나무가 우거진 경사지를 배경으로 하고 있어 좀 더 아름다운 풍경을 자랑한다. 이곳에서는 샴페인 거품을 피할 길이 없다. 특히 쟁쟁한 샴페인 하우스의 본사가 어깨를 나란히 하고 있는 샹파뉴대로를 걷다 보면 더 큰 유혹을 느낀다. 44번지에는 시골 대저택 느낌이 나는 폴 로제 본사가 있다. 폴 로제의 열렬한 팬이었던 윈스턴 처칠은 이곳을 가리켜 "유럽에서 술이 가장 잘 넘어갈 것 같은 장소"라고 말했다. 한 곳으로 만족하지 못했던 장 레미 모에는 동쪽으로 진군하려는 나폴레옹과 그의 측근을 위해 본사 맞은편에 똑같은 건물을 하나 더 짓고는 '트리아농의 집'이라는 이름을 붙였다. 20번지의 모엣 샹동과 44번지의 폴 로제 사이에는 메르시에와 페리에 주에 본사가 있다. 이곳들은 모두 20유로 정도에 가이드 투어를 제공하는데 다소

▼◀ 조각보 같은 포도원. 몽타뉴 드 랭스의 자연 공원 안에 있으며, 피노 누아로 유명하다.

▼▼▼◀ 랭스 포므리 저장고의 석회석 벽면에 부조된 조각. 방문객들이 저장고에 들어서자마자 보이는 이 조각은 1870년 루이즈 포므리가 관광 명소인 샴페인 극장을 만들 때 새겨졌다.

▼ 랭스의 마르스 문. 로마인이 3세기에 세운 개선문으로, 1차 세계대전 당시 독일의 포탄 공격으로도 파괴되지 않은 극소수 구조물 중 하나다.

비싸기는 하지만 덤으로 샴페인 한잔을 즐길 수 있다.
어떤 샴페인 하우스는 곧바로 방문하면 되지만 어떤 곳은 사전 예약이 필요하며, 너무 대단한 곳이라 일반인에게 문을 열지 않는 곳도 있다. 어쨌든 샹파뉴의 마을을 돌아보기 전에 샴페인 하우스를 한 곳쯤 방문하는 것이 좋다. 샹파뉴의 진정한 즐거움은 마을에서 찾을 수 있다. 독립 생산자가 운영하며 대부분 아침식사도 제공하는 지트(gite, 숙소)에 묵으면 좀 더 확실하게 현지 체험을 할 수 있다.
랭스와 에페르네를 건너뛰고 아이의 볼랑제나 샬롱 앙 샹파뉴의 조제프 페리에 같은 일류 샴페인 하우스를 찾을 수도 있다. 또한 지역 생산자들을 방문해도 좋다. 아니면 남쪽으로 이동해 샹파뉴에서 가장 아름다운 곳으로 이름 높은, 완만한 경사지로 뒤덮인 오브를 방문할 수도 있다. 오브의 수도는 파리에서 직행 열차로 연결되는 트루아로, 목조 건물이 절반을 차지하고 있으며 독일 바이에른과 비슷한 인상을 준다. 이곳은 일류 샴페인 하우스가 있는 에페르네처럼 화려하고 호화롭지는 않지만, 좀 더 정통성 있는 분위기를 전달한다.

추천 도서: 필리프 부셰롱의 《샹파뉴에서 가볼 만한 곳(Destination Champagne)》

**유네스코 세계유산에 등재된 샹파뉴**

2015년 7월 초, 샹파뉴 지역의 '포도원, 지하 저장고, 샴페인 하우스'가 유엔의 문화부문 산하기구인 유네스코로부터 세계유산의 지위를 얻었다. 샹파뉴 사람들로서는 달콤한 승리였고 오랜 등재 운동의 결실이었다. 유네스코의 규정에 따르면, 각국은 한 해에 두 후보만 제출할 수 있다. 샹파뉴는 그 2년 전에도 등재에 도전했지만 점수를 얻지 못했다.
유네스코 심사단은 아이와 마뢰이 쉬르 아이의 포도원과 갈리아-로마 시대에 랭스 생 니케즈 언덕의 백악토를 파내 만든 지하 저장고에 깊은 인상을 받았다. 그와 동시에 부르고뉴의 일부 지역도 세계유산으로 선정되면서 이미 등재된 포르투갈의 도우로 밸리, 헝가리의 토카이, 독일의 모젤 밸리 등의 와인 산지와 나란히 서게 되었다.
샹파뉴의 유네스코 등재는 어떻게든 수요를 맞추기 위해 해충을 죽이고 수확량을 늘리는 화학물질을 포도밭에 흠뻑 뿌려댔던 1980년대 이후로 얼마만큼 큰 변화가 일어났는지를 보여주는 사건이다. 특히 2000년대에 들어서 샹파뉴에는 좀 더 지속가능한 농법이 도입되고 있다. 다만 이 지역의 생산량은 이미 최대치에 도달해 공급 압박이 심하다. 2020년대에 들어, 지속가능한 농법을 도입한 신규 마을들에서 와인이 출시되고 있다.

▲ 샤토 레 크레예르. 랭스의 포므리 샴페인 바로 옆에 위치하며, 미슐랭 등급을 받은 식당이 입점한 고급 호텔이다. 1900년대 초에 포므리 가문이 건립했다.

유명한 샴페인 마을을 연결하는 관광 코스의 표지판을 곳곳에서 찾아볼 수 있다.

D 40
ERNAY
Route touristique du
CHAMPAGNE
MANCY

# 샴페인 투자의 세계

**어떤 이들은 희귀한 샴페인을 귀한 보석처럼 유리장 안에 진열하거나 보관 창고에 숨겨두고, 수익을 내기 위해 판매하기도 한다. 투자 상품으로서 샴페인 이야기를 해보자.**

2015년에 알디(유럽의 염가 마트—옮긴이)에 가면 뵈브 몽시니(Veuve Monsigny)라는 논빈티지 샴페인 한 병을 10.99유로에 살 수 있었다. 필리조 에 피스(Philizot et Fils)가 생산하며, 구운 사과, 브리오슈, 핵과류의 향을 풍기는 뵈브 몽시니는 그해에 판매된 샴페인 중 8% 이상을 차지할 정도로 영국에서 가장 사랑 받는 샴페인이었다. 반면에 메이페어(런던 부유층의 거주지와 고급 호텔이 있는 지역—옮긴이)의 헤도니즘 와인에 가면 샴페인 가격이 아찔할 정도로 높다. 그중 레미 크루그가 직접 사인한 1937년산 크루그 매그넘의 가격은 2만 6,123.40파운드로, 최고가를 자랑한다.

위의 사례는 극과 극을 달리는 샴페인의 세계를 보여주기 위한 것이며, 특히 후자는 수집할 만한 투자 자산의 범주에 속한다. 1937년산 크루그의 가격이 앞으로 더 큰 폭으로 상승할지는 논란의 여지가 있지만 처음 출시된 1940년대에 비해 엄청나게 뛰어오른 것만은 분명하다. 샴페인으로 한몫 잡으려고 한다면 우선 제대로 된 술을 선택해야 하겠지만, 무엇보다 구매 시점과 판매 시점이 수익을 좌우한다.

고급 샴페인에 투자하는 사람은 다리 셋인 의자에서 한 축을 차지하며, 수집가와 부유한 소비자가 나머지 축을 형성하지만 현실적으로는 한 사람이 세 가지 모두에 해당하기도 한다. 소비자와 수집가가 감당하지 못할 정도로 가격이 가파르게 오르면, 그 의자는 무너지기 십상이다. 투자자는 남들이 희귀한 샴페인을 마셔버림으로써 공급이 줄어들고 남은 술의 가격이 뛰어오르길 기대한다. 투자자에게는 다행스럽게도 극히 부유하며 샴페인을 애호하는 사람들이 여전히 많다. 이를테면 헤도니즘 같은 와인 상점이 판매하는 고급 샴페인 대부분은 러시아 부호의 요트 같은 곳에서 소비될 것이다. 투자자들은 경매나 고급 와인 거래업체를 통해 구매한 술을 온도가 조절되는 보세창고에 보관하는 것을 선호한다. 그렇게 하면 안전하고 탈 없이 보관이 가능하며 마셔버릴 염려가 없다. 집 계단 밑의 창고에 보관하면 친구들과 있을 때 이성을 잃고 술병을 따버릴 위험이 있다. 물론 그렇게 하라고 샴페인이 발명되었겠지만 말이다.

'투자 등급' 샴페인을 찾을 때 주목해야 할 이름으로는 돔 페리뇽, 크루그, 루이 로드레 크리스탈, 테탱제 콩트 드 샹파뉴, 살롱 퀴베 'S' 르 메닐, 필리포나, 클로 데 구아스뿐 아니라 뤼나르, 볼랑제, 폴 로제의 최상위 샴페인 등이 있다. 가격은 샴페인 하우스의 명성과 특정 출시 제품에 대한 저명한 와인 평가자의 점수에 따라 결정된다. 그러나 보르도와 마찬가지로, 샹파뉴의 생산자들은 경쟁자가 얼마만큼의 가격이 매겨지는지 남몰래 주시하고 있을 가능성이 크다. 치러지는 가격은 최상급 샴페인 하우스의 순위를 나타내며, 그들의 지위를 재확인해주는 지표다.

그 같은 최고급 퀴베의 생산량은 매우 적은 경향이 있다. 예를 들어 살롱 메닐은 연간 3,000병 이하로, 크리스탈은 2만 5,000병 이하로 출시된다. 고급 와인의 판매량은 와인 종합 지수이자 거래소 역할을 겸하는 리브엑스가 주 단위로 집계한다. 보르도의 최고 샤토들이 와인 거래를 좌지우지하는 상황이지만, 투자자들이 포트폴리오를 다각화하는 추세가 나타나면서 리브엑스는 샴페인에 대한 관심이 커지고 있다고 보고했다.



최고급 샴페인이 한층 더 안전한 투자 대상이지만 투자에는 인내심이 필요하다. 리브엑스는 2015년 후반 보고서에서 "2000년이나 그 이전에 생산된 샴페인의 가격 상승 신호가 두드러진다"는 결론을 내렸다. 리브엑스가 예시로 든 테탱제의 1996년 빈티지는 2003년 6월에 출시되고 나서 한 병에 630파운드에 거래되었다가 불과 12년 후에 1,896파운드로 뛰어올랐다. 그러나 가격은 분명 다른 쪽으로도 움직일 수 있다. 단적으로 보르도의 그랑 크뤼는 2011년 6월에 최고가를 찍었다가 3분의 1이나 하락했는데, 그러한 폭락은 보는 사람에 따라 '거품 붕괴'일 수도 그저 '시장 조정'일 수도 있다.

베리브라더스 앤 러드의 사이먼 베리 회장은 런던의 와인 거래를 다룬 BBC 4 다큐멘터리에서 "물론 와인의 가장 큰 장점은 지난해보다 가격이 떨어져도 맛은 더 좋아질 수도 있다는 점이다. 그러므로 투자한 와인을 현금화지 못하더라도 최소한 마실 수는 있다"고 말했다.

금, 원유, 탄소 크레디트 등의 다른 투자 상품에 대해서는 당연히 소비라는 선택지가 존재하지 않는다. 그러나 특정 와인의 가격이 급락했다는 정보를 접하면 그 와인의 평가에도 타격이 갈 수 있다. 브리오슈와 구운 아몬드 향 뒤에 도사리고 있는 그 독특한 향이 시큼털털한 포도 냄새처럼 느껴질 수도 있다는 얘기다.

▼ 200년 된 샴페인 병에서 호박색 과즙이 흘러나오는 모습. 2010년에 잠수부들이 핀란드령 올란드제도 인근의 발트해 해저에 있는 난파선에서 꺼내온 샴페인이다.

## 경매 최고가를 달성한 샴페인은?

크루그 컬렉션와 같은 고가 샴페인이 출시되면서 정말 오래되고 희귀한 샴페인들이 경매에 불쑥 등장하고 있다. 예외는 있겠지만 그 가격은 출처의 신뢰도와 생산된 환경의 영향을 받게 마련이다.

2010년 올란드제도 인근의 발트해에서 난파선을 수색하던 잠수부들이 1820년대에 생산한 샴페인 여러 병을 발견했다. 레이블은 오래전에 훼손되었지만 코르크로 볼 때 그중 세 병은 틀림없이 뵈브 클리코로 파악되었다. 당시 뵈브 클리코의 양조 담당자였던 프랑수아 오트쾨르는 그 술을 약간 마셔볼 수 있는 행운을 누렸다. 그는 "구운 빵의 생생한 향에 은은한 커피 향과 매우 기분 좋은 맛이 곁들여져 있으며 꽃과 라임 향이 미묘하게 느껴졌다"고 말했다.

이 오래된 뵈브 클리코 한 병은 2011년 6월 뉴욕의 경매에서 4만 3,630달러에 팔렸다. 2008년에 판매된 돔 페리뇽 로제 1959의 가격을 넘어선 샴페인 역사상 최고가였다.

투자 등급 샴페인인 로드레 크리스탈의 술병들이 빛을 발하는 모습.

# 감사의 말

고생이 많았던 편집자 마틴 코틸을 비롯한 칼턴 출판사의 직원 일동에게 감사한다. 다음 사람들에게도 감사를 전한다. 이들이 없었다면 이 책은 세상에 존재하지 못했을 것이다.
장 피에르 쿠앵트로, 브누아 콜라르, 마리넬 피츠사이먼스, 장 클로드 푸르몽, 마틴 개먼(마스터 오브 와인), 데이비드 헤스키스(마스터 오브 와인), 앨리스터 키블, 앨리슨 만, 페넬로피 맥도널드, 프레야 밀러, 멜 미첼, 린 머리, 프레데릭 파나이오티스, 프랑수아 페레티, 앙투안 롤랑 빌카르, 프레데릭 루조, 아르노 드 세뉴, 패트릭 슈미트(마스터 오브 와인), 제임스 심슨(마스터 오브 와인), 조너선 심스, 클로비스 테탱제, 줄리아 트러스트럼 이브.

그리고 링컨셔의 특별한 숙녀에게 이 책을 바친다.

# 참고 자료

## 사진 출처

AKG Images: 44R; /A DagliOrti/De Agostini Picture Library: 38L; /Jean Tholance/Les Arts Decoratifs, Paris: 83
The Advertising Archives: 105T, 107TR
Alamy: /Archivart: 142L, 142R;/allOver images: 62-63; /Bon Appetit: 91BR, 119BL; /Paul Collins: 77TL; /DGDImages: 136T; /Iaroslav Danylchenko: 10-11; /Jean-Pierre Degas/Hemis: 54; /Julian Eales: 113BL; /f8 archive: 140TR; /Tim Graham: 113L; /Robert Harding: 48R, 110TR; /Hemis: 118TR; /Per Karlsson/BKWine.com: 118BR; /John Kellerman: 49B; /David Levenson: 75TR; /Lordprice Collection: 25T, 79, 91BL, 117TR; /Martin Norris Travel Photography: 100; /Mary Evans Picture Library: 85TR; /Nobel Images: 60L; /North Wind Picture Archives: 37B; /Prixpics: 70T; /Teofil Rewers: 133TR; /Bertrand Rieger/Hemis: 28; /Olivier Roux/Sagaphoto.com: 61B, 70B, 104TR; /Richard Soberka/Hemis: 109
Bibliotheque Nationale de France: 47L
Champagne Billecart-Salmon: 56TR, 56BL, 56BR, 57T, 57B
Bridgeman Images: /Gerald Bloncourt: 48L; /Look and Learn/Barbara Loe Collection: 73T; /PVDE: 85TR
The Stapleton Collection: 15T, 15B, 17R, 80BL, 82T
Champagnes & Châteaux Canard Duchêne: 110BR
Leif Carlsson/Magazine Vigneron: 96BL
Cephas: /Tom Hyland: 118BL; /Mick Rock: 5, 19B, 21B, 27T, 73B, 119TR
Getty Images: /Sergi Alexander: 108; /Andia/UIG: 12; /Ann Ronan Pictures/The Print Collector: 34L; /Apic: 45; /Art Media/The Print Collector: 38R; /BSIP/UIG: 21T; /Robyn Beck/AFP: 90BL; /Benainous/Vandeville/Gamma-Rapho: 77BL; /David M Benett: 26R; /Bettmann: 46L, 141T, 147T; /Walter Bibikow/age fotostock: 17L; /Michael Busselle/The Image Bank: 114-115; /Buyenlarge: 33BR; /Anne-Laure Camilleri/Gamma-Rapho: 23B; /Julia Claxton/Barcroft Media: 134-135; /Carl Court: 137T; /G Dagli Orti/De Agostini: 33TR; /Mark Downey Lucid Images/Corbis: 145; /Bruno Ehrs: 106; /Pepe Franco: 127T; /Owen Franken: 119BR; /David Goddard: 136B; /Brian Hagiwara/The LIFE Images Collection: 141B; /Andrew Harrer/Bloomberg: 24; /Hendrik Holler/StockFood Creative: 22R; /Hulton Archive: 33L; /Ady Kerry/Bloomberg: 137B; /Alexis Komenda: 52L; /Peter Macdiarmid: 133B; /Alastair Miller/Bloomberg: 22BL; /Jonathan Nackstrand/AFP: 154; /Francois Nascimbeni/AFP: 30R, 107BL, 111TR, 111B, 112BR; /Charles O'Rear/Corbis/VCG: 76; /PHAS/UIG: 31T; /Popperfoto: 147BL; /The Print Collector: 34R; /Bertrand Rieger/Hemis: 150TL; /Peter Richardson/Robert Harding: 150R; /Maurice Rougemont/Gamma-Rapho: 71T; /Ilya S Savenok: 125L; /Science & Society Picture Library: 140BR; /Lucas Schifres/Bloomberg: 49T; /Emmanuele Scorcelletti/Paris Match: 78, 132; /Barbara Singer/Hulton Archive: 42; /Paul Slade/Paris Match: 90BR; /Kristy Sparrow: 117B; /Oliver Strewe/Lonely Planet Images: 151; /Pierre Suu: 8-9; /Warner Brothers: 146
Champagne Gosset: 64L, 64R, 65T, 65BR; /©Leif Carlsson: 65BL
iStockphoto: 14
Jacquart & Associés Distribution: 5, 117TL
Champagne Jacquesson: 68L, 68R, 69T, 69B
Champagne Joseph Perrier: 71B
Champagne Lanson: 53R, 74T, 74B, 75TL, 75B
Laurent-Perrier: 77BR
Library of Birmingham: 144
Limm Communications Ltd.: 66L, 66R, 67T, 67B
Champagne Mailly Grand Cru: /©Alain Proust: 116
Maisons Marques et Domaines: 20L, 20R, 27B, 96TR, 96BR, 97T, 97B, 98-99, 98B, 99R, 155
The Map House: 31B
Mary Evans Picture Library: 58TR; /Grenville Collins
Postcard Collection: 47R; /Musee Carnavalet/Roger-Violett: 37T; /The Roseries Collection: 30L, 36; /Sammlung Rauch/Interfoto: 107BR
Mentzendorff & Co.: 53L, 58L, 58BR, 59T, 59B, 112BL, 149
Moët Hennessy: 35BR, 35TR, 39T, 40-41, 60R, 61T, 72TR, 72BL, 101T, 101B, 103, 110TR, 110BL, 138; /©Andreas Achmann: 80BR, 81B; /©Thierry Desouches: 72BR; /© Moët & Chandon: 81T
G.H. Mumm: 23T, 84TR, 84BL, 84BR, 85B
PA Images: /AP: 92B; /Andrew Matthews: 133TL
Perrier-Jouët: 86TR, 86BL, 86BR, 87T, 87B
Champagne Philipponnat: 18, 25B, 52R, 88T, 88B, 89B; /Lief Carlsson: 89T
Pol Roger: 22BC, 92T, 93T, 93BL, 93BR
Private Collection: 43
Réunion des Musées Nationaux: Martine Beck-Coppola: 39BC; Le Studio Numérique: 39BL, 39BR.
Champagne Salon Delamotte: /©Serge Chapuis: 113BR
Christian Schopphoven: 82B
Shutterstock: 16, 35L, 113T, 122R, 143TR, 143BR; /joan_bautista: 120, 126; /Natalia Bratslavsky: 50-51; /Danita Delmont: 128TL; /Everett Collection/REX: 148; /FiledIMAGE: 129B; /T Furthmayr/REX: 125R; /gg-foto: 130-131; /Daan Kloeg: 152-153; /lusia83: 123; /magicbeam: 128B; /Sergey Mironov: 158; /Danny Moloshok/Invision/AP/REX: 128TR; /Melinda Nagy: 156-157; /Alessia Pierdomenico: 124; /Luz Rosa: 129T; /Warner Brothers/Everett Collection/REX: 147BR /ZRyzner: 127B
Champagne Taittinger: 19T, 104BL, 104BR; /©Michel Jolyot: 105B
Topfoto: 46R; /ullsteinbild: 111TL
Vranken-Pommery Monopole: 91T, 94TR, 94BL, 94BR, 95TL, 95TR, 95C, 95B, 150BL
Wikimedia Commons: 32L, 32R, 44L, 80TR, 90TR, 102, 122L, 140BL, 143BL

## 더 읽어보면 좋은 책


- *The Champagne Companion* – Michael Edwards
- *Champagne – A Global History* – Becky Sue Epstein
- *The Champagne Guide* – Tyson Stelzer
- *Champagne: How the World's Most Glamorous Wine Triumphed Over War and Hard Times* – Don & Petie Kladstrup
- *Christie's World Encyclopedia of Champagne & Sparkling Wine* – Tom Stevenson, Essi Avellan
- *Destination Champagne* – Philippe Boucheron
- *No More Champagne: Churchill and his Money* – David Lough
- *The Story of Champagne* – Nicholas Faith
- *When Champagne Became French* – Kolleen Guy

# 샴페인 수업

1판 1쇄 인쇄 2024년 8월 13일
1판 1쇄 발행 2024년 8월 31일

지은이 톰 브루스 가딘
옮긴이 서정아

발행인 황민호
본부장 박정훈
외주편집 김기남
기획편집 신주식 강경양 이예린
마케팅 조안나 이유진 이나경
국제판권 이주은 한진아
제작 최택순

발행처 대원씨아이㈜
주소 서울특별시 용산구 한강대로15길 9-12
전화 (02)2071-2094
팩스 (02)749-2105
등록 제3-563호
등록일자 1992년 5월 11일

ISBN 979-11-7288-139-9 03590